بسم الله الرحمن الرحيم

مناهج
الرياضيات الحديثة

المملكة الأردنية الهاشمية
رقم الإيداع لدى دائرة المكتبة الوطنية
(2010/8/2867)

372.3

الخطيب، محمد أحمد.
مناهج الرياضيات الحديثة/ محمد أحمد الخطيب، - عمان : دار ومكتبة الحامد للنشر والتوزيع، 2010 .
(   ) ص .
ر. إ. : (2010/8/2867) .
الواصفات :المقررات الدراسية//الرياضيات الحديثة// طرق التدريس//أساليب التعلم
*يتحمل المؤلف كامل المسؤولية القانونية عن محتوى مصنفه ولا يعبّر هذا المصنف عن رأي دائرة المكتبة الوطنية أو أي جهة حكومية أخرى.

❖ أعدت دائرة المكتبة الوطنية بيانات الفهرسة

* (ردمك) ISBN 978-9957-32-553-4

دار الحامد للنشر والتوزيع

شفا بدران - شارع العرب مقابل جامعة العلوم التطبيقية
هاتف: 5231081 -00962 فاكس : 5235594 -00962
ص.ب . (366) الرمز البريدي : (11941) عمان – الأردن

Site : www.daralhamed.net
E-mail : info@daralhamed.net
E-mail : daralhamed@yahoo.com
E-mail : dar_alhamed@hotmail.com

مـناهج
الرياضيات الحديثة

تصميمها وتدريسها

تأليف

د. محمد أحمد الخطيب

دكتوراه المناهج وأساليب تدريس الرياضيات

الطبعة الأولى
2011م

الإهــــــداء

دائماً إلى أمي وأبي

وإلى رفيقة الدرب والمشوار زوجتي الحبيبة

وإلى أحمد ولينا وآيه

د.محمد الخطيب

المحتويات

الموضوع	الصفحة
المقدمة	9
الوحدة الأولى **طبيعة الرياضيات وخصائصها وأهميتها وتطورها**	11
- ماهية الرياضيات	13
- طبيعة الرياضيات	14
- النظرة الحديثة للرياضيات ومناهجها	14
- تصميم برامج مناهج الرياضيات المدرسية الحديثة	19
- عملية تصميم مناهج الرياضيات الحديثة	26
- البنية الرياضية وتدريسها	36
- القيم التربوية للرياضيات	40
- إعداد دروس الرياضيات	44
- اختيار وتصنيف الأهداف السلوكية في الرياضيات	44
- أهمية تصنيف الأهداف السلوكية في الرياضيات	45
- مستويات الأهداف السلوكية وأمثلة تطبيقية في الرياضيات	46
- فهرس المصطلحات	60
- المراجع العربية	65
- المراجع الأجنبية	66
الوحدة الثانية **علم النفس التربوي وتدريس الرياضيات**	67
- نظرية بياجيه ونموذج دوره التعلم	69

91	نظرية جانييه والنموذج التدريسي المنبثق منها	–
114	نظرية أوزوبل ومنظمات الخبرة	–
134	نظرية برونر والنموذج التدريسي المنبثق منها	–
147	نظرية دينز والنموذج التدريسي المنبثق منها	–
163	فهرس المصطلحات	–
167	المراجع العربية	–
168	المراجع الأجنبية	–

الوحدة الثالثة
169
تصنيف المعرفة الرياضية وأساليب تدريسها

171	المفاهيم والمصطلحات الرياضية وأساليب تدريسها	–
227	التعميمات الرياضية وأساليب تدريسها	–
258	المهارات والخوارزميات الرياضية وأساليب تدريسها	–
277	حل المسألة الرياضية وأساليب تدريسها	–
337	فهرس المصطلحات	–
339	المراجع العربية	–
341	المراجع الأجنبية	–

المقدمة

يشهد تدريس الرياضيات في وقتنا الحاضر، وعلى المستوى العالمي، تطوراً جذرياً من أجل مواكبة روح العصر. إذ تحتل مناهج الرياضيات ركناً أساسياً في مناهج التعليم، وقد شهد العالم في السنوات الأخيرة تغييرات واسعة في مناهج الرياضيات، مما حدا المربين والمهتمين بتدريسها، إلى إعادة النظر في دور الرياضيات في إعداد الأفراد لبناء مجتمع متطور.

وعلى مستوى الأردن فإن مناهج الرياضيات تشهد نقله نوعية في مجال اختيار المادة التعليمية التعلمية. وفي مجال تحديث أساليب التدريس والتطبيق، وفي جميع المراحل المدرسية. ولهذا جاء هذا الكتاب في مساهمة منه ليشارك في عملية التحديث في النظرة إلى الرياضيات وأساليب تدريسها، إذا احتوى الكتاب في متنه على ثلاثة موضوعات رئيسة ولكن بكثير من التفصيل والأمثلة التوضيحية وهذه الموضوعات هي:

- طبيعة الرياضيات وأهميتها وتطورها:

حيث تطرح هذه الوحدة في أهم ما تطرحه برنامج متكامل لإعداد النظرة في بناء منهاج الرياضيات الحديثة.

- علم النفس التربوي وتدريس الرياضيات:

وتقدم هذه الوحدة أبرز النظريات وارتباطها بتدريس الرياضيات مع الكثير من التطبيقات التربوية لهذه النظريات في مناهج الرياضيات.

- المعرفة الرياضية وأساليب تدريس:

تعرض هذه الوحدة هنا أصناف المعرفة الرياضية من مفاهيم وتعميمات ومهارات وخوارزميات وحل المسألة الرياضية وكيف يمكن تدريسها وما هي أكثر

التحركات شيوعاً في تدريسها بالإضافة إلى الكثير من الأمثلة التطبيقية على هذه المعرفة الرياضية.

وأخيراً حاول المؤلف في تقديمه لهذا الكتاب أن يقدم إضافة في أساليب تدريس الرياضيات التي من الممكن أن تسهم في إثراء المكتبة العربية. وتلقي الضوء على قضايا وموضوعات لم تتطرق لها المؤلفات السابقة في هذا الموضوع.

والله من وراء القصد

المؤلف

د. محمد احمد الخطيب

الوحدة الأولى
طبيعة الرياضيات وخصائصها وأهميتها وتطورها

1:1 ماهية الرياضيات

2:1 طبيعة الرياضيات

3:1 النظرة الحديثة للرياضيات ومناهجها

4:1 تصميم برامج لمنهاج الرياضيات المدرسة الحديثة

5:1 عملية تصميم مناهج الرياضيات الحديثة

6:1 البنية الرياضية وتدريسها

7:1 القيم التربوية للرياضيات

8:1 إعداد دروس الرياضيات

9:1 اختيار وتصنيف الأهداف السلوكية في الرياضيات

10:1 أهمية تصنيف الأهداف السلوكية في الرياضيات

11:1 مستويات الأهداف السلوكية وأمثلة تطبيقية في الرياضيات

- فهرس المصطلحات

- المراجع العربية

- المراجع الأجنبية

الوحدة الأولى
طبيعة الرياضيات وخصائصها وأهميتها وتطورها

1:1 ماهية الرياضيات

الرياضيات علم تجريدي من ابتكار وإبداع العقل البشري الذي مر في عدد من المراحل ويهتم بالأفكار وطرائق الحل وأنماط التفكير، وتتكون من مجموعة من الفروع التقليدية وتزيد عليها أكثر من علم الحساب الذي يعالج الأعداد والعمليات عليها وهي تزيد عن الجبر لغة الرموز والعلامات وعن باقي الفروع الأخرى.

ويمكن النظر إلى الرياضيات الحديثة على أنها:

1- طريقة ونمط في التفكير، فهي تنظم البرهان المنطقي.

2- الرياضيات لغة ووسيلة عالمية معروفة بتعابيرها ورموزها الموحدة عند الجميع.

3- الرياضيات معرفة منظمة في بنية لها أصولها وتنظيمها وتسلسلها بدءا بتعابير غير معرفة إلى أن تتكامل وتصل إلى نظريات وتعاميم ونتائج (أبو زينة، 1997، ص17-20).

4- الرياضيات تعني بدراسة الحقائق الكمية والعلاقات، كما أنها تتعامل مع المسائل التي تتضمن الفضاء، والأشكال والصيغ والمعادلات المختلفة (الصادق، 2001، ص167).

5- الرياضيات تعني أيضاً بدراسة الأنماط (Patterns) أي التسلسل والتتالي في الأعداد والأشكال والرموز.

6- تعد الرياضيات تعبيرا عن العقل البشري الذي يعكس القدرة العملية والقدرة التأملية والتعليل والرغبة في الوصول لحد الكمال في الناحية الجمالية.

7- ينظر إلى الرياضيات على أنها فن، وهي كفنّ تتمتع بجمال في تناسقها وترتيبها وتسلسل الأفكار فيها وتركيبها وتداخلاتها، وهي تعبر عن رأي الرياضي الفنان، وهي تولد أفكار وبنى رياضية تنم عن إبداع الرياضي وقدرته على التخيل والحدس (Johnson and Rising 1972, Jensin 1978).

2:1 طبيعة الرياضيات

الرياضيات هي مجموعة من الأنظمة الرياضية وتطبيقات هذه الأنظمة في جميع نواحي لحياة العلمية والتخصصات العلمية، والرياضيات تهتم بدراسة موضوعات عقلية، إما أن يتم ابتكارها كالأعداد والرموز الجبرية، وإما أن تجرد من العالم الخارجي كالأشكال أو العلاقات القائمة بينها أو بين أجزائها (Sidhn, 1982).

ويبدأ التطور المنطقي للأنظمة الرياضية (بعبارات غير معرفة)، أي لا يمكن إعطاء تعريف رياضي لها ومنها المستقيم، النقطة، العدد، المجموعة، علاقة البينية (بين)، أما المكون الثاني للأنظمة الرياضية فهي (التعريفات) والتعريف، هو توضيح لمعنى اللفظ أو المصطلح أو الشيء وتحديد مفهومه، أما المكون الثالث للأنظمة الرياضية هو(المسلمات) وهي عبارات أو جمل إخبارية نقبلها دون الحاجة إلى البرهنة عليها وذلك لوضوحها، أما المكون الرابع للأنظمة الرياضية فهو(النظريات) وهي نتائج منطقية يمكن البرهنة على صحتها بالرجوع إلى المسلمات والتعاريف (الصادق،2001).

3:1 النظرة الحديثة للرياضيات ومناهجها

بالإضافة إلى التطور الكبير الذي حصل في استخدام الرياضيات في جميع العلوم، حصلت التغييرات في الرياضيات نفسها وهذا التطور قد شمل جميع فروع الرياضيات (الحساب، الجبر، الهندسة،.....)، وارتباطها بأنظمة المعرفة الأخرى

ورافقه أيضاً تطور في نوعية وكمية الرياضيات مما يجب أن يتناوله المنهج الرياضي في المراحل الدراسية المختلفة.

يقول البروفيسور مارشال ستون (Stone, 1962) أن التغيير الذي حصل في الرياضيات تضمن تحررها عن العالم الفيزيائي، فالرياضيات لا تربطها بالعالم الفيزيائي أي علاقة فهي مستقلة تماما عن العالم المادي، والتركيز على التجريد في النظرة الحديثة للرياضيات والفصل بينها وبين تطبيقاتها كان مصدر قوة لها أدى إلى نموها وتطورها بشكل واسع، والرياضيات من وجهة نظر الرياضيين، نظام (System) مستقل ومتكامل من المعرفة (Knowledge)، وتستخدم الأنظمة التجريدية (Abstract) التي تدرسها كنماذج تفسر بعض الحسية، وتتكاثر وتنمو بتسارع حيث للرياضيات القدرة على أن تولد نفسها (أبو زينة، 1995، ص22).

والاتجاهات الحديثة نحو الرياضيات تشجع التحول بالنظرة إلى الرياضيات من النظر إليها على أنها دراسة النظم الشكلية (Formal systems) إلى النظر إليها على أنها جسم حي (Living Body) لأن الشعار في الاتجاهات الحديثة نحو الرياضيات هو الرياضيات للحياة، (Mathematic for living) وهذا التحول ينعكس في برامج ومناهج الرياضيات المدرسية الابتدائية من النظر إلى الرياضيات كمجتمع كبير للمفاهيم والمهارات الرياضية على أنها شيء يعمله الأفراد (Something People Do)، وفي برامج ومناهج الرياضيات المدرسية من التدريس بصورة شكلية (Formal) (أي استخدام التفكر المجرد Abstract Thinking) إلى تقديم الرياضيات كنشاط بشري يوفر للمتعلمين الإعداد الأساسي للمشاركة الكاملة كأعضاء فاعلين (Functional)، في لمجتمع، (مينا، 2000).

فرضيات أساسية للنظرة الحديثة للرياضيات (Some Basic Assumption):

الفرضية الأولى:

الرياضيات هي احد فروع المعرفة الموجودة,ولا يمكن النظر إليها بمعزل عن الاتجاهات الحالية والمستقبلية للمعرفة (Knowledge)، حيث تتميز هذه الاتجاهات بالتعقيد (Complexity)، (أي مركبة وليست بسيطة)، وهذا التعقيد يتضمن على الأقل وجهة النظر للعلم المهتمة بما وراء المعرفة (Transdisciplinarity) (مينا، 2000).

الفرضية الثانية:

التربية يجب أن تساير هكذا تطورات في المعرفة، وبالأخص مع تناقص الفروقات بين الممارسات أو التدريبات (Practices) للمواطن العادي، أوعلى الأقل المواطن المثقف وسلوك وأنشطة الباحث.

ومن السبل لتحقيق ذلك هو التعامل مع المعرفة عن طريق التكامل (Integrated way)، التركيز على حل المسائل والابتعاد بالتفكير عن التبسيط (Simplification) والخطية (Linearity)، ولإنجاز ذلك، يوجد بعض الطرائق غير التقليدية في التدريس يجب أن تستخدم مثل:

- التعلم الذاتي (self –learning) مع استعمال وسائل مختلفة وبمستويات متباينة من التطور رفيع المستوى (Sophistication).
- العمل التعاوني (Collection Work).
- المحاورة، المحادثة (Dialogue).
- عصف الدماغ (Brain Storming) ويقصد به توليد أفكار عديدة بدون الوقوف لتقويم كل واحدة منها.

وهكذا تغيرات يجب أن تكون مرتبطة بتقديم تغييرات جذرية في الوسائل (Means) والأدوات التقويمية وفي هذا الإطار يجب التأكيد على نقطتين:

الأولى: تطبيق المعرفة سوف يشكل الاهتمام الرئيسي للمناهج والاعتماد على النمذجة (Modeling)، (يقصد بالنمذجة الرياضية: تكوين نماذج رياضية للعالم المادي وظواهره عن طريق علاقات أو قوانين)، وهذا الاعتماد على النمذجة كجزء مهم من المناهج، وفي كل المراحل التربوية.

الثانية: أن عملية نقد المعرفة الموجودة حاليا سوف تكون عملية مستمرة تقود إلى الإبداع (Creativity). لذا هناك حاجة لتطور (الرياضيات الحديثة) بشكل ابعد من الوضع الحالي من اجل أن تمثل سلوك الأنظمة (Behavior of system).

الفرضية الثالثة:

إذا كانت هناك صعوبة نوعا ما للطلبة في مستوى تربوي معين للتعامل مع المعرفة في مستواها العالي من التطور رفيع المستوى (sophistication) فعلى الأقل يجب أن يكونوا على دراية بالفرضيات المحتواة (embodied) ومحدوديتها.

مثال:

على الطلبة معرفة أنه في الحقيقة لا يوجد سرعة منتظمة والخط المستقيم الذي نرسمه للعلاقة بين الزمن والمسافة المقطوعة (السرعة = المسافة /الزمن) هو ناتج نقص في معرفتنا، ويعتمد على فرضية غير واقعية. يجب أن نهتم بتنمية عادة نقد المعرفة عند الطلبة بتقديم واضح للفرضيات المحتواة (Embodied Assumptions).

الفرضية الرابعة:

التنبؤ (Forecasting) يصبح جزء مهم من المعرفة سواء في تكوينه أوفي استنتاجه، لذا فبناء السيناريوهات –التنبؤ الشرطي – وكذلك المحاكاة (Simulation) والنمذجة (Modeling) يجب أن يكونا كجزء من أي برنامج تربوي يقدم في أي مستوى (مينا، 2000).

الفرضية الخامسة

التربية المستقبلية من المفروض أن تكون مبنية على ذكاءات متعددة (Multiple Intelligence)، وعلى بعض التضمينات المرتبطة كاختيارات مدى واسع للمحتوى الدراسي، المرونة في كل الجوانب، وكذلك النظر إلى المعارف (Disciplines) المتنوعة على أنها متساوية الأهمية.

الفرضية السادسة:

تغيير المناهج الرياضية يعتمد على عوامل عديدة متداخلة: كالعوامل التربوية والاجتماعية، وعوامل المنطقة الجغرافية (Region)، والعوامل البشرية وتطورات القرن الجديد مثل العولمة (Globalization) (الخطيب، 2003).

ولقد نادى كلاين (Kline, 1974) بضرورة إعادة النظر إلى مناهج الرياضيات من خلال نقده لمناهج الرياضيات التقليدية والتي ضمنها في المآخذ التالية:

1- التركيز على التدريب الآلي، فقد كان هدف المناهج التقليدية تدريس المهارات الحسابية،وحفظ النظريات والقواعد من خلال التدريب والتكرار.
2- ظهور المفاهيم والحقائق والعمليات والقواعد منفصلة بعضها عن بعض، فكانت أفرع الرياضيات من حساب وجبر وهندسة وتحليل تدرس منفصلة.
3- عدم مراعاة الدقة والوضوح في التعبير، وعدم توخي الدقة الرياضية الواجب توافرها في المناهج والكتب المدرسية.
4- احتواء المناهج الكتب التقليدية على بعض الموضوعات عديمة الجدوى أوالتي فقدت أهميتها وقيمتها.
5- تحاشي المناهج الرياضية التقليدية، وكتبها ذكر البرهان الرياضي إلا في الهندسة.

6- افتقار المناهج والكتب إلى عنصر الدافعية والتشويق، فقد كان هدفها الأساسي تدريب العقل دون الالتفات إلى القيمة الجمالية والفكرية.

أما ابرز الأمور التي اهتمت بها الرياضيات الحديثة فهي:
1- دمجت فروع الرياضيات المختلفة.
2- أظهرت نمط جديد في التفكير.
3- أظهرت أنظمة جديدة كأنظمة الترميز والنظام الثنائي، ونظام الكمبيوتر.
4- تتيح للمعلم توضيح المادة باستخدام الوسائل التعليمية.
5- تراعي الظروف الفردية، من استخدام التعليم المبرمج أو الالكتروني أو الحقائب التعليمية والمجمعات التعليمية وما إلى ذلك.
6- إعطاء مواضيع متقدمة في سن مبكر بصورة مبسطة تناسب مستوى الطالب.
7- أعطت دور كبير للطالب.
8- واكبت التقدم العلمي والتكامل مع العلوم.
9- مبسطة أكثر، وتحتوي على أسئلة أكثر ومشوقة أكثر.

4:1 تصميم برامج لمنهاج الرياضيات المدرسية:

وفي عصرنا هذا تقع مسؤولية كبرى على الرياضيين والتربويين لتصميم برنامج متكامل ومتناسق ومترابط يستخدم في تصميم الأفكار (Ideas) الرياضية الحديثة، ويتم إنجازه من خلال إيجاد منهاج رياضي يحتوي أفكار ومهارات (Skills) جديدة، ويركز على المعلومات السابقة، بحيث يكون مرتبط من درس إلى درس، ومن فصل إلى فصل، ومن سنة دراسية إلى سنة أخرى، وهكذا تنتهي مشكلة التكرار المفرط ويتعلم الطلبة مهارات جديدة.

حيث يجب أن يتعرض هذا البرنامج (Program) للمحتوى (Content) والطرق والمبادئ (Principles) بصورة متوازنة في غرفة الصف ويمتد لفترة من الوقت (لعدد من السنوات) ومحتويات هذا البرنامج تطرح وتناقش كأهداف ومبادئ وبنظرة شاملة وعامة (John,2000).

ويستخدم مثل هذا البرنامج على جميع المستويات الدراسية (ما قبل الجامعة)، كما يحدد الأشخاص الذي يمكن أن يؤثر عليهم ويميل إلى أن ينظم قطاعات التدريس، وخاصة السنوات الابتدائية، ويؤكد أهمية تعريف وتنسيق المناهج الرياضية عبر (12سنة) (عدد سنوات الدراسة في المدرسة).

مثل هذا البرنامج يؤكد على أهمية الرياضيات، وان الرياضيات ذات مغزى من خلال المنهج المتماسك والمترابط، ولتحقيق التماسك والترابط في برنامج منهاج الرياضيات يجب الاهتمام بما يلي:

1- يجب على البرنامج التركيز على الأفكار والمهارات المهمة، والبرمجة في عملية الفهم (Understand) لظاهرة أو علامة (Relation) والتي يمكن أن تتطور مع العمر في مستويات (Levels) أخرى.
2- يجب على البرنامج أن يساعد الطلبة لتطوير وفهم الأفكار والمهارات على مدار عدد من السنوات بطرق وأساليب منطقية.
3- يجب على البرنامج أن يؤسس ارتباطات بشكل واضح بين الأفكار والمهارات بطرق تسمح للطلبة بفهم أفكار بعضهم، وإجراء مناقشات فيما بينهم.
4- يجب على البرنامج أن يقيم ويشخص (Diagnose) ماذا يفهم الطلبة لتحديد الخطوات اللاحقة (Lyne, 2000).

ولهذا فإن واضعي المناهج الحديثة يجب عليهم الاهتمام بمثل هذه البرامج ويجب أن يركزوا على أربعة فرضيات أساسية في بناء المناهج الرياضيات الحديثة وهي:

الفرضية الأولى:

بعض المعرفة أكثر أساسية وفائدة من معرفة أخرى: بعض الأفكار والإجراءات أكثر فائدة وأساسية لأنها هي الأساس للأفكار التي سوف تعلم، حيث يوجد بها قوة توضيحية غنية وتتعلق بخبرات يومية.

برامج الرياضيات يجب أن تركز على تزويد الطلبة بالفرصة ليتعلموا عدد محدد من الأفكار الأساسية المهمة، بدل تعليمهم قائمة طويلة من المعلومات غير المرتبطة والعشوائية (Randomization) (Herbert, 2000).

الفرضية الثانية:

تعليم الطلبة يمكن أن يكون فعالا وحسنا، وعندما تكون الخبرة التعليمية مصممة عن طريق متماسك ومستند إلى ما قد تعلمه الطلبة مسبقا، الطلبة من المحتمل أن يتعلموا عندما تكون الخبرات مصممة بشكل متتابع ومتسلسل بحيث تقود الخبرة السابقة إلى الخبرة اللاحقة، وتكون مصممة لكي تطور فهم الطلبة للأفكار ونموها، وتوسيعها مع الوقت، ولتتطور مع تطور المستويات بأصالة وحذاقة (Sophistication).

بالمقابل الطلاب يعانون في التعليم حتى تكون خبراتهم السابقة ذات أهمية لتعلمه الجديد، ولكن لا يأخذ بها بعين الاعتبار ولا يتطلب أن يستفاد منها (NCTM, 2000).

الفرضية الثالثة:

برامج المنهاج يجب أن تحدد ما يجب على الطلبة أن يعرفوا ويفهموا ويكونوا قادرين على عمله في مادة الرياضيات (NSES, 2000).

الفرضية الرابعة:

يؤثر المنهج على ما يدرس، وماذا، يتم تعلمه المعلمون يكيفون ويعدلون أكثر المناهج والمواد التعليمية قبل وخلال الاستعمال في قاعة الدروس، وعلى ذلك فإن

المنهج المقصود والرسمي (intended) ما زال له تأثير فعال لا يقدم ويعلم (AAAS, 2000).

مكونات المنهاج المتماسك في الرياضيات والعلوم:

Component of Coherent Mathematics and science Education programs.

المنهاج المتماسك يتضمن: الأهداف، معايير المحتوى، الإطار المنهاجي، والمواد التعليمية. هذه المكونات تساعد في تحقيق فهم واضح لما يتوقع من الطالب أن يتعلمه والفرص التعليمية التي يجب توفيرها له.

أهداف منهاج الرياضيات k-12

تهدف المناهج إلى تحقيق عدة وظائف مهمة يجب توضيحها للمعنيين كافة بما في ذلك الإداريين، الآباء، راسمي السياسات التربوية، هذه الأهداف يجب أن تستخدم لتوجيه القرارات الملائمة لتحسين الرياضيات وتجنب الخلط بين الغايات والوسائل.

أي أن الأهداف عندما تحدد الغايات لا تشترط اعتماد وسائل معينة بذاتها لتحقيق تلك الغايات، بل تترك المجال مفتوحا لاستخدام بدائل متنوعة منها من اجل مساعدة الطالب في تعلمه الرياضيات.

ولقد وضعت ستة معايير أومحكات لأهداف تدريس الرياضيات الحديثة وهي:

1- **التحديد الواضح للجمهور المستهدف:** الجمهور المستهدف: هو جميع الطلبة دون استثناء، ولكن عندما يتم التركيز على شريحة معينة منهم في هدف ما، فيجب أن يشار بوضوح إلى تلك الشريحة. أن أي طالب مهما كان عرقه أو جنسه أو خلفيته له الحق ويجب أن تتاح له الفرصة لتحقيق إنجاز أفضل مما هو عام للجميع أن كان راغبا في، ومستعدا لذلك الإنجاز.

2- ترمى الأهداف إلى تحقيق نتائج وقيم عامة تتعلق بسلوك الطالب وقدراته ومعلوماته، وتتحول هذه النتائج بالتدريج إلى نتائج أكثر تحديدا وإمكانية للقياس.

3- رغم كون الأهداف عامة فإنها تتضمن دليلا للعمل، واتخاذ القرارات وبذلك يمكن أن تؤثر بشكل فاعل في طبيعة المنهاج.

4- الأهداف تصف نتائج متعلقة بالطالب وليست المتعلقة بالنظام أو المؤسسة التعليمية، أي تصف سلوك الطالب المتوقع وليس ما تريد المؤسسة تحقيقه مثل: زيادة نسب النجاح في الامتحانات المقننة للعام القادم.

5- الأهداف مقبولة بشكل واسع: لا تكون الأهداف ذات قيمة إذا لم يقبلها أكبر عدد من المعنيين، وهذا يتطلب صياغتها بشكل مبسط يفهمها الجمهور الواسع، ويسهم في مناقشتها وإثرائها آخرون دون الانفراد بالمختصين بتدريس الرياضيات فقط.

6- على الأهداف الموضوعة أن تتجنب التعديل السريع والمستمر، لأن التعديلات السريعة في الأهداف قد تكون غير ناضجة ومستعجلة، وتسبب عدم اتساق في المنهاج.

معايير المحتوى:

تشكل هذه المعايير المكون الرئيس في تصميم منهاج الرياضيات الفعال وتوضح ما يجب أن يفهمه أو يعلمه الطالب، وتوضح هذه المعايير مع الأهداف قبل البدء بمكونات المنهاج الأخرى. ولقد استخدمت المعايير من قبل كثير من اللجان في النصف الأخير من العقد الماضي من اجل تطوير تدريس الرياضيات وتحسين تحصيل الطلبة. تم توصيف معايير المحتوى من قبل الجهات المعنية لتوجيه العملية التعليمية، فقد عرفت هذه المعايير بأنها توصيف مفصل للمعلومات والمهارات التي يجب أن يكتسبها الطالب ويعمل بها في مادة تخصصية معينة.

أما معايير الأداء (performance) فقد عرفت بـ " ما يجب أن يعرفه الطالب ويطبقه من أجل تحقيق تحصيل أعلى ".

معايير المحتوى تصف " ماذا " يجب أن يتعلم الطالب بينما تصف معايير الأداء " كيف " نقيس ذلك التعلم. وهذا يتطلب توفير نماذج متنوعة من مهام ووسائل لتقييم أداء التلميذ بشكل حقيقي (NRC, 1996).

وتعتمد اللجان المسؤولة عن تصميم المناهج على معايير متوفرة لديها من قبل، أو تتبنى معايير جديدة. وفي هذه الحالة لا بد من اقتراح محكات توجه عمل تلك اللجان وهي:

■ تحديد الجمهور المستهدف: وبالنسبة لمعايير فإن هذا الجمهور يمثل جميع الطلبة بدون استثناء.

■ تحديد المحتوى الأساسي: وبالنسبة للمعايير فان محتوى الرياضيات يؤكد دراسة متعمقة لفكرة أساسية أو مبدأ علمي، كما يؤكد التطبيق في الحياة اليومية، وارتباط ما يدرسه الطالب بخبرات تعلم حقيقية ويقود إلى البحث والتقصي.

■ الدقة العلمية

■ وضوح المصطلحات المستخدمة في المعايير.

■ احتواء المعايير على عدد محدود ومعقول من الأفكار، بحيث لا تكون كثيرة تحتاج إلى وقت طويل لدراستها، ولا أن تكون قليلة يصعب تقييم تحقيقها بمعزل عن أفكار أخرى ذات علاقة بها.

■ استخدام أفعال تصف النتائج المتوقعة من دراسة المحتوى، وفي نفس الوقت يجب التمييز بين الأفعال التي تحدد سلوك الطالب أو طريقة التدريس. فأفعال مثل " البحث، التقصي، الاستكشاف " يجب تجنبها لأنها لا تؤكد على النتائج (Ends) بقدر تأكيدها على الطرق أو الوسائل (Means) كذلك تجنب

الخلط بين معايير المحتوى التي تصف المحتوى وبين معايير الأداء التي تقيس سلوك الطالب المتوقع خلال تقييمه.

الإطار المنهاجي (Curriculum Framework):

الإطار المنهاجي يعني جدولة النتائج المتوقعة للصفوف الدراسية، بما يوجه تطوير المنهاج، واختيار المواد التعليمية، والخطوط العريضة لمحتوى المنهاج لسنة واحدة أوعدة سنوات معتمدا في ذلك على معايير المحتوى ومعايير الأداء.

أن أهـم وظيفـة للإطار المنهاجي هـو تحديـد الأفكار والمهارات بشكل متسلسل ومتماسك (Coherent) خلال السنة الواحدة، ومن سنة لأخرى بما يساعد الطالب في نموهم تلك الأفكار والمهارات.

وهنالك مجموعة من المعايير التي يجب أن يأخذ بها عند تصميم الإطار المنهاجي وهـذه المعايير هي:

- تحديد المفاهيم في الإطار المنهاجي على وفق ما يقدر أن يتعلمه الطالب.
- يجب أن يوضح الإطار تطوير العمليات والمهارات والقدرات لعدة سنوات.
- يجب أن يحدد الإطار وبوضوح سلما للمعايير، أي تحديد المعايير المطلوبة أولاً ثـم المعايير التي تلبها.
- يجب أن يوضح الإطار كيفية تنـاول مفـاهيم العلميـة خـلال الصفوف الدراسية، هـل بشكل منفصل أو بشكل متكامل.
- يجب مراعاة الترابط المنطقي بين المفاهيم عندما تقدم في وحدات دراسية أو مساقات في الصف الواحد وعبر الصفوف الدراسية.
- يجب أن يراعي الإطار المنهاجي جميع هذه المعايير دون استثناء علـما أنه لا المعايير ولا الإطار المنهجي يمكن لوحدهما أن يكونا المنهاج، صحيح أنهما يحددان المفاهيم المتضمنة وتسلسل ورودها، إلا أنهما لا يشيران إلى كيفية تدريس تلك المفاهيم.

المواد التعليمية المساندة للرياضيات الحديثة:

هنالك إجماع واسع بين المسؤولين عن تطوير تدريس الرياضيات على أهمية استخدام المواد التعليمية بما يتوافق مع محتوى استراتيجيات التدريس. وقد صممت هذه المواد وفق المعايير وتم اختبارها ميدانيا في الصفوف الدراسية للتأكد من فعاليتها في مساعدة جميع الطلاب للوصول إلى مستوى الفهم المطلوب الذي حددته تلك المعايير.

محكات اختيار المواد التعليمية:

1. يجب أن يكون محتوى المواد التعليمية دقيقا ومتسقا مع النتائج التي تحددها المعايير وان يناسب المرحلة الدراسية التي يحددها الإطار المنهجي.
2. الاستراتيجيات التدريسية التي تستخدمها هذه المواد يجب أن تساعد الطالب في التوصل إلى النتائج المتوقعة (كما تصفها المعايير) وان يدعم البحث فعليا مثل هذا التوجه.
3. يجب أن تتسق التقييمات المصاحبة لهذه المواد مع المحتوى والفهم والمهارات التي تحددها المعايير.
4. يجب أن يساعد المعلم في توجيهه إلى كيفية تحقيق ذلك.
5. يجب التأكد من خلال التجربة إمكانية تعلم الطالب المحتوى والمهارات المطلوبة عند استخدام تلك المواد التعليمية بالشكل المرسوم لها.

5:1 عملية تصميم منهاج الرياضيات

Process for Designing A math. Curriculum Program

يتطلب تصميم منهاج رياضيات حديث يلبي المعايير وقتا والتزاماً ومشاركة من ممثلين عن النظام المدرسي وإدارات التعليم. ففي بداية عملية تصميم أو تعديل المنهاج يجب أن يدرس سياق الرياضيات في المجتمع المحلي، أولويات ذلك

المجتمع، النظام التعليمي فيه، وفي التاريخ التعليمي المحلي، السياسات التعليمية، الأهداف، أدلة المناهج، وكذلك العادات والمعتقدات المحلية، ومدى ممارستها في عملية التعليم والتعلم، وتصميم المنهاج، وذلك من خلال الرجوع إلى الأدب التربوي.

وعملية تصميم منهاج رياضيات تتطلب القيام بالخطوات الإجرائية آلاتية:

أولا: تأسيس الأهداف والمعايير

ثانياً: بناء رؤية عامة

ثالثاً: التخطيط الأولي للإطار المنهاجي K-12

رابعاً: تحديد المواد التعليمية المحورية

خامساً: تنقية الإطار المنهاجي

سادساً: الاختبار الاستطلاعي لمنهاج الرياضيات

سابعاً: تقويم منهاج الرياضيات

ثامناً: تحقيق إجماع مصادقة المعنيين على المنهاج

أولاً: تأسيس الأهداف والمعايير Establishing Goals And Standards

الخطوات الأولى في تطوير منهاج رياضيات حديث تحتاج إلى تحديد الأهداف والمعايير لتوجيه القائمين على تأليف كتب الرياضيات في بناء الإطار المنهجي، واختيار المواد التعليمية المحورية (Core).

ثانياً: بناء رؤية عامة Building Common Vision

تبقى الحاجة قائمة حتى في ضوء وجود أهداف ومعايير شاملة، إلى أن تكون هنالك رؤية عامة متفق عليها من اجل تصميم منهاج الرياضيات. المعلمين أو الإداريين وغيرهم في لجان التصميم، عليهم أن يترجموا تلك الأهداف والمعايير، إلى ممارسات صفية في تعليم وتعلم الرياضيات والرجوع إلى الأدب التربوي ومصادر أخرى تعينهم في تحقيق ذلك.

إن خلق رؤية عامة حول ماذا، وكيف يتعلم الطلبة الرياضيات، مكون أساسي لعملية تطوير المنهاج، لأن هذه الرؤية تركز على ما يراه ساسة التربية مهما، وتساعد في وصف وتحديد ما يجب أن يكون عليه سلوك وممارسات الطلبة والمعلمين والآباء والإداريين عندما يطبق المنهاج.

ومن خلال هذه الرؤية العامة، على لجنة المنهاج أن تصف النتائج المتوقعة عندما يبنى وينفذ المنهاج وذلك فيما يتعلق بـ:

- ماذا وكيف يتعلم الطلبة ؟
- ماذا يعمل المعلمون لمساندة وتحفيز التعلم ؟
- الدليل المستخدم لتقييم أداء الطلبة.
- فعاليات الآباء والإداريين ورجال الأعمال والجامعات التي تساعد وتحفز أداء الطلبة.

هنالك عدة طرق يمكن أن تستخدمها لجنة تصميم منهاج الرياضيات لتحقيق ذلك، مثلا متابعة نمو مفهوم معين خلال عدة صفوف أو مراحل دراسية ومدى ارتباط ذلك بالمعايير، دراسة عينة من مواد تعليمية أوعمل الطالب للتعرف على أداء الطلبة في ضوء المعايير، والملاحظات الصفية حول مدى ممارستهم تعلما ذي معنى، فضلا عن ذلك يمكن أن يشارك أعضاء هذه اللجنة فعليا في دروس حقيقية كمعلمين أو كطلبة. كما يمكنهم المساهمة في مناقشة الآراء المتعلقة بعملية التعليم والتعلم في الرياضيات مثل: فوائد ومحددات طريقة المحاضرة في التدريس مقارنة بطريقة الاستقصاء، مقارنة المجموعات الكبيرة بالمجموعات الصغيرة، وغير ذلك مستفيدين من الرجوع إلى أدبيات البحث التربوي.

وعندما تتبلور هذه الرؤية العامة فإنها ستحدد ما هو مهم في تدريس الرياضيات، وتوضح كيفية استخدام المعايير، وما سيكون عليه الصف التعليمي، وما نوع التفكير الذي يمكن أن يكون الطالب قادرا عليه، وكيف يدرس ويقيم أداءه، وكيف يمكن أن يدعم ساسة التربية كل ذلك ويكونوا مسؤولون عنه.

ثالثاً: التخطيط الأولى للإطار المنهاجي K-12

Drafting a k-12 Curriculum Framework

بعد أن يتم تعريف الأهداف والمعايير التي توجّه منهاج الرياضيات، وترجمتها في رؤية تعليمية أكثر تحديدا تبدأ عملية تحديد إطار المنهاجي. ويعني هذا الإطار بتنظيم وتتابع المحتوى الرياضي من اجل تحقيق التسلسل المنطقي والتماسك بين مناهج الصفوف (أي بين صف وآخر) وبين المراحل الدراسية (أي بين مرحلة وأخرى)، حيث تحدد المفاهيم الرياضية والمهارات وتجمع في وحدات دراسية متعاقبة. وسواء بني الإطار المنهاجي محلياً أو تم استعارته من مصادر خارجية فلا بد أن تتم مراجعته بدقة للتأكد من ذلك التعاقب والتسلسل.

ورغم أن المواد التعليمية (أي الكتب والأدلة والوسائل...) ليست جزء من هذا الإطار المنهاجي هنا، فإنه لا بد من التحقق من ترابط تلك المواد مع بعضها وفق ما يرسمه الإطار المنهاجي بشكله الأولي حيث يحدد الإطار المفاهيم والمهارات الرياضية التي تدرس في كل صف. وفي ضوء مراجعة المواد التعليمية يعدّل ذلك الإطار ليأخذ شكله النهائي.

إذ لو تم تحديد المفاهيم والمهارات بشكل نهائي منذ الوهلة الأولى فإنه من الصعب أن تجد مواد تعليمية جاهزة تتفق معها تماما، مما يستلزم تأليف مثل هذه المواد وفق الإطار المنهاجي النهائي، وهي عملية صعبة ومكلفة ماليا لذلك فإن لجنة تصميم المنهاج تطرح الأسئلة الآتية عندما تبني الإطار المنهاجي الأولي:

- هل هناك وحدات أساسية في المناهج الحالية يجب الإبقاء عليها ؟
- من هي الجماهير المستهدفة من الإطار المنهاجي ؟ كيف تستخدم هذا الإطار وهل هو مفهوم لديهم بشكله الحالي ؟
- ما هي مصادر التعليم المتوفرة محليا والتي يمكن أن يتضمنها الإطار ؟ مثل: متحف علوم، بيت زجاجي، مركز فلكي....؟

رابعاً: تحديد المواد التعليمية المحورية Identifying Core Instructional Materials

الهدف من هذه الخطوة استطلاع المواد التعليمية التي تتفق وتساند المعايير التي حددها الإطار المنهاجي الأولي، وذلك لأن تصميم هذا الإطار وتحديد المواد المنهجية يسيران يداً بيد. حيث يحدد الإطار معايير المحتوى في كل صف دراسي، ويترك المجال للجان المعنية اختيار المواد التعليمية المتوفرة والمتوافقة مع هذه المعايير من جهة وتراعي الخلفيات العليمة للطلبة من جهة أخرى. وهذا يتطلب من تلك اللجان أن تكون دقيقة في اختيار المواد التعلمية حتى لا تضطر إلى عمل تعديلات أساسية في الإطار المنهاجي تحتاج إلى وقت طويل لا يتوفر لها.

ولكي يكون هذا الاختيار سليما يجب أن يبرر قرار الاختيار، أي لماذا تم اختيار هذه الكتب وتم إقصاء غيرها من الاختيار؟

وللحكم على المواد التعليمية يجب أن تستخدم نفس الأدوات من قبل المحكمين ليخرج الرأي موضوعيا ومتسما بنوع من الثبات، ويعتمد بناء تلك الأدوات عادة على المعايير والرؤية العامة للجنة تصميم المنهاج. علما أن اختيار تلك المواد لا يعتمد فقط على نوع المحتوى الذي تتضمنه، وإنما أيضاً الفعاليات والأنشطة التي تحتويها من اجل تحفيز الطلبة على حل المشكلات وجمع وتحليل البيانات.

خامساً: تنقية الإطار المنهاجي Refining the Curriculum Framework

بعد أن تقوم لجنة تصميم منهاج الرياضيات بدراسة الأهداف والمعايير، وتضع رؤيتها بالتعليم والتعلم، وتحصيل البرامج المطبقة حاليا، وتختار وتراجع المواد التعليمية، وفق ذلك تكون مهيأة للبدأ في تنقية الإطار المنهجي. وهذا يتطلب:

أولاً: تعيين المفاهيم الرياضية التي يدرسها الطالب خلال صف دراسي وفي صفوف لاحقة وذلك وفق نمو فهمه لها.

ثانياً: تحديد الفجوات التي تظهر في ذلك الإطار لمعالجتها.

1. تعيين المفاهيم وفق تسلسل فهمها في صف دراسي وفي صفوف لاحقة:

عندما تركز لجنة التصميم على مستوى الفهم المتوقع عند الطالب، يجب أن تصف الأداءات المتوقعة له.

ولكي يفهم الطالب الأفكار الكبيرة لا بد وان يبنى تنظيم المحتوى وفق تسلسل تعقد المفاهيم الرياضية، من صف لآخر ومن مرحلة لأخرى. ولكن يجب الانتباه أن مراعاة مثل هذا التسلسل في المفاهيم والمهارات الرياضية لا يعني أن نتناول كل المفاهيم سنة بعد أخرى، لأن ذلك يعني ازدحام المنهاج بالمفاهيم دون أن يكون هنالك وقت كاف للطالب لفهمها جيدا. وهو ما سبق أن أشير إليه سابقا من أن مناهج الرياضيات مزدحمة بالمفاهيم العالمية هو تقليل عدد المفاهيم وزيادة في عمق تناولها. أما التكرار غير الضروري للموضوعات فانه يؤدي بسرعة إلى إضعاف حماس الطالب، والتأثير سلبا على فهمه لما يدرسه.

نقطة أخرى ونحن نقوم بتنقية الإطار المنهجي لا بد أن ننتبه لها وهي تكامل المفاهيم والمهارات الرياضية فيما بينها. إذ نجد في كثير من المناهج تعرض الطلبة إلى المفاهيم والمهارات بشكل منفصل بعضها عن بعض.

والأسئلة الآتية يمكن أن توجه تطوير الإطار المنهاجي الذي يساعد في البناء المنطقي والمتتابع لفهم الطلبة:

- ما هي المعلومات المسبقة التي يحتاجها تدريس كل مفهوم رياضي ؟ هل وردت في وحدة سابقة ؟ هل يمكن تضمينها في الوحدة الحالية ؟
- هل هناك بناء منطقي للمناهج المقدمة في صف دراسي ؟
- كيف نساعد الطلبة الذين فاتتهم المعلومات والخبرات المطلوبة؟
- كيف يعكس الإطار المنهاجي أهمية التداخل والترابط بين المفاهيم والمهارات الرياضية؟

- كيف يتم نقل الترابط المفاهيمي والمهارات والمعلومات التي يتضمنها الإطار المنهاجي إلى المعلمين وغيرهم ممن يستخدمون منهاج الرياضيات المدرسي؟

2. تحديد الفجوات في الإطار المنهاجي:(Identifying Gape in the Framework)

المواد التعليمية المتوافقة مع الإطار المنهاجي (k-12) يمكن أن تأتي من مصادر متعددة وغالبا ما تقدم مجزءه وفق مراحل تعليمية محددة مثل:

(9-12) (5-8) (k-4)، ويأتي التحدي هنا في كيفية ربط الأجزاء ببعضها، وخاصة عندما تكون تلك الأجزاء مختلفة في فلسفة بنائها وتصميمها وتوقعاتها والمفاهيم التي تم التركيز عليها، وتظهر هذه المشكلة في تدريس العلوم أكثر من الرياضيات لأن غالبا ما تغطى مدى أوسع من الصفوف. لذلك تضطر وزارة التربية والتعليم عندما تختار مواد العلوم أن توفق بينها بطريقة عفوية (Mix and Match) تحتمل الخطأ والصدفة. ورغم أن هذا الأسلوب في الاختيار يعطي مرونة أكثر، إلا أنه يبقى احتمال عدم تحقيق التتابع والاتساق بين مواد العلوم، وظهور فجوات من مرحلة دراسية لأخرى. وللتغلب على هذه المشكلة يوصى بـ:

- اقتراح أنشطة وفعاليات انتقالية (Transitional) بين المراحل.
- كتابة وحدات جديدة لسد الفجوات الكبيرة.
- تضاف وحدات تنتقى من مصادر أخرى لسد هذه الفجوات.
- مساعدة المعلمين في كيفية التعامل مهنيا (تربويا) مع تلك الفجوات.

سادساً: الاختيار الاستطلاعي لمنهاج الرياضيات المقترح Pilot testing:

رغم أن المواد التعليمية التي يتم اختيارها لمرحلة دراسية قد تكون مجربة في مناطق تعليمية أخرى إلا أن تجميع مواد تعليمية لكافة المراحل يحتاج إلى تجريب أو اختبار آخر، وذلك من اجل تحديد المشكلات ومعالجتها قبل تنفيذ المنهاج كاملا ولكافة المراحل. ومن الناحية النظرية (المثالية) للاختبار لكي نتحقق من

نتائجه فإنه يجب الانتظار لعدة سنوات نراقب خلالها انتقال الطلبة من صف لأخر ابتداء من الصف التمهيدي (k) وانتهاء بالصف الأخير (12)، وهذا بالطبع صعب التنفيذ من حيث توفر الوقت والجهد. وبدلا عن ذلك يطبق المنهاج مرة واحدة وفي عدة مدارس لتغطية المراحل كافة (k-12)، ومن خلال هذا التطبيق يمكن الإجابة عن الأسئلة الآتية:

- كيف يحقق الطلبة في تلك المدارس النتائج المطلوبة ؟ ويمكن اعتماد الاختبارات الموضوعية وتقارير المعلمين لاختبار ذلك ومقارنة نتائج المدارس.

- هل يمتلك الطلبة المعلومات والمهارات السابقة واللازمة لإبتداء تدريس كل وحدة دراسية أو مساق، من اجل تحقيق تتابع وتسلسل المحتوى؟ وعندما لا يمتلك الطلبة ذلك، كيف يتعامل المعلمون مع هذه الظاهرة ؟ وهل هنالك مشاكل جديه تبرر مراجعة الإطار المنهاجي؟

- ما هو التطوير المهني المطلوب تحقيقه لدى المعلمين كي يتعاملوا مع هذه الظاهرة دون حرمان الطلبة من مواصلة تعليمهم لتلك الوحدات أو المساقات؟ وكيف ندعم المعلمين والمدراء في هذا المجال؟

- ما هي المصادر (البيئية، التكنولوجية، توفر الوقت، الامكانات،...) التي يحتاجها المعلمون لاستخدام المواد التعليمية؟

- ما هي المصادر التي نحتاجها من اجل ديمومة هذه المواد التعليمية؟

- كيف نجعل أولياء الأمور على إطلاع مستمر بما نقوم به؟

سابعاً: تقويم منهاج الرياضيات Evaluating The Curriculum
عملية بناء منهاج الرياضيات كاملة إذا لم تتضمن طريقة ومخططا زمنيا للتقويم الدوري من اجل تطويره، ذلك لأن تصميم المنهاج ليست عملية نهائية تتحقق مرة واحدة وإنما هي عملية دائمة (ongoing)، وخاصة في مجال

الرياضيات، حتى لو اعتمد في بناءه على أفضل الوصفات التربوية. ولكي يتخذ قرار بشأن تطوير منهاج حديث للرياضيات يجب أن يحدد المعنيون أولاً ما هو التغيير الجذري المطلوب تحقيقه في المنهاج الحالي، وإلى أي حد يتوافق هذا المنهاج الحالي مع المعايير، وما هي المنافع التي يمكن جنيها من وراء التغيير موازنة بالتكلفة والمخاطرة.

لذلك نجد أن بعض الدول تقرر تغييرا جذريا في مناهجها من اجل أن تأخذ بأحدث الاتجاهات التطويرية في المناهج. بينما دول أخرى تكتفي بتغييرات معتدلة فقط خاصة عندما تكون هنالك اختلافات في وجهات النظر حول ما يجب أن يتعلمه الطالب، وكيفية حدوث هذا التعلم. وكلا هذين النوعين من التغيير يحمل نقاطا ايجابية ونواحي قصور فمن خلال التغيير الجذري يستوجب على المعلم أن يتعلم مهارات وطرائق حديثة بالتدريس، وهذا يحتاج إلى وقت قد لا يقل عن ثلاث سنوات (Fullan,1991)، ومهما كان نوع التغيير لا بد لخطة تقويم المنهاج الأخذ بنظر الاعتبار الحصول على معطيات أولية مبكرة تساعد في تقرير ما إذا كان مفيدا الانتقال من الاختبار الاستطلاعي (Pilot) إلى تعميم تنفيذ المنهاج أو الاستفادة من معطيات بعدية تساعد في اتخاذ قرارات تقويمية للمنهاج على مستوى المدارس كافة، وكلا التقويميين يخدم في:

- توصيف المنهاج المنفذ.
- التعريف بالصفوف والمدارس التي نفذ فيها المنهاج.
- مقارنة نتائج تحصيل طلبة هذه المدارس (التي طبق فيها المنهاج ولمدة سنتين إلى ثلاث) مع طلبة المدارس التي لم يطبق بها المنهاج (الضابطة) وفي نفس المناطق التعليمية أو ما شابهها، على أن تكون أدوات القياس المستخدمة منسجمة مع المعايير التي اعتمدها ذلك المنهاج.

ثامناً: تحقيق إجماع مصادقة المعنيين على المنهاج
Building Consensus Among The Stakeholders and Obtaining Approval

من خلال تصميم المنهاج ستتعلم اللجنة المسؤولة عن ذلك كثيرا حول بناء المنهاج واختيار المواد التعليمية، وأساليب التدريس، وتقويم تحصيل الطلبة، وسينعكس ذلك على المعلمين والإداريين وآباء الطلبة. أن نجاح المنهاج الجديد يعتمد في النهاية على مساندة أعضاء هذه اللجنة من قبل المعنيين بشؤون التعليم، مما يتطلب دوام التواصل معهم من اجل ضمان استمرار هذه المساندة. ويمكن أن يتحقق ذلك عن طريق:

- بناء تواصل متبادل بينهم وبين أعضاء اللجنة، وذلك من خلال التقارير، الرسائل، الصحف، مواقع الانترنت، محاضرات إلى إدارات المدارس ومجالس الآباء.
- الاستطلاعات الدورية من خلال استبيانات والمقابلات واللقاءات مع المجتمع المحلي.
- إشعار هؤلاء المعنيين بنتائج الاختبارات الاستطلاعية وكيف استخدمت، وأثر ذلك على عمل اللجنة.
- الحكم على مدى قبول عمل اللجنة، وذلك من خلال التغذية الراجعة ومقدار توصيلها لهذا العمل إلى أولئك المعنيين.
- عقد اجتماعات للتحقق من إجماع الموافقة على المنهج، وفي ضوء هذا الإجماع تستحصل الموافقة الرسمية على تنفيذ المنهج، ورصد التخصيصات المالية وتتضمن الخطة التنفيذية عادة استراتيجيات التنفيذ، الأنشطة، ميكانيكيات العمل المتعلقة بالتطوير المهني للمعلمين والإداريين.

6:1 البنية الرياضية وتدريسها (Mathematical Structure)

تعرف الرياضيات على أنها دراسة لبنى والعلاقات فيما بين هذه البنية (Dinnes, 1977)، والبنيـة في الرياضيات عبارة عن مجموعة من العناصر، وعلى هذه المجموعة نضع هيكـل، أي مجموعـة مـن القواعـد والعلاقات تحدد طرق العمل، وهذه القواعد تقودنا إلى دراسة الخصائص والقوانين المشتقة منها (أبو زينة، 1995). والشكل المجاور يوضح مفهوم البيئة.

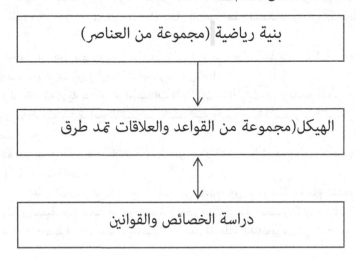

ومفتاح فهم البنية الرياضية يكمن في دراسـة الأنظمـة الرياضيـة ذات العمليـات. (فالزمرة) مـثلا نظام رياضي. (والحقل) كذلك نظام رياضي، فالنظام الرياضي يتضمن مجموعـة مـن العنـاصر نعـرف عليهـا واحدة (كالزمرة مثلاً).

أي الزمرة: مجموعة من العناصر تعرف عليها عملية واحدة وهذه العناصر تخضع لشروط معينة.

أمثلة على الزمرة:

1- بنية الأعداد الصحيحة تحت عملية الجمع.

2- بنية الأعداد الصحيحة تحت عملية الضرب.

الحقل: مجموعة من العناصر تعرف عليها أكثر من عملية، وهذه العناصر تخضع لشروط معينة.

أمثلة: بنية الأعداد الصحيحة تحت عملية الضرب والجمع.

والبنية الرياضية هي بنية افتراضية مبنية على المسلمات (Axiomatic) ومن أمثلتها بنية اقليدس في الهندسة، وتبدأ البنية الافتراضية بتعابير أو مصطلحات تقبل دون تعريف (Undefined terms)، (مثل النقطة، الخط المستقيم، المستوى، الفضاء، البينية في الهندسة)، ويربط بين هذه المصطلحات غير المعرفة جمل رياضية تسمى بديهيات (Postulates) وباستعمال قواعد المنطق الرياضي الفرضي نحصل على جمل رياضية مبرهنة تسمى نظريات (Theorems) (أبو العباس، 1986) والشكل التالي يوضح كل العلاقة.

أنواع البنية الرياضية:

1- **البنية الجبرية:** تعتمد على مفاهيم العمليات الحسابية من جمع وطرح وضرب وقسمة.
2- **البنية الترتيبية:** تعتمد على مفاهيم علاقات التكافؤ <، >، =، ≤، ≥
3- **البنية التبولوجية:** تعتمد على مفاهيم خاصة مثل البعد، والاتصال.

تدريس البنية الرياضية (Teaching Mathematical Structure)

التركيز على تدريس بنية الموضوع، هو اتجاه بدأ بخط سيرة نحو موضوعات المعرفة المختلفة، وقد أشار برونر (Bruner,1963) إلى أربعة أسباب تؤيد دعواه إلى الاهتمام بالبنية الأساسية والتركيز عليها وهذه الأسباب هي:

اللا معرفات
مسلمات
معرفات
نظريات
برهان على هذه النظريات
قوانين

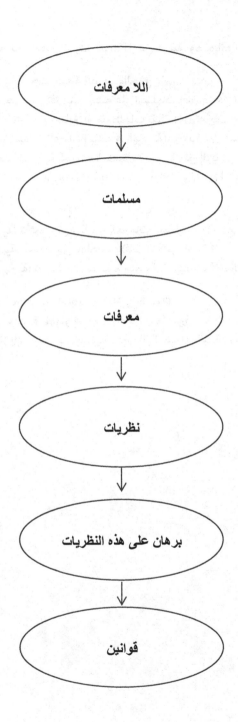

أولاً: فهم بنية الموضوع وأساسياته هو وسيلة ظاهرة لتحقيق هدف انتقال المعرفة (Knowledge) والتدريب (Practice) إلى مواقف أخرى، وإعطاء الفرد مرونة (Flexible) في معالجة المسائل المختلفة، وتحليل (Analysis) المواقف الجديدة كما يدخل عددا من المواقف كحالات خاصة للحالة العامة التي تم تعلمها مما يوسع مجال التعلم.

ثانياً: فهم بنية الموضوع ومبادئه (Principles) وأفكاره (Ideas) الأساسية تضيق الفجوة بين المعرفة المتقدمة للموضوع والمعرفة السابقة للموضوع في المستقبل. فتعلم البنية الأساسية للموضوع يختصر الوقت لتعلم موضوعات جديدة، حيث أن التعلم (Learn) يكون كليا، وهذا النوع من التعلم أكثر فعالية من التركيز على الجزئيات، ويساعد على استمرارية التعلم في المستقبل بصورة فردية (Individualization) وذاتية (Personalization).

ثالثاً: فهم أساسيات الموضوع وبنية يجعل ذلك الموضوع قابلا للاستيعاب (Assimilation) بشكل أفضل، والتركيز على البنية تجعل الفرد أكثر اهتماما ورغبة في دراسة ذلك الموضوع، وتكوين تصور (Conception) عام عنه، وبالتالي فهو يزود المتعلم بداعية (Motivation) ذاتية داخلية تجعله أكثر فهما واستيعابا له.

رابعاً: يكون الموضوع عرضه للنسيان (Silence) بسرعة إذا لم يكن هنالك تركيز على بنية الموضوع بشكل أفضل، فإدراك الفرد لبنية الموضوع تزيد من قدرته على تذكر الأفكار، فالمتعلم غالبا ما يتذكر الأفكار الرئيسية أكثر من الحقائق (Facts) الكثيرة المنفصلة التي تكون في معظم الأحوال عرضة للنسيان ما لم يرتبط بعضها ببعض بنظام معين.

ومن وجهة نظر برونر (Bruner, 1963)، يتم تدريس البنى على طريقتين:

الطريقة الأولى:

من خلال تطبيق المعلومات في حالات ومواقف شبيهة بتلك التي تم التعلم من خلالها، ويطلق التربويين على هذه الظاهرة (انتقال اثر التدريب)، وتتمثل هذه بشكل رئيسي في انتقال التدريب والمهارات.

الطريقة الثانية:

هي من خلال تعلم الأفكار العامة، التي تكون أساسا لفهم بعض المسائل على أنها حالات (Cases) خاصة، وهذا ما يسمى - (بانتقال المبادئ والاتجاهات) - واستمرارية التعلم الناتجة عن هذا النوع من الانتقال يعتمد على مدى تصور وفهم البنية الأساسية للموضوع، حيث ينتج هذا إلى تعلم ذي معنى (Meaningful Learning).

7:1 القيم التربوية للرياضيات

يجب على كل معلم لمادة الرياضيات، ولكل طالب يدرس الرياضيات أن يكون مقتنعاً بالقيم التربوية للرياضيات وتأثيرها التربوي، ومجتمع اليوم يتوقع مدارس تؤمن لكل الطلبة فرصة (Chance) لكي يكونوا مثقفين (Cultureds) رياضيا، ويكونوا قادرين على توسيع تعليمهم بفرص متساوية ويصبحوا مواطنين لديهم القدرة على الإطلاع على القضايا المتعاطفة في مجتمع تقني. ولذلك فإن على الطلبة أن يتعلموا لتحقيق خمسة أهداف (NCTM, 2000).

1- أن يقدروا الرياضيات.

2- أن يكونوا مؤهلين (Capable) وواثقين من قدرتهم الرياضية.

3- أن يكونوا حالين للمسائل الرياضية.

4- أن يتعلموا ليتواصلوا (Interconnect) رياضياً.

5- أن يتعلموا التفكير الرياضي (Mathematical Thinking)

لكن لماذا كل هذه الأهداف؟ وما أهميتها في حياتنا العملية ؟ كيف تكون ضرورية لكل فرد؟ يمكن الإجابة على هذه التساؤلات، ومعرفة لماذا وضعت هذه الأهداف من خلال عرضنا للقيم التربوية للرياضيات والتي تتمثل فيما يلي:

أولاً: القيمة العقلية (Intellectual Value)

تساعد دراسة الرياضيات في تطور وتنمية العديد من السمات العقلية، بحيث تحتوي كل مسألة رياضية على تحد فكري وعقلي، ويعد حل المشكلات (Problems Solving) في الرياضيات مساعداً مفيداً لتطوير القدرات العقلية للفرد، لما تمتاز به من تنظيم ودقة وحاجة إلى معرفة الخصائص والاستفادة بالارتباطات والقوانين التي من شأنها أن تساعد على حل مثل هذا النوع من المسائل، وما يترتب عليه من تطوير قدراتنا على التفكير والاستدلال والبرهان والتحليل والترتيب والتركيب والإبداع.

ثانياً: القيمة التنظيمية (Disciplinary Value)

إن الرياضيات هي الطريقة لتنظيم وترسيخ وتنمية قدرات التفكير والاستنتاج (Conclusion)، من الوقائع والمقدمات إلى النتائج. بسبب طبيعتها العقلية المطلقة، فإنها تمتلك قيمة تنظيمية حقيقية، وتنمي وتطور قوى التفكير والاستدلال والبرهان (Reasoning and Thinking powers) فضلا عن اكتساب المعرفة والمعلومات (Information) (الصادق، 2001).

ثالثاً: القيمة العملية (Practical Value)

وتعرف بالقيمة المنفعية، حيث ترتبط الرياضيات ارتباطا وثيقا بحياتنا العملية ويستخدم كل فرد الرياضيات بصورة مباشرة أوغير مباشرة من خلال حياته اليومية.

وتعد المعرفة بالعمليات الأساسية للرياضيات، والمهارة في استخدامها من المتطلبات الأساسية للمواطن العادي الذي يشعر بصورة مباشرة بأهمية الرياضيات، وضرورة الرياضيات (NCTM, 2000).

رابعاً: القيمة المهنية (Vocational Value)

تعدنا دراسة الرياضيات لمهن ووظائف متعددة مثل (هندسة، محاسبة، تجارة، ضرائب، تدريس، مساحة، تجارة، تصميم،......)، ويدين تطور هذه الوظائف بصورة كبيرة للرياضيات، لأن المعلومات والمعرفة الرياضية مفيدة في تحقيق الكفاءة المهنية في العديد من مجالات العمل في حياتنا اليومية.

خامساً: القيمة الاجتماعية (Social Value)

تمثل الرياضيات أهمية اجتماعية، حيث تساعد على التنظيم الاجتماعي، وتساعد في تكوين المعدلات الإحصائية الاجتماعية وتمثيلها، لقد أصبحت الرياضيات الأساس الذي نعتمد عليه في حياتنا، في تجارتنا، اتصالاتنا، صناعاتنا، اقتصادنا، والناتج القومي الإجمالي، والناتج الوطني الصافي، والصادرات، والمستوردات، وتنظيم النسل، والزواج، والاحتمالات. فيجب على المجتمع أن ينظم ويرتب ويضبط نفسه، ولن يستطيع المجتمع البقاء والتقدم بدون مشاركة واستخدام الحقائق والأشكال الرياضية.

سادساً: القيمة الثقافية (Value Cultural)

تمتلك الرياضيات قيمة ثقافية كبيرة، وهذه القيمة تتزايد وتتسارع يوميا، وقد قيل { تعد الرياضيات مرآة الحضارة والتحضير }، وقد قدمت الرياضيات إسهاما ذا معنى في أن يصل الإنسان إلى كل هذا التطور والرقي.

ويعكس تاريخ الرياضيات، الحضارة لبلدان مختلفة في أزمنة مختلفة فيمكن النظر إلى الحضارة المصرية باهراماتها، والحضارة البابلية، ومجد الحضارة الهندية وتراثها من خلال مجد الرياضيات المصرية والبابلية والهندية.

سابعاً: القيمة الجمالية أو الفنية (Aesthetic Value)

قد يعتقد بعض الناس بافتقار الرياضيات إلى الجمالية، ولكن المتخصصين في الرياضيات يرونها كلها جمال وفنية، متناغمة ومتناسقة ومرنة ومتسلسلة، فيتمتع الفرد بسعادة كبيرة بعد حل مسألة معينة بنجاح، أو يكتشف نمط عددي أو هندسي متناغم.

وتلعب الرياضيات دورا ذو اعتبار في تنمية وتطوير فنون متنوعة، ويمتلك الجمال الممتع في الأنشطة (مثل الرسم، التصوير، فن العمارة، فن النحت، الموسيقى، الرقص،....الخ).

كما أن الرياضيات تعلمنا وتمتعنا من خلال الألغاز والألعاب الخاصة بها، وهذه الوجهة الجمالية للرياضيات يمكن ملاحظتها من خلال مربعاتها السحرية والألعاب بالأرقام والأشكال.

مثال:

الشكل التالي يتكون من مثلثات رتب الأرقام { 1, 2، 3، 4، 5، 7، 12} في الدوائر ليصبح الأعداد على كل ضلع يساوي (22) دون تكرار العدد

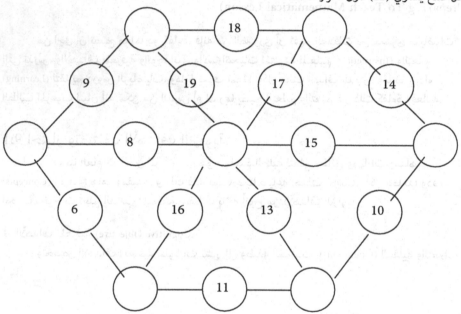

أو:

هل يمكن تقسيم هذا الهلال إلى ست أقسام باستخدام خطين مستقيمين فقط

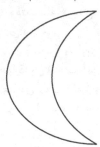

8:1 إعداد دروس الرياضيات:

Preparing To Teach Mathematical Lesson)

من اجل أن تصبح معلما ذو كفاءة، فإنه من الضروري أن تفهم العلاقات بين محتوى الرياضيات التي تدرس، والأهداف المعرفية والوجدانية، والاستراتيجيات المتنوعة للتعليم (Instruction) والتعلم (Learning) لتقديم دروس الرياضيات، وما لم يعرف المعلم وكل طالب أهداف الدرس، وما نوع أداء الطالب المرغوب لبيان أنه تمكن من الدرس أم لا، ربما يصبح التعليم والتعلم غير ذات كفاءة وفعالية.

9:1 اختيار وتصنيف الأهداف التربوية

إن هدفنا العام كمعلمين للرياضيات هو مساعدة الطلبة لتعلم حقائق ومهارات ومفاهيم (Concepts) ومبادئ هامة ومفيدة، ولذلك فانه يجب علينا صياغة أهداف (Goals)، أكثر تحديدا ودقة لوصف مخرجات تعلم الطالب المتوقعة. وهنالك ثلاثة أنواع من الأهداف التربوية:

1- الأهداف المعرفية (Cognitive Objective)

وتخصص الأهداف المعرفية سلوكيات تشير إلى وظيفة العمليات (Operations) العقلية والتغيرات فيها.

2- الأهداف الوجدانية (Effective Domain Objectives)

وتخصص الأهداف الوجدانية سلوكيات تشير إلى التغير في الاتجاهات.

3- أهداف المهارات الحركية (Psychomotor Objectives)

تخصص أهداف المهارات الحركية سلوكيات توضح أن الطلبة قد تعلموا مهارات معالجة يدوية معينة.

وتقوم فكرة التصنيف بناء على افتراض أن نواتج التعلم يمكن وضعها في صورة تغييرات معينة في سلوك الطلبة، ويرى بعض المربين أن الغرض من تصنيف الأهداف التعليمية إلى فئات سلوكية أو نواتج تعليمية هو مساعدة المعلم على تحديد انسب الظروف التي يحدث فيها تعليم مختلف المهمات (Tasks) التي يتوقع النجاح في أدائها من قبل الطلبة.(قطامي، قطامي،2000).

10:1 أهمية تصنيف الأهداف السلوكية

ممكن أن يحقق تصنيف الأهداف السلوكية ما يأتي:

- توفير مدى واسع للأهداف
- الإسهام في تسلسل الأهداف
- تعزيز (Reinforcement) التعلم
- التزويد ببناء معرفي
- توفير نموذج تعليمي
- ضمان انسجام التدريس (Teaching)
- المساعدة في صياغة فقرات تقويم مناسبة
- الإسهام في بناء نموذج خطة درس أو وحدة (Unit)
- تشخيص مشكلات التعلم
- إمكانية الإسهام في نجاح مهمات التعلم
- المساعدة في صنع قرار يتعلق بالتعليم (Daivs,1976)

11:1 مستويات الأهداف السلوكية (Behavioral Objective Levels)

أولاً: الأهداف المعرفية (Cognitive Objective)

نشر بنيامين بلوم عام 1956م، أسس تصنيف الأهداف التربوية، والغرض من هذا النظام للتصنيف الهرمي هو وضع بنود للتغيرات المعرفية التي تتشكل عن الطلبة كنتيجة للأهداف، وقد وضع (بلوم) بعد دراسة مستفيضة لعبارات الأهداف التربوية المأخوذة من عدة مصادر، الأهداف المعرفية للدراسة في المدرسة وفقا لتعقيد السلوكيات القابلة للملاحظة، ووضع ترتيب هرمي يحتوي على ستة فصول رئيسية، هذه الفصول المعرفية موضوعة في قائمة من الأبسط إلى الأكثر تعقيدا، وهي:

1- المعرفة (Knowledge)

2- الفهم (Comprehension)

3- التطبيق (Application)

4- التحليل (Analysis)

5- التركيب (Synthesis)

6- التقويم (Evaluation)

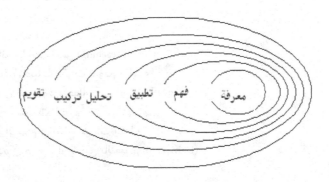

توضيح تطبيقات الأهداف المعرفية من الأبسط إلى الأكثر تعقيداً

معرفة +

فهم + تطبيق

+تحليل+ترتيب+تقويم

معرفة + فهم + تطبيق

+ تحليل + ترتيب

معرفة +فهم + تطبيق + تحليل

معرفة + فهم +تطبيق

معرفة + فهم

معرفة

التسلسل الهرمي لأهداف بلوم المعرفية، 1964م.

المعرفة (Knowledge):

تؤكد الأهداف التربوية على العمليات العقلية لتذكر واسترجاع المعلومات بنفس الطريقة التي قدمت بها تقريبا، ونريد من الطلبة في الرياضيات أن يتذكرا الرموز الرياضية، والحقائق، والمهارات، والمبادئ، ونتوقع من طلبتنا تذكر رموز الجمع، الطرح، الضرب، القسمة، وتعريف الأعداد الطبيعية، والحقيقية، وتذكر خطوات إجراء القسمة الطويلة والتركيبة، وإيجاد الجذور التربيعية، وصياغة المبادئ مثل نظرية فيثاغورس، ونظرية الباقي، ونظرية العامل، ونظريات المماسات، وقانون توزيع الضرب على الجمع.

ويتضمن فصل المعرفة فقط استرجاع مادة رياضية معينة بشكل مماثل للذي قدمت به هـذه المادة ومن الأمثلة على الأهداف المعرفية في مادة الرياضيات.

الهدف المعرفي	سؤال الاختبار
1- أن يعرف الطالب العدد الزوجي	1- عرّف العدد الزوجي
2- أن يتعرف الطالب على أجزاء الكسور	2- في الكسر 5/2 عدد هو المقام؟
3- أن يكتب الطالب صيغة المعادلة مـن الدرجـة الثانية	3- اكتـب الصيغة العامة بمعادلـة مـن الدرجة الثانية
4- أن يعرف الطالب الدائرة	4- ما تعريف الدائرة؟
5- أن يتعرف الطالب على البديهية والنظرية	5- عرف البديهية والنظرية
6- أن يعرف الطالب النسب المثليثية الخاصة	6- ما قيم جا30°،جا90° ، قا45°

الفهم (Comprehension):

يشير هذا المستوى إلى القدرة على فهم المادة أو الموضوع أو الأفكار التي يتعرض لها المـتعلم، دون أن يعني ذلك بالضرورة قدرتـه علـى ربطهـا بغيرهـا مـن الأفكار أو المعلومـات فالطلبة يفهمـون الفكرة الرياضية إذا استطاعوا الاستفادة منها، واحد الفصول الفرعية للفهم في الرياضيات هو القدرة على ترجمة العبارات اللفظية أو المشكلات إلى رموز رياضية والعكس بالعكس.

ويوجد لدى كثير من الطلبة صعوبات مع المشكلات اللفظية في الجبر (Algebra) لأنهم غير قـادرين على ترجمة العبارات اللفظية إلى عبارات جبرية،

مما يشير إلى أنهم لم يفهموا معنى العبارات الجبرية واللفظية، ومن الأمثلة على الأهداف المعرفية (بمستوى الفهم) في مادة الرياضيات.

الهدف (مستوى الفهم)	سؤال الاختبار
1- أن يحسب الطالب النسبة بين كسرين	1- أوجد هذه النسبة 6/7 ÷3/2
2- أن يقرب الطالب الجذر التربيعي للأعداد	2- أوجد الجذر التربيعي للعدد 43،419
3- أن يحسب الطالب قيمة اللوغارتيمات	3- أوجد لو$_3$ 81
4- أن يعطى الطالب أمثلة على معادلات من الدرجة الثانية	4- اعط مثالا عن معادلة من الدرجة الثانية
5- أن يستخدم الطالب نظرية فيثاغورس	5- استخدم نظرية فيثاغورس لإيجاد الوتر لهذا المثلث 3 4
6- أن يفرق الطالب بين التطابق والتشابه	6- ارسم مثلثين متشابهين وغير متطابقين

التطبيق (Application):

يعني هذا أن المتعلم يمكنه استعمال المادة المتعلمة سواء أكانت مفهوم رياضي أو مبدأ أو قاعدة أو مهارة في مواقف وأوضاع جديدة، وينطوي على هذا عملية انتقال (Transfer) التعلم إلى مواقف غير تلك التي حدث فيها أصلاً.

ولإظهار القدرة على تطبيق تجديد رياضي يجب على الطلبة انتقاؤه واستخدامه بطريقة سليمة في موقف مناسب دون القول لهم بفعل ذلك، أن تطبيق تجديد رياضي هو استخدام التجديد في مواقف جديدة وملموسة دون تلقين، فالقدرة على انتقاء البديهيات والنظريات المناسبة لإثبات صحة نظرية جديدة هو مثال لتطبيق الرياضيات.

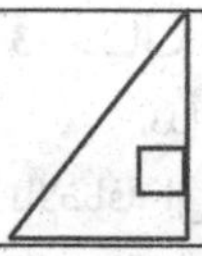

ومن الأمثلة على (التطبيق) في الرياضيات:

1- حساب أو جبر:

إذا كنت سوف تعمل في شركة لمدة أربعة سنوات على الأقل، هـل مـن الأفضـل لـك الموافقـة عـلى (400) دينار زيادة في المرتب السنوي، أم (9) دنانير زيادة في الراتب شهرياً؟

2- جبر:

ما الشكل المستطيل الذي مساحته دونم واحد الذي يمكن تسويره بأقل كمية من الحواجز؟

3- حساب أو جبر:

بدأ ولد يسير حاملا سلة من التفاح، وقابل صديقا وأعطاه نصف عـدد التفاح الموجـود في السـلة بالإضافة إلى نصف تفاحة، واستمر في السير فقابل صديقا آخر فأعطاه نصف مـا تبقى معـه مـن التفاح بالإضافة إلى نصف حبة تفاح، وفيما بعد قابـل صـديقا ثالثا فأعطاه نصف مـا تبقى معـه مـن التفاح، بالإضافة إلى نصف حبة تفاح، اكتشفت أنه لم يبقى معـه من التفاح، فكم عدد التفاح الذي كان مـع الولـد عندما بدأ سيره؟

التحليل (Analysis):

يشير هذا المستوى المعرفي إلى قدرة المتعلم على تقسيم المادة المتعلمـة إلى عناصرهـا المكونـة لهـا، والتي تبين معرفته بها وفهمه واستيعابه لبيئتها التنظيمية، من الأمثلة على الأهـداف المعرفيـة في (مسـتوى التحليل) في مادة الرياضيات.

الهدف المعرفي (تحليل)	سؤال الاختبار
1- أن يشرح الطالب لماذا أ/ب ÷جـ/د = أ/ب × د/جـ	1- اشرح لماذا يمكن كتابة القسمة 3/2 ÷5/7 = 3/2 × 7/5
2- أن يوضح الطالب صدق قاعدة (كريمر) لحل ثلاثة معادلات في ثلاث متغيرات	2- أذكر قاعدة كريمر لحل معادلات في ثلاث متغيرات، وأشرح لماذا تقود قاعدة (كريمر) لحل صادق لنظام من المعادلات الخطية
3- أن يناقش الطالب العلاقات بين صدق قضية وصدق المقلوب والعكس، وعكس النقيض لنقيضه	3- حلل وناقش العلاقات بين صدق قضية، وصدق مقلوبها وعكسها، وعكس نقيضها

التركيب (Synthesis):

يشير هذا المستوى إلى قدرة المتعلم على تجميع أجزاء أو عناصر شيء ما عقليا بصورة جديدة، وهذا المستوى المعرفي يهيء لسلوك ابتكاري، ويتضمن أنشطة مثل تكوين نظريات رياضية، وتنمية تركيبات رياضية. فكتابة بحوث رياضية بسيطة، وإنتاج أحاديث عن الرياضيات، وتصميم خوارزمية لحل نوع معين من المشكلات الرياضية والعديد من برامج الكمبيوتر لحل المشكلات الرياضية المعقدة،جميعها تعتبر من مستوى التركيب، ومن الأمثلة على الأهداف المعرفية (بمستوى التركيب) في مادة الرياضيات.

سؤال الاختبار	الهدف المعرفي (مستوى التركيب)
1- برهن أن مجموع أي عددين فرديين هـو عـدد زوجي	1-أن يبرهن الطالب لماذا أن مجموع عددين فـرديين هو عدد زوجي
2-أكتب برنامج كمبيوتر لتحويل أي عدد للأساس (10) مساو لأساس(2)	2-أن يكتـب الطالـب بـرامج الكمبيـوتر التـي تحـول الأعداد من أساس إلى آخر
3- في نفس الدائرة أوفي دوائر متساوية بـرهن أن الأوتار المتساوية متساوية البعد من المركز	3- أن يبرهن الطالب نظريات من الهندسة المستوية
4- أثبت أن حجم الهرم = 3/1 × مساحة القاعدة×الارتفاع	4- أن يبرهن الطالب نظريات من الهندسة الفراغية
5- برهن على صحة المتطابقة $\frac{2\ \text{جتا}^2(4\text{س})}{\text{جا}(8\text{س})} = \frac{\text{جا}(8\text{س})}{1-\text{جتا}(8\text{س})}$	5- أن يبرهن الطالب على متطابقـات مثلثيـة لأعـداد حقيقية

التقويم (Evaluation):

يشير هذا المستوى على قدرة المتعلم على تقدير قيمـة الأشياء والمواقـف، وإصدار أحكام قيميـة عليها، سواء كانت تلك الأشياء والمواقف محسوسة أوغير ذلك، هناك نوعان مـن التقـويم، الحكـم في ضـوء دليل داخلي، والحكم في ضوء دليل خـارجي، وعنـد الحكـم عـلى برهـان ريـاضي وفقـا لدقتـه، ومنطقيتـه، واتساقه، ووضوحه فإنها تقييم بدلالة محكات داخلية وعند الحكم عـلى نظريـات رياضـية، وأنظمـة وفقـا لإسهامها في تقدم الرياضيات، فإنها تقييم بدلالة محكات خارجية.

ومن الأمثلة على الأهداف المعرفية (مستوى التقويم) في مادة الرياضيات.

الهدف المعرفي(مستوى التقويم)	سؤال الاختبار
1- أن يصف الطالب مميزات اثنين من خوارزميات إيجاد الجذر التربيعي ويقارنوا بينها	1- أوجد الجذر التربيعي 173، 6342 مستخدما كل من الطريقتين اللتين قدمتا في الفصل، قارن بين الطريقتين واشرح مميزات وعيوب كل طريقة
2- أن يصف الطالب المزايا النسبية لفرق البرهان المباشر وغير المباشر وان يناقش الشروط التي تناسب كل طريقة	2- أعطي مثالا لنظرية مبرهنة بالطريقة المباشرة،ومثالا لنظرية مبرهنة بالطريقة الغير مناسبة،وناقش المزايا النسبية لكل من الطريقتين والمواقف المناسب لكل طريقة
3- أن يصف الطالب خطوات حل معادلة مثلثية، وخطوات إثبات متطابقة مثلثية، وان يقارن بين الأسلوبين	3- حل المعادلة: 4 جا^{4} س+3جا^{3} س -1=0 واثبت صحة التطابقة: ظاس + ظتاس = قتاس واشرح الفرق بين معنى المعادلة والمتطابقة وقارن بين الأساس المنطقي لحل المعادلة، والأساس المنطقي لإثبات المتطابقة

ويركز المدرسون في أي مستوى من مستويات التدريس على الأهداف المعرفية أكثر من تركيزهم على الأهداف الوجدانية والمهارات الحركية ذلك أن الأهداف المعرفية تتميز بما يلي:

1- سهلة التحقيق.

2- سهلة الصياغة.

3- سهلة القياس.

4- تريح المدرس وتقلل المتطلبات.

5- تزيد من سلطة المدرس.

6- ترضي الموصيين والمدير.

7- تجعل المعلم أكثر دقة واهتماما بالتربية العلمية.

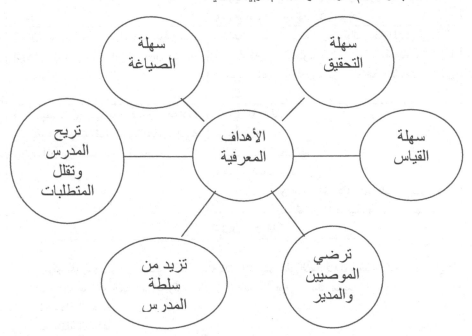

ثانياً: الأهداف الوجدانية (Affective Domain Objective)

وقد اهتم هذا المستوى بتطوير المشاعر لدى الطلبة واتجاهاتهم وانفعالاتهم، ويركز هـذا الجانـب على الأحاسيس والمشاعر، وقد وضع (كراثوول) أسساً لتصنيف الأهداف الوجدانية، وهي نظام مرتـب مـن الاهتمامات وأوجه التقرير، والاتجاهات والقيم، ويحتوي أساس التصنيف عـلى خمـس بنـود رئيسـية وكـل منها يحتوي على مستويات فرعية (كراثوول، 1964) وهي:

المستوى الأول:

مستوى الانتباه والاستقبال (Receiving)

أ- الوعي

ب- الرغبة في الاستقبال

ج- ضبط الانتباه واختيار الموضوع

المستوى الثاني:

مستوى الاستجابة (Responding)

أ- قبول الاستجابة

ب- الرغبة في الاستجابة

ج- الرضا عن الاستجابة

المستوى الثالث:

إعطاء قيمة (تقويم الأمور) (Valuing)

أ- تقبل قيم معينة

ب- تفضيل قيمة معينة على أخرى

ج- الاعتقاد الراسخ بقيمة معينة

المستوى الرابع:

مستوى تنظيم القيمة

أ- تكوين مفهوم لقيمة معينة

ب- تكوين نظام للقيم

المستوى الخامس:

مستوى تمثل القيم والاعتزاز بها (Value Complex)

أ- تكوين مجموعة عامة من القيم

ب- التميز في ضوء هذه الفئة من القيم

وتظهر أهمية مثل هذه (الأهداف الوجدانية) في سعي المهتمين بالرياضيات وراء استمتاع الطلبة بالرياضيات وبأعمال الرياضية، وفي محاولة لزيادة اهتمام الطلاب بالرياضيات.

وتحث بعض الأهداف الوجدانية الطلبة على تعلم الرياضيات، ولكن الغرض العام من هذه الأهداف أكثر من مجرد إثارة دافعية الطلبة، ولكن على فهم وتقدير دور الرياضيات في كل من المجتمع، والتطور التكنولوجي والثقافي والاجتماعي والاقتصادي والسياسي والجمالي (الفني).

ومن الأمثلة على الأهداف الوجدانية في مادة الرياضيات ما يلي:

أولاً: الاستقبال

الأهداف	القياس
الوعي * أن يتعرف الطالب على أثر العلم والعلماء في تطور الرياضيات	* أي من العلماء الذين طوروا أفكار جديدة في الرياضيات ساعدوا في التطور العملي الحالي؟
الرغبة في الاستقبال * أن يصف الطالب أهمية تعلم الأعداد غير النسبية	* لماذا تحتاج الأعداد غير النسبية في الرياضيات، وما بعض استخداماتها في العلوم؟
ضبط الانتباه واختيار الوضوح * أن يفاصل الطالب بين إحدى طريقتين من طرق حل المعادلات	* أي من طرق حل أنظمة المعادلات الخطية تفضله؟

ثانياً: الاستجابة

الأهداف	القياس
قبول الاستجابة * أن يسلم الطالب الواجبات البيتية في الوقت المحدد	* أعطي واجبا بيتياً للطلاب ثم إعادته للمعلم في الوقت المحدد
الرغبة في الاستجابة * أن يتطوع الطالب لإجابة سؤال في حجرة الصف	* عندما يسأل المعلم سؤال يرفع الطلاب أيديهم للإجابة عليه
الرضا من الاستجابة * أن يستمتع الطالب باللعب بالمباريات الرياضية	* يؤلف الطلاب مباريات في الأعداد والحساب والجبر وسؤال والمعلم بالسماح لهم باللعب بها داخل غرفة الصف

ثالثاً: إعطاء قيمة

الأهداف	القياس
تقبل قيمة معينة * أن يتقبل الطالب قيمة تعلم الحساب	* يحضر الطالب كل الحصص، ويسأل أسئلة في الصف، ويحل كل الواجبات البيتية
تفضيل قيمة معينة على أخرى * أن يظهر الطالب تفضيلا لتعلم الرياضيات على مواد أخرى	* ينتقي الطالب مقررات متقدمة في الرياضيات، ويبحث عن مشاكل في الرياضيات
الاعتقاد الراسخ بقيمة معينة * أن يظهر طلاب معينون بدراسة الرياضيات	* دخول الطلاب منافسات الرياضيات، ويقضون كثيرا من وقت فراغهم في ممارسات رياضياتية، وسوف يتخصصون في الرياضيات بالكليات

رابعاً: مستوى تنظيم القيمة

القياس	الأهداف
* أن يجري الطالب مناقشة لطبيعة البرهـان، والأسـاس المنطقــي للرياضيات، ويوضـح قيمــة في تطـوير الرياضيات	تكوين مفهوم لقيمة معينة * أن يحـاول الطالـب التعـرف عـلى التركيـب المنطقي للرياضيات
* الاهتمام بالتعيينات في تـاريخ الرياضيات، ثـم يتبعها مناقشة يمكن أن تستخدم في تقييم النجاح في تحقيـق هذا الهدف	تكوين نظام للقيم *يحكم الطالب على إسهامات الرياضيات التـي قام بها أناس من دول مختلفة

خامساً: تمثل القيمة

القياس	الأهداف
* يقصـد الطالـب اتجاهـات موجبـة نحـو حصـص الرياضيات، ويبذل قصارى جهـده في معرفة وفهـم المفاهيم الرياضية والمبادئ	تكوين مجموعة عامة من القيم *قـدرات الطالـب تقيـده في نجـاح تعلمــه للرياضيات

ثالثاً: الأهداف النفس حركية (Psychomotor Domain)

وتقسم إلى أربعة مستويات حسب تصنيف (كيلر،1970)

المستوى الأول:

الأهداف التي تتصل بالحركات الجسمية الكبرى (Gross Body Movement)

المستوى الثاني:

الأهداف التي تتصل بالمهارات دقيقة التناسق (Finally Coordinated)

المستوى الثالث:

الأهداف التي تتصل بمهارات التواصل غير اللفظية (Non-Verbal)

المستوى الرابع:

الأهداف التي تتصل بالسلوك اللفظي (Speech Verbal Behavior)

فهرس المصطلحات

تم ترتيب المصطلحات حسب ورودها في المتن

المصطلح	الترجمة العربية
Patterns	الأنماط
System	نظام
Knowledge	المعرفة
Abstract	تجريدي
Formal systems	الأنظمة الشكلية
Living body	جسم حي
Mathematic for living	الرياضيات للحياة
Formal	الشكلية
Abstract thinking	التفكير المجرد
Functional	فاعل
Complexity	تعقيد
Trans disciplinarity	ما وراء المعرفة
Practices	التدريبات
Intergraded way	طريقة التكامل
Simplification	التبسيط
Linearity	الخطية
Self – learning	التعلم الذاتي
Sophistication	رفيع المستوى
Collection work	العمل التعاوني
Dialogue	المحادثة

Brain storming	عصف الدماغ
Means	الوسائل
Modeling	النمذجة
Creativity	الإبداع
Behavior of system	سلوك الأنظمة
Embodied	محتواة
Embodied assumptions	الفرضيات المحتواة
Forecasting	التنبؤ
Simulation	المحاكاة
Modeling	النمذجة
Multiple intelligence	ذكاءات متعددة
Disciplines	المعارف
Region	المنطقة الجغرافية
Globalization	العولمة
Ideas	الأفكار
Skills	مهارات
Program	برنامج
Content	المحتوى
Principles	المبادئ
Understand	الفهم
Relation	علاقة
Levels	مستويات
Diagnose	يشخص، يقيم
Randomization	العشوائية

Sophistication	حذاقة
Intended	الرسمي
Mathematical structure	البنية الرياضية
Axiomatic	المسلمات
Undefined terms	مصطلحات تقبل دون تعريف
Postulates	بديهيات
Theorems	نظريات
Knowledge	المعرفة
Practice	التدريب
Flexible	مرونة
Individualization	بصورة فردية
Personalization	ذاتية
Assimilation	قابل للاستيعاب
Conception	تصور
Motivation	دافعية
Silence	نسيان
Facts	حقائق
Cases	حالات
Meaningful learning	تعلم ذو معنى
Chance	فرصة
Cultureds	مثقفين
Capable	مؤهلين
Interconnect	يتواصلوا
Mathematical thinking	التفكير الرياضي

Intellectual value	القيمة العقلية
Problems solving	حل المشكلات
Disciplinary value	القيمة التنظيمية
Conclusion	الاستنتاج
information	معلومات
Reasoning and thinking powers	قوى الاستدلال والتفكير
Practical value	القيمة العملية
Vocational value	القيمة المهنية
Social value	القيمة الاجتماعية
Value cultural	القيمة الثقافية
Aesthetic value	القيمة الجمالية أو الفنية
Instruction	التعليم
Learning	التعلم
Concepts	مفاهيم
Goals	أهداف
Cognitive objective	الأهداف المعرفية
Operations	العمليات
Effective domain objectives	الأهداف الوجدانية
Tasks	المهمات
Reinforcement	تعزيز
Teaching	التدريس
Unit	وحدة
Comprehension	الفهم
Application	التطبيق

Analysis	التحليل
Synthesis	التركيب
Evaluation	التقويم
Behavioral objective domains	مستويات الأهداف السلوكية
Algebra	الجبر
Transfer	انتقال
Receiving	الانتباه أو الاستقبال
Responding	الاستجابة
Valuing	إعطاء قيمة (تقويم الأمور)
Psychomotor domain	الأهداف النفس حركية
Cross body movement	الحركات الجسمية الكبرى
Non-Verbal	غير اللفظية
Finally coordinated	دقيقة التناسق
Speech verbal behavior	السلوك اللفظي
Criteria	محكات
Curriculum framework	الإطار المنهاجي

مراجع الوحدة الأولى

المراجع العربية:

1- أبو زينة، فريد،(1995)، مناهج الرياضيات المدرسية وتدريسها، مكتبة الفلاح لنشر والتوزيع، لبنان، ص19-31

2- أبو زينة، فريد،(1997)، تدريس الرياضيات للمبتدئين، مكتبة الفلاح للنشر والتوزيع، لبنان، ص 13-47

3- المفتي، محمد أمين، سليمان محدود (مترجمان) (1986)، طرق تدريس الرياضيات لمؤلفه فريدريك بل، الجزء الثاني، الدار العربية للنشر والتوزيع، قبرص،

4- الصادق، إسماعيل محمد،(2001)، طرق تدريس الرياضيات النظريات والتطبيقات، دار الفكر العربي، ص 162-193

5- أبو العباس، احمد والخطروني، محمد علي،(1986)، تدريس الرياضيات المعاصرة في المرحلة الابتدائية. الكويت، دار التعلم

6- الخطيب، محمد أحمد، (2002)، العملية التربوية في ظل العولمة وعصر الانفجار المعلوماتي. عمان، الأردن، دار فضاءات لنشر والتوزيع

المراجع الأجنبية:

1. AAAS(American Association For Advancement Of Science , New york , 1996)

2. Akline, M.R. (1974). Why Johnny Can't Add, The Failure Of Modern Mathematics.

3. American Association For The Advancement Of Science (AAAS). (1999). Designs For Literacy , New york: Oxford University. 1999

4. Beuner, J. (1963). The Process Of Education , Vitage Books.

5. Butler, C , Wern, F. (1970). The Teaching Of Secondary Mathematics , McGrawhill Book Co. Chapter 3

6. Dienes, Z. (1977). Reading In Secondary School Mathematics , Prindle , Weber, (226-241)

7. Jensen ,C. (1978). Exploring Math Concept , Merril.

8. Johnon, D. (1972). Guide Line For Teaching Mathematics , Wadsworth Pub. Co. Inc.,2nd Ed.

9. National Research Council (NRC). (1996). Mathematics And Science Education Around The World: What Can We Learning From The Survey Of Mathematics And Science, Washington, 1996

10. NCTM (1999). Teaching Children Mathematics , , Fed.1999.

11. NCTM. (2000): Notional Council Of Teachers Of Mathematics: Principles And Standards For School Sathematics ,Reston , Va: The Council.

12. NCTM.(1989): Curriculum and Evaluation Standards For school Mathematic. Reston , Va: The Council.

13. NCTM: Journal For Research In Math Eduction

14. NRC: National Science Education Standards Woshington, 1996

15. Sidhu,K,S. (1982). The Teaching Of Mathematics 2nd. New Delhi, Sterling Ppublishers.

16. The Math Education Into 21 Century Project. Mathematics For Living. Amman , 2000

الوحدة الثانية
علم النفس التربوي
وتدريس الرياضيات

1.2 نظرية بياجيه ونموذج دوره التعلم

2.2 نظرية جانييه والنموذج التدريسي المنبثق منها

3.2 نظرية أوزوبل ومنظمات الخبرة

4.2 نظرية برونر والنموذج التدريسي المنبثق منها

5.2 نظرية دينز والنموذج التدريسي المنبثق منها

فهرس المصطلحات

المراجع العربية

المراجع الأجنبية

الوحدة الثانية
علم النفس التربوي وتدريس الرياضيات

1:2 نظرية بياجيه ونموذج دورة التعلم

1:1:2 تمهيد

إن فهم النظريات التي تتعلق بكيفية تعلم الناس والقدرة على تطبيق هذه النظريات في تدريس الرياضيات يعد من أهم المتطلبات الهامة لتدريس فعال للرياضيات.

ومن ابرز هذه النظريات نظرية (جان بياجيه) [1](Jan Piaget) التي قامت على دراسة مراحل نمو التفكير، وقد بينت أبحاث بياجيه أهمية مراحل نمو التفكير، وأن الأطفال يمرون بهذه المراحل من سنّ الميلاد حتى المراهقة، وان هذه المراحل لها أوقات معينة، وقد استطاع بياجيه أن يحدد هذه المراحل في أربعة مراحل أساسية، وحدد لكل منا فترة زمنية تقريبية.

([1]) جان بياجيه أستاذ علم النفس السابق بجامعة جنيف، وهو بلا منازع من أكبر علماء النفس في هذا العصر، عالج موضوع النمو العقلي عند الطفل بطريقة فريدة، ولد عام 1896 م، وحصل على شهادة الدكتوراة في العلوم البيولوجية عام 1918 م، ولكن سرعان ما بدأ اهتمامه بالدراسات النفسية يظهر، وقد اتجه نحو دراسة العمليات النمائية التطورية وقام بدراسته الأولى عام 1921م، وقد شغل بياجيه عدة مناصب رفيعة إلى جانب عمله كأستاذ بالجامعة منها مدير المركز الدولي للتربية بجنيف، وقد كتب بياجيه العديد من المؤلفات في علم النفس الطفل وفي التربية والمنطق ونظرية المعرفة وتوفي في عام سبتمبر عام 1980م، عن عمر يناهز أربعة وثمانون عاما .

2:1:2 مراحل النموالمعرفي عند بياجيه

1- المرحلة الحسية الحركية من الميلاد وحتى نهاية السنة الثانية تقريبا:

(Sensor Motor Stage)

يحدث بشكل رئيسي في هذه الفترة عبر الإحساسات والمعالجات اليدوية، وتكون أفعال الطفل غير منتظمة أو مترابطة في البداية، ثم يبدأ بعد ذلك تدريجيا في تطوير ردود الفعل، فمثلا يمد يده عندما تقدم له شيئا، وتلتفت عند سماع صوت ما، إلا أن هناك اتجاها نحو الأفعال المتصفة بالذكاء (Intelligence) عندما يكون أمام الطفل هدف يسعى إلى تحقيق، وهذا يعني بداية التفكير عند الطفل.

وفي هذه المرحلة تكون الخبرة مرتبطة بالحواس مما يجعل أي نقص في هذه المرحلة معوقا من نمو الأبنية العقلية، كما أن البيئة التي تقل فيها الخبرات الحسية تؤثر على هذه البنى (Structures)، وهكذا يتأثر النمو العقلي بالنقص الموجود لدى الفرد، ولدى البيئة سواء بسواء.

يتعلم الطفل في هذه المرحلة تمييز المثيرات، ويكتسب في نهايتها فكرة بقاء الأشياء (Object Permanence)، إذ لم يعد وجود الأشياء مرتبطا بإدراكه الحسي، فالأشياء موجودة حتى ولو اختفت عن النظر، وباختصار لقد بدأت الذاكرة (Memory) في النمو، وفي نهاية هذه المرحلة ينهمك الطفل في (تلمس طريقه بشكل مباشر)، إذ أنه يبدأ يجرب ليرى ماذا سيحدث عندما يلعب بالأشياء، ويبدأ في نهاية هذه المرحلة أيضاً باكتساب اللغة.

2- مرحلة ما قبل العمليات من السنة الثانية حتى نهاية السنة السابعة:

(Pre-Operational Stage)

في هذه المرحلة يستطيع الطفل التعامل مع البيئة بصورة غير مباشرة، حيث تتميز هذه المرحلة بتزايد النمو اللغوي، واتساع استخدام الرموز اللغوية، مما يساعده كثيراً من الاتصال مع الآخرين، والتعلم منهم، وبمقدور الطفل أيضاً إعادة

تكوين أو تقليد بعض الأفعال التي جرت أمامه قبل ساعات، فهي إذا مرحلة (التطوير والرمزية) (Representation and symbolism)، ويتمكن الطفل من تمثيل الأشياء عقليا، وخزن الأمور للاستخدام اللاحق.

ويكون الطفل أيضاً بعض المفاهيم، ولكنه لا يمارس العمليات العقلية، فهو يقارن بين الأشياء في المجال الخارجي، ولا يعتمد على النشاط العقلي الداخلي في القيام بهذه المقارنة.

مثال:

(من أعمال بياجيه) قام بياجيه بإحضار عدد من (الكؤوس)، وعدد مساو له من (البيض)، وقام بترتيب كل منها حيث عمل صفا من الكؤوس، وصفا من البيض، وعند سؤال الأطفال أيهما يوجد فيه أكثر صف البيض أم الكؤوس، فكان جواب بعضهم هو صف الكؤوس لأنه أطول (احمد،1984).

ويستطيع الطفل القيام بعمليات التصنيف البسيطة (من السنة الثانية إلى الرابعة) كمظهر الحجم مثلا، إلا أن المتناقضات الواضحة لا تزعجه كالعلاقة بين الحجم والوزن

مثال:

(كأن يطفو شيء كبير وخفيف ويغطس شيء صغير وثقيل) فالمنطق عند الطفل في هذه المرحلة يكون نصفيا باتجاه واحد، وكثيرا ما يوقعه اعتماده على الورقات الحسية، في بعض صور التفكير الخاطئ في المواقف المتصلة بالعدد والوزن نتيجة غياب قابلية العكس (Reversibility)، والوعي لثبات الخصائص(Conservation)، إلا أن الوعي التدريجي لهم يبدأ في الطور الثاني من هذه المرحلة (أبو زينة، 1995)

أمثلة:

1- لو عرض على طفل صفان من قطع النقود في كل صف خمس قطع، ولكن احد الصفين أطول، فإنه سيميز الصف الأطول عادة بأن فيه عدد من قطع النقود أكثر (Miller, 1983).

2- في سباق سيارة لعبة، لو أنهت السباق سيارة قبل غيرها فإنها تسمى السيارة الأسرع عند أطفال بداية هذه المرحلة حتى لو سلكت طريقا أقصر من الطرق التي سلكتها السيارات الأخرى.

تطبيقات تربوية في الرياضيات

* تعليم الطفل في مرحلة ما قبل العمليات (2-7 سنة)

أولاً: استخدام في تدريس الرياضيات معينات حسية وبصرية:

مثال:

1- عند مناقشة مفاهيم مثل الجزء، الكل، النصف، استخدام أشكال على اللوحة، أو رغيف خبز، علبة جبنة.

2- دع الأطفال يضيفون ويطرحون باستخدام العصي، الأعواد.

ثانيا: اجعل التعليمات في حصة الرياضيات قصيرة نسبيا،واستخدام الأفعال إضافة إلى الكلام.

مثال:

1- وضح لعبة رياضية عن طريق تمثيل جزء منها أمام الطلبة.

2- إعطاء تعليمات حول كيفية الإجابة على الأسئلة في حصة الرياضيات، دع احد الطلبة قدم بذلك أمام الطلبة.

ثالثا: تزويد الطلبة بمدى واسع من الخبرات الرياضية وغير الرياضية لتبني أساسا لتعلم المفاهيم واللغة.

مثال:

1- الرحلات الصيفية

2- دعوة من يكلمهم إلى الصف من قصص وحكايات

3- وصف ما يفعلون ويرون ويحسون ويلمسون

رابعا: إعطاء الطلبة مقدارا كبيرا من الأعمال اليدوية والمهارات

مثال:

1- بناء مكعبات، مربعات، مثلثات

2- زودهم بمسائل حول القياسات مستخدمين أدوات القياس.

خامسا: لا تتوقع أن يكون الطفل متسقا في رؤيته للعالم من خلال وجهة نظر الآخرين.

مثال:

1- تجنب في الحصص التحدث عن عالم بعيد عن خبرات الطفل

2- تجنب حصص الرياضيات الطويلة

سادسا: كن حساسا لاحتمال أن يكون لدى الطلبة معان مختلفة للكلمة ففسرها كما أن الطلبة يتوقعون أن الجميع يفهم ما يقولون

مثال:

1- الطلب من الطلبة أن يوضحوا معاني الكلمات التي يقولونها

3- مرحلة العمليات المادية من السابعة حتى الثانية عشر:

(Concrete Operational Stage)

هذه المرحلة مهمة بالنسبة إلى المدرسة، ومعلم المرحلة الابتدائية، في هذه المرحلة يصف تفكير الطفل بأنه تفكير عمليات مادية لاعتماده على المجسمات والمحسوسات، كما يستطيع حل بعض المشاكل عن طريق المحاكاة بدل المحاولة

والخطأ، ويتكون في هذه المرحلة ثبات الوزن والكتلة والحجم ومن مظاهر هذه المرحلة:

- الانتقال من اللغة المتركزة حول الذات إلى اللغة ذات الطابع الاجتماعي.
- يحدث التفكير المنطقي عبر استخدام الأشياء والموضوعات المادية الملموسة.
- يتطور مفهوم البقاء للكتلة في سن سبع سنوات، وللوزن في سن تسع سنوات.
- نمو قدرة الطفل على التصنيف (Classification) والترتيب (Ordering) فهو يستطيع أن يصنف مجموعة من الأشياء مستخدما بعدين تصنيفيين كالشكل واللون مثلا.
- يتعلم الأطفال أن الكميات لا تتغير حتى لو تغيرت أشكالها، ومثال ذلك أن الطفل في هذه المرحلة لن يخدع بطول صفوف قطع النقود.
- يتعلم الأطفال في هذه المرحلة الحفاظ على حجم،ومن أمثلة ذلك لو صببنا الماء في كأس قصيرة واسعة وفي كأس طويلة وضيقة فإنهم سيؤكدون أن كل كأس يحتوي على كمية متساوية من الماء (Pigets,1975)
- يتقدم الطفل بتدرج بطيء في تكوين مفهوم الزمن (حوالي سن التاسعة).
- تنمو قدرته على استخدام مفاهيم الهندسة الأقليدية (Euclidean Geometry) المتصلة بقياس الأطوال والمساحات والزوايا والحجوم، وإن كان لا يستطيع أن يذهب في تفكيره أبعد من حدود الملموس.
- يتطور عند الطفل مفهوم المقلوبية أو المعكوسية (Reversibility) وتعني القدرة على التمثيل الداخلي لعملية عكسية.

مثال:

نقل الماء من الوعاء أ ←——— ب   هو نفسه من ب ———→ أ
دون زيادة أو نقصان

تطبيقات تربوية في الرياضيات

* تعليم طفل مرحلة العمليات المادية (7-12 سنة)

أولاً: استمر باستخدام المعينات المحسوسة والوسائل المساعدة البصرية عندما تتعامل مع مادة الرياضيات

مثال:

1- استخدام الرسوم البيانية لتوضيح العلاقات

2- استخدام جداول ورسوم توضيحية ونماذج مجسمة للمستطيل، المربع، المثلث، الدائرة.

ثانيا: إتاحة الفرصة للطفل لمعالجة الأشياء واختيارها

مثال:

1- جعل الأطفال يصنعون شموعا بأشكال مختلفة ولكن متساوية الكمية

2- تعليم الأعداد والترتيب من خلال الأعمال اليدوية للطلاب

3- إجراء تجارب بسيطة لإظهار العلاقات بين الأعداد والأشكال الهندسية

ثالثا: تأكد أن الواجبات والقراءات قصيرة ومنظمة جيداً

مثال:

1- عين كتبا أو قصصاً ذات فصول قصيرة تتعلق في مادة الرياضيات

2- جعل الواجبات البيتية (Home Work) المتعلقة في الرياضيات قصيرة ثم الانتقال إلى الواجبات الأطول

3- قطع عرض الفيديو من اجل الممارسة والتعليق وكتابة الملاحظات والأسئلة.

رابعا: استخدم أمثلة مألوفة لتوضيح أفكار أكثر تعقيداً.

مثال:

1- علم مفهوم المساحة، يجعل الطلبة يقيسون مساحة غرفتين مختلفتين

2- علم مفهوم المربع والمستطيل والمعين والمتوازي من خلال جعل الطلبة يعطون أمثلة من واقع الحياة.

3- قارن حياة الطالب مع رفاقه من حيث العمر والطول والوزن.

خامسا: قدم مشكلات تتطلب تفكيراً منطقيا (Logical) تحليلياً.

مثال:

1- ناقش أسئلة رياضية مفتوحة الإجابة لتستثير التفكير

2- استخدم وسائل تثير التفكير

سادسا: إعطاء فرصة لتصنيف الأشياء وتجميعها وكذلك الأفكار بمستويات متصاعدة

مثال:

1- إعطاء الطلبة قطع أوراق على كل منها أعداد ثم اطلب منهم تجميعها لتشكيل أعداد زوجية، فردية، أولية،أعداد بمنازل أحادية، عشرية، مئوية...

2- قارن أعداد الطلبة الصف بالأعداد التي تعلموها

4- مرحلة العمليات المجردة فوق سنّ الثانية عشرة:

(Formal Operational Stage)

في هذه المرحلة يفكر الفرد بالمجردات، ويتبع افتراضات (Perhaps) منطقية، ويعلل بناءً على فرضيات، يعزل عناصر المشكلة، ويعالج كل الحلول الممكنة، حيث تنمو قدرته على التفكير المنطقي الاستدلالي والافتراضي.

وأهم المفاهيم التي تصبح ميسورة في هذه المرحلة هي مفاهيم النسبة، والتناسب، والتوافيق، والتباديل. ويوجد هناك تطورا تدريجيا خلال هذه المرحلة، وفيما يلي وصفا للمراحل الفرعية للعمليات المجردة.

المرحلة الفرعية الأولى: تكوين عكس التبادل

أي القدرة على تكوين أنواع سلبية، وعلى رؤية العلاقات على أنها تبادلية بشكل تلقائي.

مثال: أن تفهم أن السائل في أنبوبة على شكل (U) يكون مستواه متساويا بسبب الضغط المتوازن على الطرفين).

المرحلة الفرعية الثانية: القدرة على تنظيم ثلاثة من المقترحات أو العلاقات

مثال: أن نفهم إذا كان (علي) أطول من (حسن)، وأن (حسن) أقصر من (سعد)، إذن فإن (حسن) يكون أقصر الثلاثة.

المرحلة الفرعية الثالثة: التفكير الشكلي الحقيقي

ويكون ذلك عن طريق بناء كل التكوينات الممكنة للعلاقات، والعزل المنتظم للمتغيرات (Varibles) في اختيار الفرض القياسي. (Kohlberg and Gilligon, 1959)

تطبيقات تربوية في الرياضيات

* تعليم الطلبة في مرحلة العمليات المادية 12 سنة

أولاً: إعطاء الطلاب فرصة لحل المشكلات علمياً:

مثال:

1- أدر نقاش لتصميم تجارب لحل مشكلة رياضية

2- أطلب من الطلبة أن يبرروا علميا بعض الظواهر والقوانين

ثانيا: إعطاء الطلبة فرصة لاستكشاف الكثير من الأسئلة الرياضية الافتراضية.

مثال:

1- أطلب من الطلبة أن يكتبوا رؤيتهم الخاصة في حال لم توجد الهندسة، والأعداد أو بعض القوانين.

2- الطلب من الطلبة أن يكتبوا موافقتهم في موضوعات رياضية معينة ثم بدل هذه المواقف مع أصحاب آراء أخرى وأدر نقاش حول تلك الموضوعات (مثل برهان نظرية هندسية)

ثالثا: تعليم مفاهيم واسعة، وليست حقائق فقط مستخدما موارد وأفكار ذات صلة لحياة الطلبة.

رابعا: استخدام استراتيجيات تعليم إجرائية حسية مادية:

إن ترتيب المراحل الأربعة السابقة هو ترتيب ثابت، يمر الطفل في هذه المراحل بتتابع منتظم، ولكن الحدود العمرية التي وضعها بياجيه ليست قياسية، وإنما تقريبية، في رأيه أن الفروق الفردية والحضارية والثقافية تلعب دورا مهما في تحديد العمر الزمني للانتقال من مرحلة إلى أخرى، ولكن تختص كل مرحلة بنظام من التراكيب العقلية التي تصبح تدريجيا كافية أو ملائمة مع نهاية المرحلة.

والجدول التالي يبين هذه المراحل والعمر التقريبي لكل مرحلة والخصائص الأبرز لكل مرحلة.

المرحلة	العمر التقريبي	الخصائص الأبرز
المرحلة الحسية الحركية (Sensor-Mator stage)	ميلاد – 2سنة	1- استخدام التقليد، التذكير، التفكير 2-إدراك أن الأشياء لا تزول عندما تختفي 3- الانتقال من الأفعال الانعكاسية إلى النشاط المتجه نحو الهدف
مرحلة ما قبل العملية (Pre-operational Stage)	7-2	1- يتطور تدريجيا استخدام اللغة والقدرة على التفكير بصيغة رمزية 2- القدرة على التفكير بإجراءات منطقية 3- القدرة على عمل تطبيقات بسيطة والمقارنات البسيطة
مرحلة العمليات المادية (Concrete Operation Stage)	12-7	1- القدرة على حل مشكلات حسية بطريقة منطقية 2- فهم قوانين المحافظة، والقدرة على التصنيف والتشكيل والتسلسل 3- فهم المعكوسية
مرحلة العمليات المجردة (Formal Operational Stage)	12- فما فوق	1- القدرة على حل مشاكل مجردة بأسلوب منطقي 2- يصبح أكثر عملية في تفكيره 3- يقدر مفاهيم النسبة، التناسب، التباديل، التوافيق، التكامل، التفاضل

خواص المراحل الأربعة عند بياجيه:

(1) تحدث هذه المراحل بترتيب ثابت عند جميع الأطفال.

(2) يتفاوت الأطفال من حيث العمر الذي يؤدي إلى كل مرحلة.

(3) تتأثر هذه المراحل بعوامل البيئة، والنضج والتفاعل الاجتماعي والموازنة.

(4) يتم نقل خبرات كل مرحلة إلى المرحلة التي تليها.

(5) توجد مرحلة انتقالية يتكون من خلالها المفهوم، ثم المرحلة اللاحقة يتم استيعاب المفهوم فيها (Woolfolk, 1998).

3:1:2 عوامل النمو المعرفي عند بياجيه

يرى بياجيه أن التطور المعرفي يتأثر بأربعة عوامل وهي:

أولاً: النضج البيولوجي. وهو تفتح التغيرات البيولوجية المبرمجة وراثياً في كل كائن لحظة تكوينه أثناء الحمل وليس للآباء والمعلمين أي تأثير إلا القليل.

ثانياً: الخبرة الشخصية (النشاط) (Activity) . وهو القدرة على التعامل مع البيئة والتعلم منها

ثالثاً: الخبرات الاجتماعية

رابعاً: الاتزان (Equilibration)

4:1:2 العمليات والمفاهيم المعرفية الأساسية عند بياجيه

1- الاستعداد للتعلم (Readiness For Learning)

يقصد بالاستعداد العام للتعلم المدرسي، بلوغ الطفل المستوى اللازم من النضج الجسمي والعقلي والانفعالي والاجتماعي، الذي يؤهله للالتحاق بالمدرسة، ويتأثر هذا الاستعداد بما يوفره المنزل والمجتمع للطفل من فرص لاكتساب خبرات مناسبة.

والاستعداد للتعلم، هو مقدرة المتعلم أو قابليته لتعلم شيء ما، أو اكتساب نوع من المهارات أو المعلومات أو الكفايات بعد فترة من التدريب، تعده لتعلم شيء جديد (أبو زينة،1997).

2- المرحلة أو العملية (Stage or Operation)

يعني بياجيه بالمرحلة المعرفية، نمطا من التراكيب المعرفية والعمليات العقلية والمفاهيم التي تظهر لدى الأطفال في مرحلة عمرية، والتي تختلف عنها

لدى الأطفال في مرحلة عمرية أخرى، ويفرضها بياجيه على أنها بنائية نشطة تتضمن تعديلات وتغيرات في موضوع المعرفة من جانب الفرد. (غازدا، 1986)

خواص العملية عند بياجيه:

(1) يمكن أن تحدث ماديا أو مجردة، تعتمد على الموقف

(2) قد تحدث في اتجاهين متعاكسين

(3) تتسم العملية بالثبات والاحتواء

(4) العملية جزء من نظام أكبر من العمليات، ولا توجد منفردة في ذاتها

3- الاحتفاظ (Conservation)

ويعني احتفاظ الشيء ببعض خواصه بالرغم من تغييره الظاهري أو الشكلي، وقد عبر بياجيه عن ذلك بقوله ((تتغير باستمرار وتبقى هي هي)) والاحتفاظ هو مفتاح العمليات الحسية، أما أنماط الاحتفاظ فهي:

أ- **حفظ العدد:** يبقى عدد عناصر المجموعة كما هو، حتى لو أعيد ترتيبها (6-7 سنوات)

ب- **حفظ المادة:** تبقى كمية المياه كما هي، حتى لو اختلف شكلها (7-8) سنوات

جـ- حفظ الطول: يبقى مجموع أطوال خط ما ثابتا، حتى لو انقطع ورتب كيفما اتفق (7-8) سنوات

د- حفظ الوزن: يبقى وزن شيء كما هو، حتى لو تغير شكله (9-10 سنوات)

هـ- حفظ المساحة: تبقى كمية السطح التي تغطت بأرقام معينة كما هي، بغض النظر عن ترتيب هذه الأرقام (8-9 سنوات)

و- حفظ الحجم: تبقى كمية سائل ما ثابتة، بغض النظر عن الشكل الذي يأخذه السائل (أكثر من 10 سنوات)

4- قابلية العكس (Reversibility)

وهي قدرة الطفل على إرجاع الشيء إلى حالته الأولى عقليا، أي قدرته على إدراك أن كرة المعجون التي تحول إلى حبل من المعجون هي نفس الكمية، وذلك بإعادتها إلى شكلها السابق عقليا كما يمكن إعادة

8=6+2 و6 = 8-2 (عبد الهادي، 2000).

5- التكيف (Adaptation)

لقد تأثرت آراء بياجيه الخاصة بالتعلم المعرفي باهتمامه وعمله في مجال العلوم البيولوجية، وقد تعلم بياجيه من دراسته أن الكائن الحي يسعى دائما (للتكيف) مع عوامل البيئة المحيطة، فعلى سبيل المثال عندما تزداد شدة الضوء فإن حدقة العين في الإنسان تضيق قليلا، وهذا يعد نوعا من الأفعال البيولوجية (Biological Acts) التي يقوم بها الكائن الحي للتكيف مع عوامل البيئة المحيطة.

ويرى بياجيه أن تكيف الإنسان للبيئة (Environment) لا يشتمل قيامه بمجموعة من الأفعال البيولوجية فقط، وإنما يشمل قيام أيضاً بمجموعة من الأفعال العقلية (Mental Acts)، أي أن (تكيف) الإنسان للبيئة يسمى (تكييفاً) بيولوجياً بحتاً ولكنه عقلي أيضاً.

فعلى سبيل المثال إذا أخذت أحد الأطفال إلى بيت (الفيل) في حديقة الحيوان، فإن هذا الطفل قد يجد نفسه أمام كائن غريب (فيل) لأول مرة، ومن ثم فإنه يتساءل عن اسم هذا الكائن الغريب، إن هذا الكائن الغريب يعد احد المثيرات البيئية، وقيام الطفل بالتساؤل يعد نوعاً من الأفعال أو العمليات العقلية التي يقوم بها الكائن الحي (للتكيف) مع هذا المثير البيئي، وهذه الأفعال العقلية هي التي تؤدي لنمو معارف الطفل عن هذا المثير.

ومن ثم يمكننا القول بأن بياجيه يعتقد أن التعلم المعرفي لدى الإنسان ينشأ أساسا نتيجة (للتكيف) العقلي مع مؤثرات البيئة المحيطة به (قومان، 1983).

6- التراكيب المعرفية (Cognitive Structure)

إن فهمنا للتعلم عند (بياجيه) ترتبط أساساً بفهمنا لمفهوم التراكيب المعرفية، إذ يرى (بياجيه) أن الإنسان عندما يتكيف (بيولوجياً) مع البيئة فإنه يستخدم عدداً من التراكيب الجسدية، وبالمثل يرى (بياجيه) أن التكييف العقلي أو المعرفي يلزمه وجود مجموعة من التراكيب المعرفية أو العقلية داخل عقل الإنسان، وتشير التراكيب المعرفية إلى القدرات العقلية لدى الفرد، وتقرر هذه التراكيب ما يمكن استيعابه في زمن محدد، وهي جزء من عملية (التكييف).

والتراكيب المعرفية تمثل الخبرات التي تم تطويرها من خلال تفاعل الفرد مع البيئة والظروف المحيطة، وتراكيب الفرد مع البيئة، ويرى بياجيه أن الطفل يولد وهو مزود بمجموعة من التراكيب العقلية الفطرية، والتي تشبه المنعكسات الفطرية (Reflexes) وأطلق عليها لفظة (الصور) أو المخططات (Schemes)

[المخططات: تركيب عقلي يشير إلى مجموعة من الأفعال المتشابهة التي تكون بالضرورة وحدات تامة قوية محددة تترابط فيها بقوة العناصر السلوكية المكونة لها] (غنيم، 1970).

أي يمكننا القول بأن التراكيب المعرفية قد نشأت أصلا من تراكيب فطرية بسيطة (مخططات).

7- عملية التنظيم الذاتي (Self Regulation) أو الموازنة (Equilibration)

عندما يتفاعل الطفل مع البيئة المحيطة به فإنه عادة ما يصادف مثيرا غريبا عليه، أو مشكلة تقف في طريقه وتحيره، فيبدأ باستخدام التراكيب المعرفية الموجودة عنده ليتعامل مع هذا الموقف الغريب أو المشكلة التي تحيره، فإن لم تتوافر التراكيب العقلية الخاصة لديه للقيام بالعمل،فإنه يصبح في حالة اضطراب، أو عدم اتزان (Disequilibrm) كما يسميها بياجيه. فيصبح أمام الطفل طريقان للتعرف آنذاك إما أن ينسحب من الموقف، ويبتعد عن المشكلة. وإما أن يقوم

بمجموعة من الأنشطة، يحاول من خلالها فهم ذلك الموقف، أوحل تلك المشكلة، وتؤدي مثل هذه الأنشطة إلى تكوين تراكيب معرفية جديدة (زيتون، 1992). ويفترض بياجيه بأن هنالك عمليتين أساسيتين تحدثان أثناء عملية التنظيم الذاتي هما:

1- **التمثيل** (Assimilation): عملية عقلية يقوم الفرد من خلالها باستخدام التراكيب العقلية الموجودة عنه لفهم الأحداث في بيئته وليجعل منها معنى.

2- **المواءمة** (Accommodation): وهي عملية عقلية مسؤولة عن تعديل التراكيب المعرفية الموجودة عند الفرد لتتناسب وما يستجد من مثيرات.

والتمثيل والمواءمة عنصرا عملية التنظيم الذاتي، والتمثيل والمواءمة عمليتان مكملتان لبعضهما البعض، ونتيجتهما يتم تصحيح الأبنية المعرفية وأثرها وجعلها أكثر قدرة على التصميم وتكوين المفاهيم.

والمثال التالي يوضح عملية التنظيم الذاتي:

لو أخذت أحد الأطفال إلى حديقة الحيوان، ووقفت به عند (الغزال) فإن صورة هذا الحيوان سوف تنتقل إلى التراكيب المعرفية في العقل (التمثيل)، فإذا حدث أن كانت لهذه الصورة تركيب معرفي يفسرها فإن الطفل لا يستثار، ويترك المكان سريعاً. أما إذ حدث أن لم تكن لهذه الصورة تركيب معرفي يفسرها في عقل الطفل، فإنه سوف يستثار ويبدأ بالسؤال والوقوف الطويل أمام الحيوان، ومن ثم قد تقوده هذه الحالة إلى الانسحاب بعيداً عن الحيوان لأنه لا يعرفه فربما يخافه، وإما أن تقود حالة عدم الاتزان هذه إلى نشاط عقلي حيث يحاول أن يعرف اسم الحيوان وعن خصائصه إلى أن يعرف اسم ذلك الحيوان. فيضيفه إلى التراكيب العقلية الموجودة عنه (المواءمة) وهذه الإضافة لا تلغي ما هو موجود مسبقاً.

والشكل التالي يبين توضيح أهم المفاهيم وارتباطها ببعضها البعض في هذا المثال:

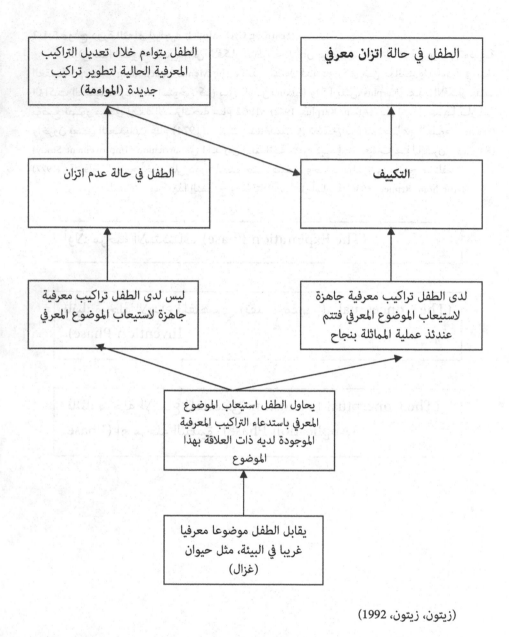

| الطفل يتواءم خلال تعديل التراكيب المعرفية الحالية لتطوير تراكيب جديدة (المواءمة) | الطفل في حالة اتزان معرفي |

الطفل في حالة عدم اتزان

التكييف

ليس لدى الطفل تراكيب معرفية جاهزة لاستيعاب الموضوع المعرفي

لدى الطفل تراكيب معرفية جاهزة لاستيعاب الموضوع المعرفي فتتم عندئذ عملية المماثلة بنجاح

يحاول الطفل استيعاب الموضوع المعرفي باستدعاء التراكيب المعرفية الموجودة لديه ذات العلاقة بهذا الموضوع

يقابل الطفل موضوعا معرفيا غريبا في البيئة، مثل حيوان (غزال)

(زيتون، زيتون، 1992)

5:1:2 نموذج دورة التعلم لبياجيه (Learning Cycle Model)

انبثق هذا النموذج تحديدا من الأفكار النظرية (لجان بياجيه)، ذات العلاقة بمفهوم الوظيفة العقلية (The Mental Functioning Concept)، الذي تناول فيه دور كل من مماثلة والمواءمة في بناء التراكيب العقلية للفرد، وقد استوحى كل من (اتكن، Atkin) و(كاربلس، Karplus) هذه الأفكار وقاما بوضع تصور مبدئي لهذه الاستراتيجية عام 1962م (Atkin, Karplus, 1962)، ثم أدخل عليها كاربلس وآخرون بعض التعديلات عام (1974)، حيث استخدمت في تحسين تدريس مناهج العلوم (Science Curriculum Improvement Study) في المدارس الابتدائية الأمريكية في سبعينات هذا القرن (Karplus, 1977)، وقد قامت برامج أخرى على دورة التعلم حيث صيغت وحدات دراسية في مناهج مختلفة.

وتسير عملية التدريس بهذا النموذج وفقا لثلاثة مراحل أساسية (Abrahom, Rrnuer , 1986)

أولاً: مرحلة الاستكشاف (The Exploration Phase)

ثانيا: مرحلة الإبداع المفاهيمي (تقديم مفهوم)، (The Conceptual Invention Phase)

ثالثا: مرحلة الاتساع المفاهيمي (The Conceptual Expansion Phase) أو مرحلة التطبيق (Application Phase)

وفيما يلي وصف تفصيلي لهذه المراحل:

1- مرحلة الاستكشاف (The Exploration Phase)

يتعلم الطلبة في هذه المرحلة بخبراتهم الذاتية، وبالتعامل المباشر مع الخبرات الجديدة، ويقترح المعلم الأنشطة التي تقوم على تذكر الخبرة القديمة والانتقال منها إلى الخبرة الحسية الجديدة، ومن خلال الأنشطة يتوصل الطلبة إلى الأفكار الجديدة بالاعتماد على الملاحظة (Observation) والقياس (Measurement) والتجريب (Experiment).

ومن خلال هذه العملية قد يستكشف الطلبة أشياء أو علاقات لم تكن معروفة لهم من قبل، ومن خلال هذه المرحلة يمكن للمعلم تقييم الفهم الأولي للطلبة قبل تكوين المفهوم، كما يقتصر دوره على التوجيه والإرشاد أثناء قيام الطلاب بالأنشطة.

2- مرحلة الإبداع المفاهيمي (The Conceptual Invention Phase)

في هذه المرحلة تستخدم الخبرات الحسية التي يمارسها المتعلم في المرحلة السابقة (مرحلة الاستكشاف) كأساس لتعميم المفهوم، ويرجع تسمية هذه المرحلة بمرحلة الإبداع المفاهيمي لأن المتعلمين في هذه المرحلة يحاولون أن يصلوا إلى المفاهيم أو المبادئ ذات العلاقة بخبراتهم الحسية الممارسة في مرحلة الاستكشاف، ويتم ذلك من خلال المناقشة الجماعية فيما بينهم تحت إشراف المعلم وتوجيهه، وفي حين لم يتمكن الطلبة من الوصول بأنفسهم إلى المفاهيم والمبادئ بخبراتهم الحسية، فإننا نضطر في هذه المرحلة يطلق عليها أيضاً مرحلة تقديم المفهوم (Concept Introduced Phase) ، ويمكن تحديد أهم خصائص هذه المرحلة فيما يلي:

1- يستخدم الطلبة خبراتهم الحسية كأساس للتوصل إلى المفهوم.

2- يطلب المعلم من الطلبة تحديد العلاقة (Relations) بين مفاهيم المادة التعليمية، ويساعدهم كلما احتاج الموقف (Situation) إلى ذلك.

3- يجمع الطلبة أدلة حول المفاهيم والأفكار التي توصلوا إليها، وذلك من خلال تشجيع المعلم لهم وتوجيههم، أو يقدمه لهم أن لم يستطيعوا التوصيل إليه صورته النهائية.

3- مرحلة الاتساع المفاهيمي (The Conceptual Expansion Phase)

بعد أن ربط الطلبة الأفكار الجديدة بخبراتهم السابقة من خلال أنشطة الاستكشاف (مرحلة الاستكشاف)، ثم فهموا وقاموا بتعميمها، وجمع الأدلة حولها من خلال أنشطة الإبداع (مرحلة الإبداع المفاهيمي)، تبدأ بعد ذلك مرحلة الاتساع المفاهيمي، ويأتي هذا الاتساع من خلال ما يقوم به الطلبة من أنشطة تعينهم على انتقال أثر التعلم، وعلى تعميم خبراتهم السابقة في مواقف جديدة، وتتميز هذه المرحلة في إعطائها وقت كافي للطلبة يطبقوا ما تعلموه على أمثلة أخرى، ولذلك تسمى هذه المرحلة أيضاً مرحلة تطبيق المفهوم (Concept Application Phase)

وأحيانا أخرى تسمى هذه المرحلة بمرحلة الاكتشاف (Discovery Phase) ومن المرغوب به أن يناقش (Discuss) الطلبة بعضهم بعضا في هذه المرحلة، وعلى المعلم أن يلاحظ طلابه، والاستماع لهم، والكشف عن أي صعوبات تعترض تعلمهم، ويحاول مساعدتهم على التغلب على هذه الصعوبات.

ويمكن التعبير عن مراحل دورة التعلم بالأشكال التخطيطية التالية:

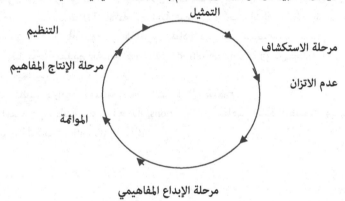

(غلوش، 1984)

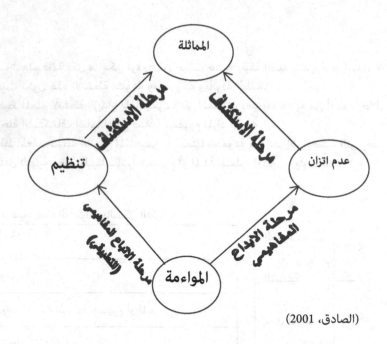

المماثلة
مرحلة الاستكشاف
مرحلة الاستكشاف
تنظيم
عدم اتزان
مرحلة الابداع المفاهيمي
المواءمة

(الصادق، 2001)

6:1:2 تخطيط الرياضيات بنموذج دورة التعلم

هناك عدد من النقاط التي يمكن من خلالها للمعلم بالتخطيط لدروس مستخدما نموذج دورة التعلم وهي ما يلي:

1- يحدد المعلم أهداف التعلم (وقد يشترك الطلبة في ذلك) مثل أن يعرف الطالب مفهوم العدد الأول، أو المربع، العامل المشترك الأكبر..)

2- يحدد المعلم المفهوم أو المبدأ المراد تعلمه مثل (مفهوم العدد الأولى، مفهوم المربع، قانون توزيع الضرب، نظرية فيثاغورس، قانون مساحة المثلث)

3- يصوغ المعلم بعض مشكلات التعلم (مواقف التعلم ذات الطابع المشكل بالنسبة للطالب بحيث لا تكون أكبر من عمر الطالب فيراها معقدة، ولا أقل من عمره فلا تثيره)، التي سوف تشملها كل مرحلة من مراحل دورة التعلم وذلك بالاعتماد على معرفة المعلم لطلابه وخبراتهم السابقة.

4- يكتب المعلم قائمة بكل ما يمكن توفيره من خبرات حسية وثيقة الصلة بالمفهوم أو المبدأ، بحيث تكون هذه الأنشطة متنوعة ومحسوسة ومألوفة للطلبة.

5- تخطيط المعلم لأنشطة الإبداع المفاهيمي، وعلى المعلم أن يعتبر ما قام به من أنشطة خلال مرحلة الاستكشاف أساساً لبلوغ صياغة للمفهوم المراد تقديمه.

6- يخطط المعلم أنشطة الاتساع المفاهيمي، فيضمنها مجموعة من الخبرات الحسية التي يعد تفاعل الطلبة معها تطبيقاً مباشراً للمفهوم أو المبدأ المتعلم (زيتون، زيتون، 1992)

ويمكن توضيح هذه الخطوات بالشكل التالي:

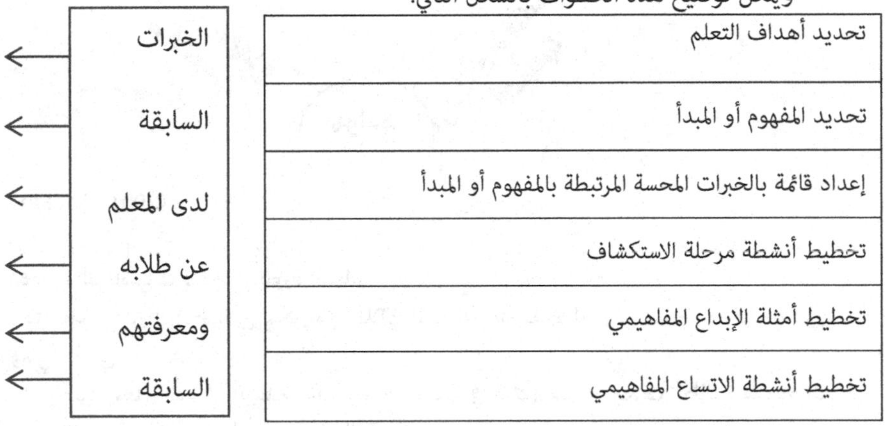

تحديد أهداف التعلم
تحديد المفهوم أو المبدأ
إعداد قائمة بالخبرات المحسة المرتبطة بالمفهوم أو المبدأ
تخطيط أنشطة مرحلة الاستكشاف
تخطيط أمثلة الإبداع المفاهيمي
تخطيط أنشطة الاتساع المفاهيمي
الخبرات
السابقة
لدى المعلم
عن طلابه
ومعرفتهم
السابقة

(زيتون، زيتون، 1992)

2:2 نظرية جانييه والنموذج التدريسي المنبثق عنها

2:2:1 خبرات تعلم الرياضيات وتنظيمها

يميز (جانييه) بين نوعين من الظروف التي يتم فيها التعلم فهناك شروط يجب توافرها في المتعلم، وشروط يجب توافرها في الموقف التعليمي.

1. شروط يجب توافرها في المتعلم: وهي عبارة عن مقدرات (Capabilities) المتعلم نفسه.
2. شروط يجب توافرها في الموقف التعليمي: وهي شروط خارجية، خارجة عن المتعلم.

وتعد المقدرة (Capability)، وحدة المعرفة والتعلم عند (جانييه)، لذلك يختلف الأطفال في تعاملهم مع أي خبرة أو موقف تعليمي بما لديهم من مقدرات ومستواها وعددها، فالفروق بين الطلبة في تعلم أي موضوع دراسي ترتبط بالمقدرات السابقة لديه، والمستوى الذي حققه المتعلم في تحصيله لتلك المقدرات، (Gagne , 1962).

ويمكن بلورة مفهوم الفجوة التعليمية (Learning Gap) المتصلة بقدرات الطلبة في الرياضيات بأنها غياب مقدرة من المقدرات الضرورية للتعلم الحالي، إذ لا يسير التعلم التسلسلي الهرمي السليم إلا إذا تم ردم هذه الفجوة (قطامي، 2000).

هذا ويهتم (جانييه) بالمحتوى المراد تعلمه، وتحليل هذا المحتوى بدأً بالهدف التعليمي، فيبدأ التحليل، حيث يحلل الهدف التعليمي إلى أهداف تعليمية صغيرة وهذه الأهداف الصغيرة، تحلل إلى أهداف جزئية أصغر وهكذا يستمر التحليل حتى نصل إلى (القدرات) الأساسية (Gagne، 1977).

ويعتبر (جانييه) أول من اهتم بطبيعة الرياضيات كبناء هرمي يتكون من مستويات تبدأ بالبسيط وتنتهي بالمركب، ولذا كانت مادة الرياضيات وسطاً استخدمه جانييه، وأجرى عليه معظم دراساته للبرهنة على قابلية نظريته للتطبيق،وتوصل إلى فعاليتها في تدريس الرياضيات (Gagne , 1962).

2:2:2 هرم جانييه للتعلم

ويقدم جانييه ثمانية أنماط أساسية تنتظم في نسق هرمي يتدرج من أبسط أنواع التعلم، وهو التعلم الإرشادي إلى أكثرها تعقيداً وارتقاءاً وهو التعلم المتمثل بحل المشكلات، ومعظم الخبرات التي تنظم في المدرسة والمنهاج الرياضي تستهدف مساعدة الأطفال على تحقيق نتاجات تعليمية تقع في المستويات الثلاث العليا في النسق الهرمي، وأما أنماط التعلم التي قدمها جانييه فهي (Gagne, 1970).

1- تعلم الإشارات (Signal Learning)

2- تعلم الارتباطات بين المثير والاستجابة (Stimulus Response Learning)

3- تعلم تسلسلات ارتباطيه حركية (Chaining)

4- تعلم ترابطات لفظية (Verbal Association)

5- تعلم التمايزات (Discrimination)

6- تعلم المفاهيم (Concepts Learning)

7- تعلم القواعد والمبادئ (Rule-Principle Learning)

8- تعلم حل المشكلة (Learning Problem Solving)

أولاً: تعلم الإشارات (Signal Learning)

يشتمل هذا النمط التعلم الشرطي الكلاسيكي، حيث يكتسب المعلم استجابة شرطية لإشارة، وفيه تكون الاستجابات انفعالية ويكون التعلم لا إرادي، فتعلمك سحب يدك عندما يقترب منها دبوسا أو شمعة متقدة هو نوع من التعلم الإرشادي.

ثانياً: تعلم الارتباطات بين المثير والاستجابة (Stimulus Response Learning)

يشير ذا النمط إلى قدرة الفرد على القيام باستجابات دقيقة لمثيرات محددة كاستجابة الطفل بإصدار كلمة (ماما) عند رؤية أمه، وعادة تنال هذه الاستجابات إثابات معينة، وهذا النوع لازم في تعلم الكثير من المهارات الأساسية الرياضية من الأعداد والحساب، وتعلم بعض الحقائق الرياضية، ويتم في هذا النمط تدريب المتعلم على إصدار حركات دقيقة استجابة لمثيرات معينة.

ثالثاً: تعلم تسلسلات ارتباطيه حركية (تعلم التسلسل غير اللفظي) (Chaining)

وعادة ما يسمى هذا التعلم تعلم المهارات(Skills Learning)، يقوم فيه المتعلم بالربط بين وحدتين أو أكثر من وحدات تعلم العلاقة بين المثير والاستجابة، ويطبق جانبيه النمط على التواليات السلوكية غير اللفظية، وهذا التعلم يرتبط عادة بتعلم المهارات، حيث يتم تعلم المتعلم كيفية ترتيب متابع للأحداث مثل (بناء شكل هندسي من مكعبات، استخدام أدوات هندسية).

رابعاً: تعلم ارتباطات لفظية (Verbal Association)

وتتم فيه الروابط بين وحدات لفظية، على صورة مثير واستجابة قد سبق علمها من قبل، وأبسط أنواع التعلم اللغوي المتسلسل هو تعلم تسمية الأشياء، وأعقد الأنواع هو تعلم تكوين الجمل، وتعلم لغة أجنبية.

خامساً: تعلم التمايزات (Discrimination)

وفيه يتعلم الطالب استجابات متداخلة للمثيرات، وعليه أن يميز بين السلاسل الحركية واللفظية التي اكتسبها بالفعل، وان يتعلم الفرد التمايز بين الارتباطات المتعلمة، كالتمايز بين أسماء الحيوانات والنباتات، والأشكال الهندسية، والتمييز بين الألوان، والأشكال والأحرف والأعداد وغيرها.

تعد هذه القدرة هامة في مجال التعليم لأنها تمكن المتعلم من الاستجابة بشكل سليم ليس للمثيرات المتباينة فقط، بل تمكنه أيضاً من الاستجابة الصحيحة للمثيرات المتشابهة والمتداخلة، ويعد هذا النمط متطلبا أساسيا لتعلم المفهوم، وهناك نوعان من أنواع التمايز هما:

1- التمايز المفرد

2- التمايز المتعدد

فتعلم الطفل عدد معين عن طريق سلاسل مرتبة من هذا العدد (كتابة العدد ثلاثين مرة، مثال للتمايز المفرد). أما تعلم الطفل سلسلة مرتبة من الأعداد (الأعداد من 1- 10)، فهو نوع من التمايز المتعدد (الأمين، 1993).

سادساً: تعلم المفاهيم (Concepts Learning)

تعلم المفاهيم هو ذلك النوع من التعلم الذي يجعل في مقدور الفرد أن يستجيب لمجموعة من المواقف والحوادث، كأنها صنف واحد من الأشياء، وهنالك المفاهيم المادية التي تعتمد في تعلمها على المشاهدات المحسوسة كالمكعب، الدائرة، المنشور، الاسطوانة، القطعة المستقيمة..

وهناك المفاهيم المجردة (مفاهيم التعريف)، وهي التي تستخدم فيها اللغة لتعلمها مثل مفهوم النهاية في الرياضيات، مفهوم الراديان، مفهوم المشقة، الاتصال، العدد الأولي، الجذر التربيعي، صفر الاقتران،...

وقد حدد جانييه ثلاثة عناصر ينبغي على المعلم مراعاتها عند تهيئة المواقف التعليمية وتنظيمها لاستيعاب المفهوم وهي: (Gange And Briggs , 1974, P.64)

1) الأداء (Performance)

يتضمن الأداء سلوك التعلم الذي يتحقق لدى المتعلم بعد مروره في خبرة التعلم ويمكن أن يكون الأداء تعريفا لفظيا، أو توضيح معنى خبرة، أو تنظيم مادة أو تركيب أشياء موجودة.

ويصبح المتعلم في نهاية الموقف التعليمي قادر على تحديد مدلول المفهوم واسمه، وتحديد الخصائص المشتركة، والخصائص المميزة، والتمييز بين المثال واللامثال، والأمثلة التي ترتبط بتوضيح خصائص المفهوم.

2) الشروط الداخلية (Internal Condition)

وهي الشروط المتعلقة بعمليات داخلية لدى المتعلم وتشير إلى:

أ- تمكن المتعلم من المتطلبات السابقة الضرورية لتعلم المفهوم الجديد، كتعلم التسلسلات، وتعلم الترابطات اللفظية، وتعلم التمايزات.

ب- توافر الدافعية (Motivation)، والاهتمام بالتعلم موضوع الخبرة.

3) الشروط الخارجية (External Conditions)

وهي الشروط التي تتعلق بالظروف التدريسية، والبيئية المتضمنة متغيرات التدريس، التي يكون المعلم معنياً بتنظيمها وتهيئتها، لكي تسهل مهمة التعلم لدى الطلبة وتتضمن هذه الشروط ما يأتي:

- نقل الأهداف والنواتج التعليمية إلى الطلبة
- إعداد الخبرات، والمنبهات المناسبة التي تستثير ظهور الأداءات والخبرات السابقة المخزونة لدى المتعلم
- تقديم الأمثلة المنتمية، وغير المنتمية الكافية التي تسمح بتهيئة المتعلم للتأمل مع المفاهيم الجديدة، وإثارة استعداده
- تهيئة الظروف المناسبة أمام الطلبة لإتاحة الفرص المناسبة لتأدية الإجراءات التعليمية
- تزويد الطلبة بالتغذية الراجعة المناسبة، وتدريبهم على عمليات التعزيز الذاتي والظروف المهيأة للتعزيز.

سابعاً: تعلم القواعد والمبادئ(Rule-Principle Learning)

يتضمن هذا النمط من التعلم قدرة على ربط مفهومين أو أكثر، لذا فإن تعلم القاعدة أو المبدأ يتطلب فهم المفاهيم المتضمنة فيه، ومن المبادئ والقواعد في الرياضيات: نظرية أرخميدس، نظرية فيثاغورس، مجموع قياسات زوايا المثلث يساوي، مساحة المنطقة الدائرة = نق^2 ×π

وهذه لا يمكن تعلمها قبل تعلم المفاهيم التي تكون القاعدة المطلوبة تعلمها. وبالتنسيق بين القواعد الأولية يساعد في تعلم قواعد ومبادئ من مستويات أعلى.

مثال: تعلم قاعدة

مساحة المنطقة المتوازية الأضلاع = القاعدة × الارتفاع. يساهم مثلا في تعلم قاعدة.

مساحة المنطقة الدائرية = نق^2 × π

مثال: تعلم قاعدة

مجموع قياسات زوايا المثلث = 180°. يساهم في تعلم القاعدة.

مجموع زوايا مضلع عدد أضلاعه ن = (2ن-4) من الزوايا القائمة.

ثامناً: تعلم حل المشكلة (Learning Problem Solving)

أما حل المشكلات فهو نشاط يقوم به الفرد، ويستخدم فيه المبادئ التي تعلمها، وينسق فيما بينهما لبلوغ هدف معين، ومن المؤكد أن أحد الأهداف الرئيسية لتعلم المبادئ هو استعمالها لحل المشكلات، ويتطلب تعلم حل المشكلات أن يكون المتعلم قادرا على استرجاع جميع المفاهيم والتعميمات المرتبطة بالمشكلة، وأن يحاول اكتشاف العلاقات بينها لتساعده في التوصل إلى استراتيجية ملائمة للحل، وكما يجب أن يكون نشيطا في حل المشكلة ولديه قدر كافي من الأساليب المعرفية التي تساعده على تناول المشكلة بسرعة وسهولة، فيجرب عددا من الفروض ويختبر ملاءمتها، وعندما يجد ترابطا خاصا للقوانين ملائما للموقف، فإنه لا يحل المشكلة فقط، بل يتعلم شيئا جديداً أيضاً، وما ينتج من حل المشكلات هو استراتيجيات تتميز بقابليتها للانتقال الواسع.

والشكل التالي يبين هرم جانييه للتعلم:

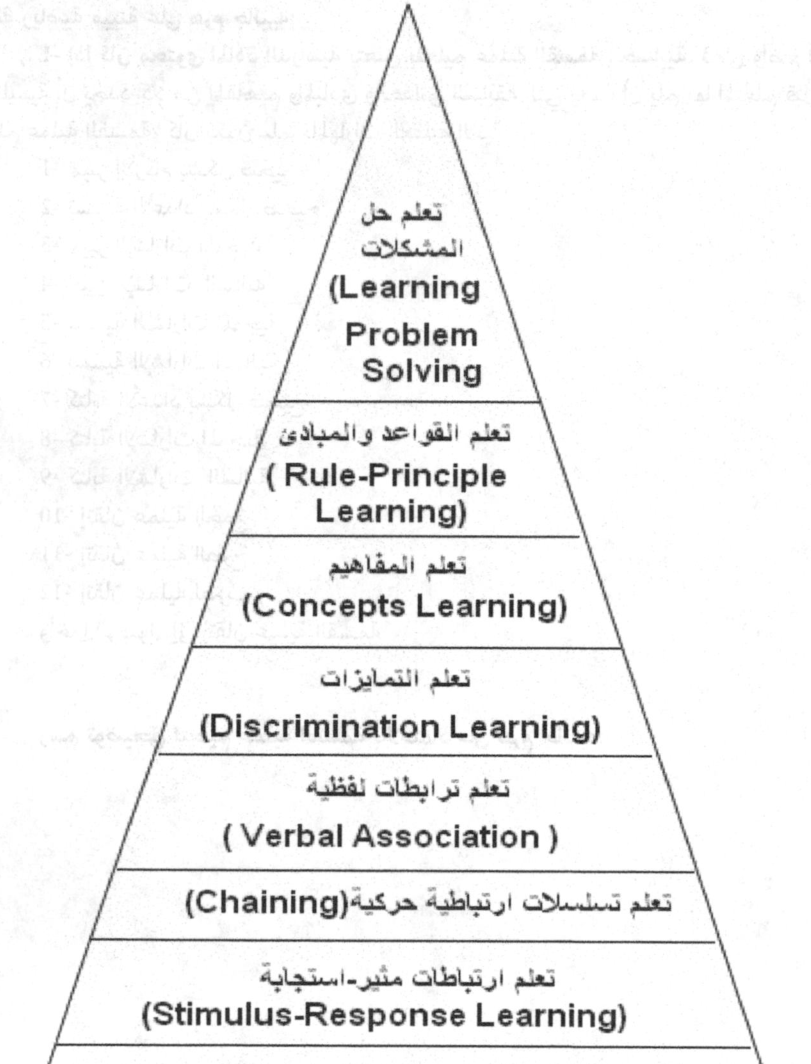

تعلم حل
المشكلات
(Learning
Problem
Solving

تعلم القواعد والمبادئ
(Rule-Principle
Learning)

تعلم المفاهيم
(Concepts Learning)

تعلم التمايزات
(Discrimination Learning)

تعلم ترابطات لفظية
(Verbal Association)

تعلم تسلسلات ارتباطية حركية(Chaining)

تعلم ارتباطات مثير-استجابة
(Stimulus-Response Learning)

(Signal Learning)   التعلم الإرشادي

أمثلة رياضية مبينة على هرم جانييه:

1- إذا كان محتوى المادة الدراسية يتعلق بتعليم عملية القسمة الحسابية، فعلى واضع المادة التعليمية أن يحدد كلاً من المفاهيم والمبادئ والحقائق السابقة التي يجب أن يلم بها المتعلم قبل أن يتعلم عملية القسمة، كأن يكون ملما بالمهارات العقلية الآتية:

1- تمييز الأرقام بشكل صحيح

2- تسمية الأعداد بشكل صحيح

3- تمييز الإشارات الموجبة

4- تمييز الإشارات السالبة

5- تسمية الإشارات الموجبة

6- تسمية الإشارات السالبة

7- كتابة الأعداد بشكل صحيح

8- كتابة الإشارات الموجبة

9- كتابة الإشارات السالبة

10- إتقان عملية الجمع

11- إتقان عملية الطرح

12- إتقان عملية لضرب

وأخيرا الوصول إلى إتقان عملية القسمة

رسم توضيحي لتعليم عملية القسمة بالاعتماد على هرم جانييه:

إتقان عملية القسمة
إتقان عملية الضرب
إتقان عملية الطرح
إتقان عملية الجمع
كتابة الأعداد
كتابة الإشارات
تسمية الإشارات السالبة والموجبة
تمييز الإشارات الموجبة والسالبة
تسمية الأعداد
تمييز الأعداد

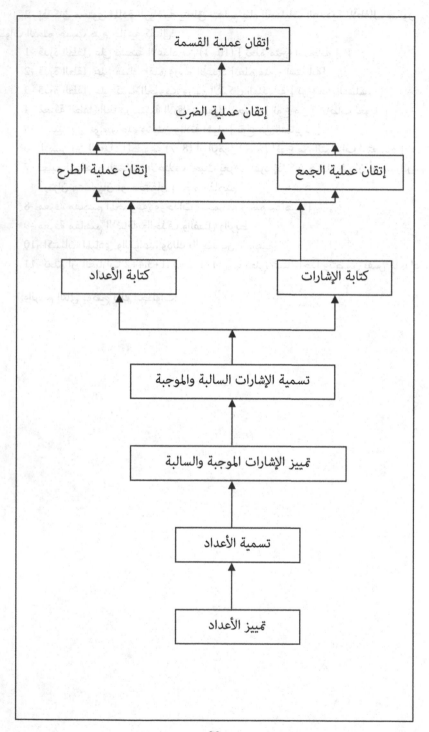

2- إذا كان محتوى المادة الرياضية يتعلق بتعليم بناء العمليات العددية للأطفال، فتكون خطوات التعلم حسب هرم جانييه كالتالي:

1- قدرة الطفل على تسمية الأعداد من (1- 10) [تعلم مثير- استجابة]

2- قدرة الطفل على مسك القلم ورسم الأعداد [تعلم مثير- استجابة]

3- قدرة الطفل على كتابة الحروف، ورسم الأشكال الهندسية [نوع من التسلسل]

4- معرفة الطفل العد، وتسمية الأرقام تسمية صحيحة [نوع من ارتباطات لغوية]

5- التمييز بين شيء واحد، وشيئين وثلاثة أشياء [نوع من التمايزات]

6- التمييز بين الأعداد المطبوعة (7، 8) أو الرموز (+، ×) [نوع من التمايزات المتعددة]

7- تعليم المفاهيم التشابه والاختلاف بحيث يعرف الفرد إذا كان هنالك شيئان أو صورتان أو رمزان متشابهان أو مختلفان [تعلم مفاهيم]

8- معرفة مفاهيم المجموعة، ووحدات المجموعة [تعلم مفاهيم]

9- معرفة مفاهيم الإضافة والحذف والفصل والربط

10- اكتساب المبادئ والقواعد، وذلك بالربط بين المفاهيم

11- تعلم أن العبارات 2+4،3+1، 3+2، 1+4، كلها تعني شيئا واحدا وتتضمن نفس الأعداد.

والرسم التالي يوضح تلك الخطوات:

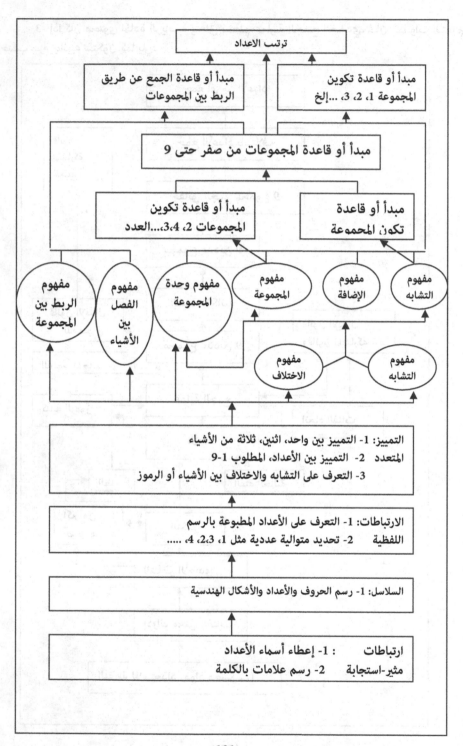

ترتب الاعداد
مبدأ أو قاعدة الجمع عن طريق الربط بين المجموعات
مبدأ أو قاعدة تكوين المجموعة 1، 2، 3، ...إلخ
مبدأ أو قاعدة المجموعات من صفر حتى 9
مبدأ أو قاعدة تكوين المجموعات 2، 4،3،...العدد
مبدأ أو قاعدة تكون المحموعة
مفهوم الربط بين المجموعة
مفهوم الفصل بين الأشياء
مفهوم وحدة المجموعة
مفهوم المجموعة
مفهوم الإضافة
مفهوم التشابه
مفهوم الاختلاف
مفهوم التشابه
التمييز: 1- التمييز بين واحد، اثنين، ثلاثة من الأشياء
المتعدد 2- التمييز بين الأعداد، المطلوب 1-9
3- التعرف على التشابه والاختلاف بين الأشياء أو الرموز
الارتباطات: 1- التعرف على الأعداد المطبوعة بالرسم
اللفظية 2- تحديد متوالية عددية مثل 1، 2،3، 4، .....
السلاسل: 1- رسم الحروف والأعداد والأشكال الهندسية
ارتباطات : 1- إعطاء أسماء الأعداد
مثير-استجابة 2- رسم علامات بالكلمة

3- إذا كان محتوى المادة الرياضية يتعلق بـتعلم عمليـة الجمـع العـددي، فـإن خطـوات الـتعلم حسب هرم جانييه ستكون كما يلي:

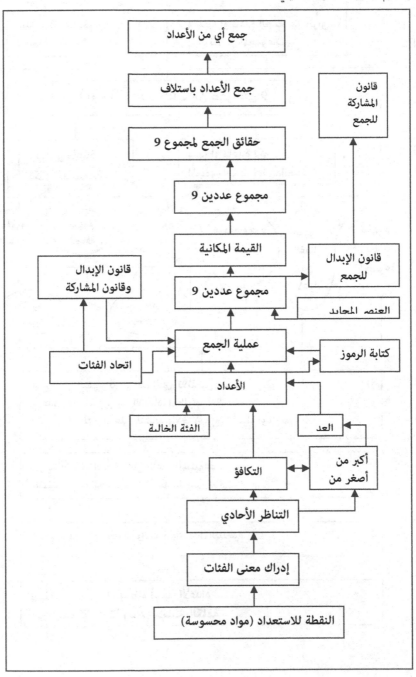

3:2:2 مراحل عملية التعلم عند جانييه (Learning Processes Phase)

حدد جانييه عدداً من العمليات التي تحدث في ذهن المتعلم عندما يواجه موقف أو خبرة (Experience)، أو حـدث يتفاعـل معـه بهـدف اسـتقباله (Reception)، وترميـزه (Encoding)، ودمجـه (Integration) وهذه المراحل عند جانييه هي: (Gagne, 1975 , P28)

1- مرحلة الدافعية (Motivation)

2- مرحلة الفهم والوعي (Comprehension)

3- مرحلة الاكتساب (Acquisition)

4- مرحلة الاحتفاظ (Retention)

5- مرحلة التذكر والاستدعاء (Recall And Retrieval)

6- مرحلة التعميم (Generalization)

7- مرحلة الأداء(Performance)

8- التغذية الراجعة (Feedback)

1- مرحلة الدافعية (Motivation)

تبدأ عملية التعلم (Learning) من حالة الدافعية التي تدفع المتعلم لأن يقبل على موضوع التـعلم (Subject Learning)، وتساعد حالة الدافعية هذه على بناء توقعات (Expectancy)، أي ما يتوقع من تحقيق لأهداف أو إشباع حاجة (Need) أو إجابة عن سؤال.

2- مرحلة الفهم والوعي (Comprehension)

أن إدراك (Perception) الخبرة ووعيها عملية مترتبـة علـى عمليـة الانتبـاه (Attention)، حيـث أن عملية الانتباه أداة للوعي والاستيعاب، وتتحدد عملية الفهم بما يتوقعه الفرد مـن الخـبرة التـي يتفاعـل معها، إذ أن عملية التوقع تجعل الهدف واضحا وموجها نحو موضوع الاختبار، والتوجه نحوه.

3- مرحلة الاكتساب (Acquisition)

يقوم المتعلم بهذه المرحلة بحيويته وفاعليته في الموقف التعليمي، وما يقوم به من عمليات ذهنية داخلية مثل تنظيم المعلومات لتخزينها (Coding)، أو إعادة تنظيمها وفق بنية يتصورها المتعلم.

4- مرحلة الاحتفاظ (Retention)

بعد أن تتم عملية تنظيم المعلومات لتخزينها، يقوم الفرد بفعل بعض العمليات للاحتفاظ بهذه المعلومات (Information)، وتتأثر عملية الاحتفاظ لدى الفرد بالعمليات الذهنية التي تم إجراؤها، وتتأثر أيضاً بالزمن المستغرق في معالجة المواد (Duration)، وتخزينها بالذاكرة (Memory Storage).

5- مرحلة التذكر والاستدعاء (Recall And Retrieval)

يتم في هذه المرحلة، استرجاع (Recall) الخبرات المخزنة في العمليات الذهنية السابقة، وهنالك أربعة أنواع للاسترجاع، الاستدعاء،الاسترجاع التلقائي، الاسترجاع الاستنتاجي، الاستكمال (خير الله، 1974).

6- مرحلة التعميم (Generalization)

تتطلب عملية التعميم وجود عناصر تشترك في خصائص محددة، سواء كانت تفصيلة كاملة أو أجزاء منها، إذ أن ما يخزنه الفرد عادة هو عموميات المعرفة، لذا يراعي في بنية المادة وجود العموميات فيها، والتأكد من توافرها لدى الطلبة، لأن التفاصيل والمعلومات الكثيرة تنسى عوامل أو مرور الزمن.

7- مرحلة الأداء(Performance)

وهي مرحلة تنفيذ خبرة وأدائها في مواقف معينة، سواء كان الأداء على صورة أعمال حركية، أو لفظية ظاهرة، أو أداءات ذهنية خفية، مثل عمليات التفكير، أوحل المسألة.

8- التغذية الراجعة (Feedback)

تتضمن هذه المرحلة تزويد المتعلم ذاتيا بنتائج أعماله، والتعرف على مدى الإنجاز الذي حققه في تعلم مهمة (Task) أو خبرة، وتأخذ التغذية الراجعة دور التعزيز (Reinforcement) للمتعلم، إذ أنها تقدم له بيانات (Data) أو علامات عن أداته.

والرسم التالي يوضح مراحل عملية التعلم جانبيه التعليمي

(Gagne, 1975, P28).

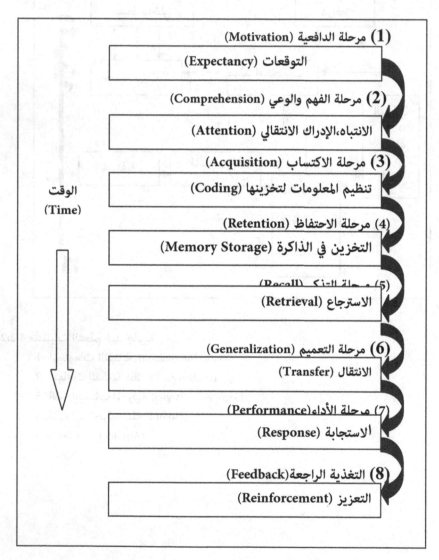

- **(1)** مرحلة الدافعية (Motivation)
  - التوقعات (Expectancy)
- **(2)** مرحلة الفهم والوعي (Comprehension)
  - الانتباه،الإدراك الانتقالي (Attention)
- **(3)** مرحلة الاكتساب (Acquisition)
  - تنظيم المعلومات لتخزينها (Coding)
- **(4)** مرحلة الاحتفاظ (Retention)
  - التخزين في الذاكرة (Memory Storage)
- **(5)** مرحلة التذكر (Recall)
  - الاسترجاع (Retrieval)
- **(6)** مرحلة التعميم (Generalization)
  - الانتقال (Transfer)
- **(7)** مرحلة الأداء(Performance)
  - الاستجابة (Response)
- **(8)** التغذية الراجعة(Feedback)
  - التعزيز (Reinforcement)

الوقت
(Time)

ويبين الرسم التالي نموذج معالجة المعلومات(Information Process)
للتعلم الذي انطلق منه جانييه:

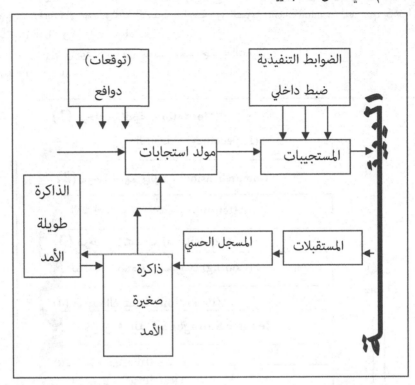

4:2:2 متطلبات التعلم عند جانييه
1- المعلومات اللفظية (Verbal Information)
2- المهارات الذكائية (Intelligential Skills)
3- الاستراتيجيات المعرفية (Cognitive Strategies)
4- المهارات الحركية (Motor Skills)
5- الاتجاهات (Attitude)

أولاً: المعلومات اللفظية (Verbal Information)

وهي المعارف والحقائق المرتبطة بالإجابة عن السؤال (ماذا ؟ What)، والمعلومات اللفظية هامة لعدة أسباب:

1- يحتاجها الفرد لمعرفة الحقائق الرئيسية.
2- تعتبر المعلومات اللفظية وظيفة ودور مصاحب للتعلم.
3- المعلومات اللفظية مهمة كمعرفة خاصة للخبرات في بعض الحقول.

ثانياً: المهارات الذكائية (Intelligential Skills)

تتضمن المهارات الذكائية العمليات التي يجيب فيها المتعلم عن أسئلة (كيف، How)، وقد اعتبر جانبيه أن استيعاب القواعد والقدرة على إتباعها، ومراعاتها يتطلب استيعاب المفاهيم المكونة للقاعدة وفهم العلاقات بين المفاهيم المكونة، وإيجاد القضايا والخصائص المشتركة بين المفاهيم.

ثالثاً: الاستراتيجيات المعرفية (Cognitive Strategies)

وهي مجموعة العمليات العقلية الداخلية للسيطرة (Dominance)، والمراقبة (Inspection)، والضبط (Control)، وتتوقف هذه الاستراتيجيات على مهارات الذكاء، وعلى عوامل خارجية، مثل اللغة أو الإعداد، ويمكن أن يتم تدريب الطلبة على تعديل هذه العمليات الذهنية (Gagne, 1977)، ويتعلم الأشخاص بعض استراتيجيات التذكر والتفكير، والاستراتيجية التي تحدث كمية من التعلم تظهر بصورة أفضل وأعمق لدى الأشخاص من الاستراتيجيات الأخرى، وقد حدد (جانبيه) العمليات الذهنية الداخلية المرتبطة بالاستراتيجيات المعرفية بالآتي:

* عملية الانتباه والإدراك الانتقائي
* عملية تحويل المعلومات إلى رموز قابلة للتخزين في الذاكرة طويلة المدى
* عملية الاسترجاع
* عملية حل المشكلات

رابعاً: المهارات الحركية (Motor Skills)

تتضمن النواتج التي تتحقق في الدروس الرياضية، والمهن، والتدبير المنزلي، والفن التي تتحد مع المهارات الذهنية لإظهار الأدوات الكلامية.

خامساً: الاتجاهات (Attitude)

ويعرف الاتجاه بأنه حالة من الاستعداد الداخلي أو التأهب العصبي والنفسي تنظم من خلال خبرة الشخص، وتحدد علاقات المتعلم مع المواد والأشخاص، والمعلمين والخبرات، بما يطورونه من اتجاهات نحوهم، وهي التي تكاد تكون مهملة في التعلم والتدريس الصفي.

ومن أجل توضيح العلاقة بين النواتج التعليمية وما يرتبط بها من شروط خارجية للتعلم، ويورد جانييه المثال التالي: (Gagne, 1977, P93)

شروط التعلم (دور المعلم في التدريس)	الناتج التعليمي
1- إثارة الانتباه لدى الطلبة عن طريق تنويع مواد التعلم 2- عرض المحتوى بطريقة ذات معنى للطلبة في صور تتضمن استقلال القنوات الحسية المختلفة	المعلومات اللفظية Verbal Information
1- مساعدة الطلبة على تذكر المهارات ذات العلاقة التي تعلمها،واستحضار الخبرات السابقة أيضاً 2- تزويد الطلبة بالتعميمات التي تسهل عملية ترتيب المهارات 3- تحديد وقفات للمراجعة 4- تهيئة الفرص والمواقف الصفية التي يصل فيها الطلبة إلى إيجاد الخصائص المشتركة بين المواد، والوصول إلى درجة الاستيعاب والوعي للعموميات المعرفية	المهارات الذهنية Intellectual Skills

الاستراتيجية المعرفية **Cognitive Strategy**	1- التعريف بالاستراتيجيات 2- التأكد من استيعاب الطلبة لها معرفيا 3- تحديد وقفات للمراجعة وعمليات التنظيم المناسبة 4- زيادة قدرة الطلبة على ممارسة عمليات الضبط والتنفيذ لعمليات التعلم والأداء
المهارات الحركية **Motor Skills**	1- استخدام الحركات والإيماءات والتوجيهات اللفظية 2- تقديم مراحل تعلم المهارة وفق خطوات متدرجة متتابعة 3- تزويد الطلبة بمعلومات راجعة عن أدائهم وتحسنهم
الاتجاهات **Attitude**	1- مساعدة الطلبة على استحضار خبرات ايجابية في تعلمهم لموضوع معين 2- مساعدة الطلبة على تطوير فهم ايجابي نحو نتائج امتحاناتهم 3- إتاحة الفرصة أمام الطلبة للتحدث عن الخبرات الايجابية المربوطة بمعلمي المواد التي يفضلونها 4- تهيئة الفرص أمام الطلبة لأداء العمل والأنشطة التعليمية التي يضمها الموضوع الدراسي 5- تزويد الطلبة ما أمكن بتغذية راجحة مناسبة عن أدائهم التعليمي

ويسمى جانبيه النتاجات التعليمية مقدرات (Capabilities)، ويميزها عن المعرفة أو المعلومات ذلك أنها تشير إلى ما يستطيع الفرد أن يفعل، وهذه المقدرات لها نفس مستويات النسق الهرمي (Hierarchy) أي أنها تخضع لنفس التسلسل داخل النسق (Gagne ,1977).

فالمقدرة قد تكون إيجاد مجموع عددين صحيحين، أو مجموع متسلسلة لا نهائية، وللتعلم طبيعته التراكمية عند جانبيه.

فمثلا لا يمكنك أن تقوم بالعمل - المهمة - إلا إذا عرفت العملية التطبيقية أ، ب، ومن ثم يمكن تكوين السلم (الهرمي) كما يبين الشكل التالي:

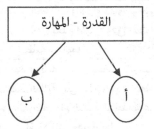

ولكي تستطيع إنجاز العمل (أ) فإنه يجب أن تكون قادراً على إنجاز جـ د، وكذلك بالنسبة للعمل (ب)، فحتى تستطيع إنجاز العمل (ب)، فإنه يجب أن تكون قادراً على إنجاز هـ و، ز......وهكذا

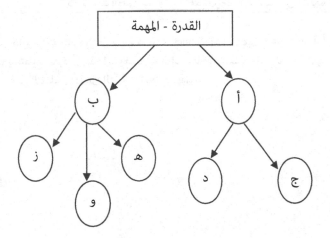

ومثال آخر: هو إجراء العمليات الحسابية على الأعداد الصحيحة فيكون الهرم كما يلي:

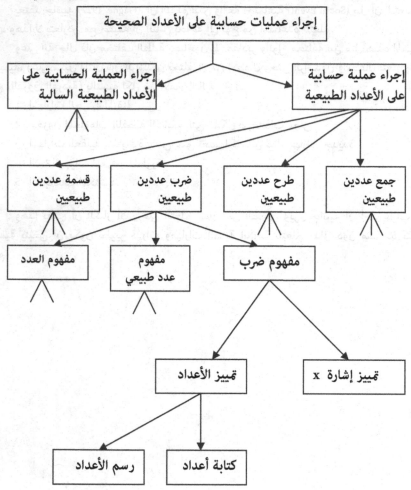

إجراء عمليات حسابية على الأعداد الصحيحة
إجراء عملية حسابية على الأعداد الطبيعية
إجراء العملية الحسابية على الأعداد الطبيعية السالبة
جمع عددين طبيعيين
طرح عددين طبيعيين
ضرب عددين طبيعيين
قسمة عددين طبيعيين
مفهوم ضرب
مفهوم عدد طبيعي
مفهوم العدد
تمييز إشارة x
تمييز الأعداد
كتابة أعداد
رسم الأعداد

وهكذا فإن للاستعداد للتعلم عن جانييه طابع كمي، ويشير إلى ذخيرة المتعلم من نتاجات تعلمية سابقة، ويؤكد جانييه على أهمية تنظيم المادة التعليمية على نحو يساعد على فهم متطلباتها السابقة ومراعاة التدرج المناسب في تلبية هذه المتطلبات (أبو زينة، 1995).

5:2:2 التعلم الذاتي عند جانييه (Self – Learning)

يعتقد جانييه (Gagne, 1977)، أن التعلم ليس واقعة اجتماعية (Social Event) بـل أن الـتعلم عمـل فردي، وهذا لا يتعارض مع حقيقة أن الناس بحاجة إلى نوع من المساعدة للتعلم.

وعلى أية حال فإن مختلف الطلبة يحتاجون إلى مقادير وأنواع مختلفة من مثل هـذه المسـاعدات التعليمية، وعلى سبيل المثال فإن الراشدين يختلفون عن الأطفال وحتى الراشدون والأطفال يتعاونون فـيما بينهم (الفروق الفردية) بالنسبة لكل من الأمور التالية:

1- المهارات الحركية المتقنة

2- مخزون المعلومات اللفظية السابقة التي تشكل صيغا ذات معنى

3- المهارات العقلية والمتوافرة والتي سبق تعلمها كأساس لبناء مهارات جديدة

4- الاستراتيجيات المعرفية المطورة

5- الاتجاهات المكتسبة.

وهذا يعني أن الكبار أقدر على التعلم الذاتي من الصغار، ويرى جانييه أن أحد غايات التعلم الأساسية ينبغي أن يكون تطوير قدرات ومهارات الطلبة اللازمة للتعلم الذاتي دون مساعدة كثيرة من المعلم.

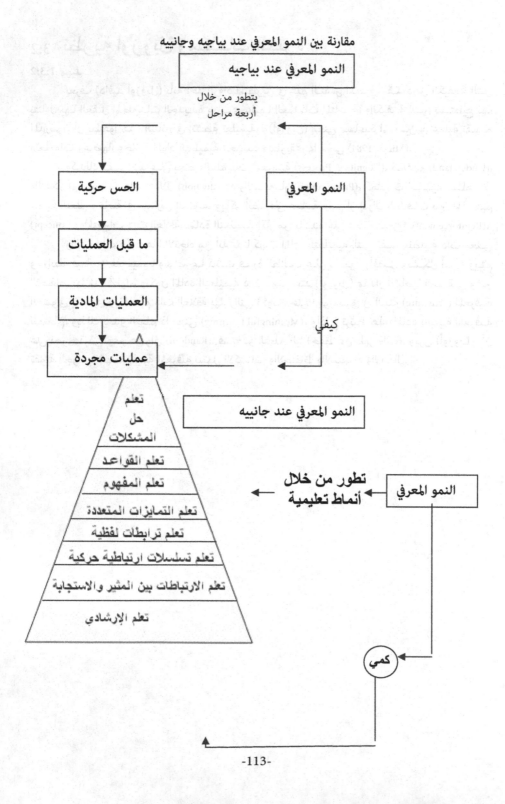

مقارنة بين النمو المعرفي عند بياجيه وجانييه

النمو المعرفي عند بياجيه

يتطور من خلال
أربعة مراحل

النمو المعرفي

الحس حركية

ما قبل العمليات

العمليات المادية

كيفي

عمليات مجردة

النمو المعرفي عند جانييه

تعلم حل المشكلات

تعلم القواعد

تعلم المفهوم

تعلم التمايزات المتعددة

تعلم ترابطات لفظية

تعلم تسلسلات ارتباطية حركية

تعلم الارتباطات بين المثير والاستجابة

تعلم الإرشادي

تطور من خلال أنماط تعليمية

النمو المعرفي

كمي

-113-

3:2 نظرية أوزوبل ومنظمات الخبرة

1:3:2 تمهيد

يعرف (دافيد أوزوبل) بأنه أحد الرواد المنظرين في علم النفس المعرفي، لقد درس الكيفية التي يتناول بها العقل المعلومات الجديدة ويجري عليها العمليات المناسبة، والكيفية التي يستطيع بها المدرسون أن يطبقوا هذه النتائج في أنشطة تعليمية، و(أوزوبل) معني بمساعدة المدرسين في عملية تقديم المعلومات وعرضها، وخاصة المواد التعليمية الجديدة وبطريقة لها معنى (Miller, 1984).

وكذلك فقد أكد على بعض العلميات المعرفية (Cognitive Process)، كالفهم (Understand)، والتفكير (Thinking)، والاستدلال (Deduction)، والاستبصار (Precognition)، كمثيرات أساسية تساهم في عملية التعلم وخاصة في المدارس الثانوية، ويؤكد أيضاً على عملية فهم أو إدراك العلاقات بين المفاهيم (Concept) والمتغيرات ذات العلاقة بالمادة التعليمية أكثر من تأكيده على عملية التعزيز (Reinforcement).

ولقد نشأت فكرة هذا الاتجاه من أنه كلما كانت المادة التعليمية التي تقدم للطلبة ذات معنى ومترابطة فيما بين مفاهيمها وعناصرها كانت قدرة الطالب على تعلمها وأفضل وبشكل أسرع ويتم الاحتفاظ بها لمدة أطول، وتكون المادة التعليمية ذات معنى عند (أوزوبل) بمقدار ارتباطها الحقيقي وغير العشوائي بالمبادئ والمفاهيم ذات العلاقة بها، والتي تكونت على نحو مسبق في البيئة (Structure) المعرفية للمتعلم، وبذلك يغدو التعلم ذا معنى (Meaningful Learning)، وإذا لم ترتبط هذه المادة بالبنية المعرفية على نحو حقيقي وغير عشوائي (Random)، فسيغدو التعلم آليا (حفظ عن ظهر قلب)، ويرى (أوزوبل) أن تقوية الجوانب الهامة للبنية المعرفية تسهل الاكتساب والاحتفاظ والاستعداد والانتقال.

2:3:2 نظرية التعلم ذو المعنى لأوزوبل (Meaningful Learning)

تصنف هذه النظرية أنواع التعلم (Types Learning) في ضوء بعدين أساسين:

البعد الأول: ويتعلق بالطرق أو الأساليب التي يتم بواسطتها تقديم أو توفير المادة التعليمية للمتعلم

وتتخذ هذه الطرق شكلين:

الشكل الأول: التعلم الإستقبالي (Expository)

وفيه يقدم المحتوى (Content) الكلي للمادة المتعلمة بشكله النهائي للمـتعلم، ويقـوم فيـه المعلـم بالدور الرئيسي في العملية التعليمية – التعلمية (Learning – Teaching Operation)، فيعد المـادة وينظمهـا بحيث تأخذ شكلها النهائي، ثم يقدمها للمتعلم.

الشكل الثاني: التعلم الاستكشافي (Discovery)

وفي هذا النوع لا يعطى المحتوى الرئيسي للمـادة المتعلمـة، بـل يطلـب منـه أن يكتشـفه بنفسـه، بحيث يؤكد على دور (Role) المتعلم في العملية التعليمية – التعلمية، حيث يقوم المتعلم بنفسه باكتشاف المادة التعليمية جزئيا أو كلياً. (أبو زينة، 1995)

البعد الثاني: ويتعلق بالوسائل والأساليب التي يستخدمها المـتعلم في معالجـة المـادة الجديـدة وطـرق تعلمها، ودمج المعلومات الجديدة أو ربطها ببنيته المعرفية

وتتخذ هذه الطرق شكلان:

الشكل الأول: الطريقة الاستظهارية (Role)

وتحدث عندما يقوم المتعلم بحفظ المعلومات (عن ظهر قلـب) دون إيجـاد أيـة رابطـة أو علاقـة بينها وبين بنيته المعرفية (النشواتي، 1984).

الشكل الثاني: طريقة ذات معنى (Meaningful)

وتحدث عندما يقوم المتعلم بربط المادة المتعلمة بطريقة منظمة وغير عشوائية بما يعرفه سابقا، فإذا قام المتعلم بدمج هذه المادة الجديدة ببنيته المعرفية الحالية، أي بمجموعة الحقـائق والمفـاهيم التـي تم تعلمها على نحو مسبق، والتي يمكن تذكرها واستدعاؤها، فسيكون التعلم ذا معنى (Meaningful).

ومما سبق يتضح وجود أربعة أنواع من التعلم الصفي (Ausubal,1963) وهي:

أولاً: التعلم الاستقبالي ذو معنى (Meaningful Reception Learning)

ويحدث هذه التعلم عندما يقدم المحتـوى التعليمـي للطالـب بشـكله النهـائي مـن قبـل المعلـم، ويقوم الطالب بدمج هذه المادة التعليمية، وربطها ببنيته المعرفية بطريقة ذات معنى.

ثانياً: التعلم الاستقبالي الاستظهاري (Rote Reception Learning)

ويحدث هذا النوع من التـعلم عنـدما يقـدم المعلـم المـادة التعليميـة بصـورتها النهائيـة، ويقـوم الطالب بحفظ هذه المادة (عن ظهر قلب) دون أن يربطها ببناه المعرفية أو إجراء عمليات دمج لها مع ما يمتلكه من معلومات وحقائق ومفاهيم.

ثالثاً: التعلم الاستكشافي ذو معنى (Meaningful Discovery Learning)

في هذا النوع من التعلم لا يقوم المعلم بإعطاء المـادة التعليميـة بصـورتها النهائيـة إلى المتعلم،بـل يطلب المعلم من المتعلم أن يكتشف بنفسه المادة التعليمية. ومن ثم يعمل على ربطهـا بطريقـة منظمـة ومدروسة وغير عشوائية بخبراته المعرفية السابقة وبنيته المعرفية.

رابعاً: التعلم الاستكشافي الاستظهاري (Rote Discovery Learning)

ويحدث هذا النوع من التعلم عندما لا يقدم المعلم المادة التعليمية بصورتها النهائية للمتعلم، بل يطلب منه أن يكتشفها بنفسه. وبعد ذلك يقوم المتعلم بحفظ المعلومات التي اكتشفها دون أن يربطها بالمعلومات السابقة بالمعلومات السابقة الموجودة لديه أو ببنيته المعرفية.

والشكل التالي يوضح أنواع التعلم من منظور أوزوبل:

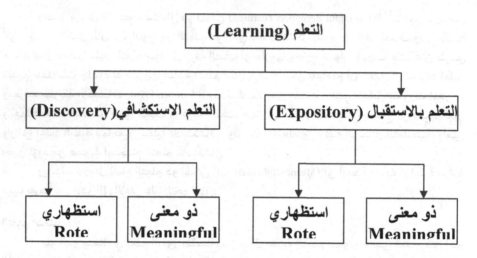

ويرى أوزوبل أن التعلم يكون ذو معنى يجب أن تتوافر فيه الشروط التالية (Ausubel, 1978)

1- أن يربط المتعلم المعلومات الجديدة المتعلمة حديثا ببنية المعلومات الموجودة لديه ربطا يدل على معنى.

2- أن تكون المادة المتعلمة ممكنة المعنى،ولتحديد فيما إذا كانت المادة ممكنة المعنى، لا بـد مـن وجود معيارين مهمين:

■ المعيار الأول: المعنى المنطقي للمادة: ويتحدد بمجموعة المفاهيم والعلاقات التـي تـربط هذه المفاهيم بعضها ببعض لتكون بنية منطقية واحدة.

■ المعيار الثاني: المعنى السيكولوجي للمادة: وهو خبرة شخصية معرفية عند الفرد، وتظهر لدى الفرد حين تتصل المفاهيم والقضايا والرموز بعضها ببعض، وطبيعة الخبرة الشخصية هي التي تجعل من عملية التعلم ذي المعنى عملية ممكنة، ويجب أن يشـتمل البنـاء المعرفي للمتعلم على المحتوى الفكري المناسب والقـدرات الفرديـة والخلفيـة المرتبطـة بالمادة. (أبو زينة، 1994).

ويهتم أوزوبل بالتعلم الاستقبالي ذو المعنى (Meaningful Reception Learning)، أكثر مـن غيره مـن أنواع التعلم الأخرى، لأن هذا النوع من التعلم هو الذي يحدث بشكل رئيسي في غرفة الصف،ولأن غالبيـة التعلم الذي يحصل عليه المتعلم سواء في غرفة الصف أو خارجها وخارج أسـوار المدرسة يـتم عـن طريـق تقديم المعلومات جاهزة له بصورتها الثانية (تعلم استقبالي)، إذ يمكن للمتعلم أن يتعلم كل ما يراد تعلمه ومعرفته بطريقة الاكتشاف (Ausobel, 1978)، وذلك لعـدد مـن الأسـباب التـي تتعلـق بظروف المدرسة والعملية التعليمية، مثل ضيق الوقت في غرفة الصف، حيث أن التعلم الاستكشافي يحتـاج إلى وقـت كبـير، وارتفاع أعداد الطلبة مما يعيق عملية الاستكشاف، وقلة عدد المعلمـين، وقلـة الوسـائل التعليميـة، وأمـور أخرى تزيد من صعوبة استخدام التعلم الاستكشافي.

ويصنف أوزوبل أنواع التعلم ذو المعنى (Meaningful Learning) إلى أربعـة فئـات أساسـية مرتبـة ترتيباً هرمياً من الأدنى إلى الأعلى على النحو التالي:

التعلم التمثيلي:

وهو الذي يتمثل في تعلم الرموز المفصلة، من خلال عملية التعلم اللغوي، والتي تعتـبر مـن أكثر الأنشطة وأهمها، وأن عملية (التعلم التمثيلي) لا تقتصر على التعلم بالصور، وإنما تشـمل تسـمية الأشـياء، وإعطاء تفسير لكيفية حدوثها (عبد الهادي، 2000).

(2) تعلم المفاهيم:

يرى أوزوبل أن هذا النوع من التعلم له جانبان هما:

- الجانب السيكولوجي
- الجانب المنطقي

ومن وجهة نظر (أوزوبل) فإن تعليم المفهوم يمر في ثلاث مراحل وهي:

أ- مرحلة إدراك المفهوم

ب- مرحلة تسمية المفهوم / مثل إطلاق رمز أو اسم على مفهوم

ج- مرحلة تعلم القضايا: وهي إيجاد العلاقة بين مفهومين أو أكثر

(3) التعلم الاستكشافي:

ويقصد به أن يقوم المتعلم باستكشاف النهايات المنطقية للمواد التي يتم عرضها عليه بصورة غير مكتملة النهاية، وفي هذا النوع من التعلم يمارس المعلم نشاطا يتم من خلاله التغيير والتبديل في بنية العناصر المعرفية للمادة حتى يصل إلى معنى مناسب أو إلى عناصر المشكلة المراد حلها.

(4) التعلم الاستقبالي:

يرى أوزوبل بأن التعلم الاستقبالي يتمثل باستقبال الخبرات بشكل تلقائي، حيث يستقبل الفرد المفاهيم والمعارف الجديدة ويربطها بخبراته السابقة، وبذلك يكون قد وصل إلى تعلم أفضل، فالتعلم الاستقبالي ذو معنى قوم على إعطاء الطلبة مفهوم له دلالة (عدس، توق، 1992).

والمبدأ الذي يفسر أوزوبل على أساسه التعلم ذو معنى هو مبدأ الاحتواء (Subsumption Principle)، أي دمج الفكرة الجديدة مع الفكرة الموجودة مسبقا في البناء المعرفي للفرد بطريقة تعطي الفكرتان معنى واحد، وتؤدي إلى تثبيت الفكرة الجديدة (أبو زينة، 1994).

3:3:2 المنظمات المتقدمة Advanced Organizers

لقد اقترح اوزوبل المنظم المتقدم (Advanced Organizers) لتحقيق التعلم ذي المعنى، ويعني أوزوبل بالمنظم المتقدم ما يزود به المعلم طلابه من مقدمة أو مادة تمهيدية مختصرة، تقدم في بداية الموقف التعليمي حول بنية الموضوع والمعلومات المراد معالجتها، بهدف تيسير عملية تعلم المفاهيم المتصلة بالموضوع، من خلال ردم المسافة بين ما يعرفه المتعلم من قبل وما يحتاج إلى معرفته، وتصمم هذه المقدمة لتسهيل التعلم الاحتوائي من خلال توفير مرتكزات فكرية للمهمة التعليمية، أو من خلال زيادة القدرة على التمييز بين الأفكار الجديدة وما يرتبط بها من أفكار موجودة في البنية المعرفية سادة بذلك الفجوة التي تفصل بين ما يعرفه المتعلم مسبقا، وما يحتاج لمعرفته ليتعلم مادة جديدة (الحيلة ومرعي، 2002).

وعندما اقترح اوزوبل المنظم المتقدم فقد افترض أن عقل (Mind) المتعلم يخزن المعلومات بطريقة هرمية متسلسلة من العام إلى الخاص، وحتى يسهل تعلمها بفاعلية، واسترجاعها بسهولة ويسر ـ لا بـد مـن تقديمها بطريقة مناسبة، على هيئة ملخص مجرد، ومعمم وشامل، ويشتمل على ركائز فكرية تثبت المعلومات الجديدة في بنى المتعلم العقلية، ويعتمد استعمال المنظمات المتقدمة بشكل أساسي على أهمية وجود أفكار مناسبة ومرتبطة بالموضوع المراد تعلمه، علما أن تكون هذه الأفكار موجودة بشكل مسبق في البنية المعرفية للمتعلم، من أجل جعل الأفكار الجديدة ذات المعنى المنطقي لها معنى سيكولوجي (Ausobel, 1978).

ويرى الشرقاوي أن المنظمات المتقدمة تعتبر بمثابة موجهات أولوية يعتمد عليها المعلم في تكوين المفاهيم (Concept) والأفكار (Ideas) حولها، وعلى أساسها يتم الربط (Connect) بينها وبين المعلومات الجديدة المراد تعلمها، وبالتالي فإن هذه المنظمات أو الموجهات يجب أن تقدم للمتعلم قبل أن يستقبل المعلومات الجديدة (الشرقاوي، 1985).

عناصر نموذج المنظم المتقدم

(1) الالتزام بالمسلمات الأساسية للنموذج

أ- التفريق التقدمي (Progressive Differentiation)

ب- المصالحة التكاملية (Integrative Reconciliation)

(2) أنواع المنظمات المتقدمة

أ- المنظم الشارح (Expository)

ب- المنظم المقارن (Comparative)

(3) تقديم منظم الخبرة المتقدم للطلبة

(4) اختبار الأنشطة التالية لتقديم المنظم (الأمين، 2000)

وفيما يلي بيان ذلك:

أولاً: المسلمات الأساسية للنموذج

1- **التفاضل المتوالي (التمايز التدريجي)، (التفريق التقدمي) (Progressive Differentiation) [أكثر الترجمات للمصطلح الأجنبي المستخدمة]**

وهو السير من الأفكار العامة إلى الأفكار المحددة الخاصة، حيث يجب أن تقدم المفاهيم والمبادئ الأكثر تجريداً وعمومية وشمولية في الموضوع التعليمي أولاً، ثم تقديم المفاهيم والمبادئ الأقل عمومية وتجريدا وشمولية، ويعتقد أوزوبل أن هذا المدخل من القمة إلى القاع سوف يساعد الطلبة على تنظيم وبناء المعلومات الجديدة ويجعل التعلم أكثر معنى (Miller , 1983).

مثال: عند تقديم الأشكال الرباعية للطلبة تبدأ كالآتي:

(1) مجموعة الأشكال الهندسية

(2) مجموعة الأشكال الهندسية،أشكال رباعية، مثلثية

(3) تقديم شكل الرباعي،شبه منحرف، متوازي، مستطيل

والشكل التالي يوضح كيفية استخدام (التفريق التقدمي) في تقديم مفهوم المعنى

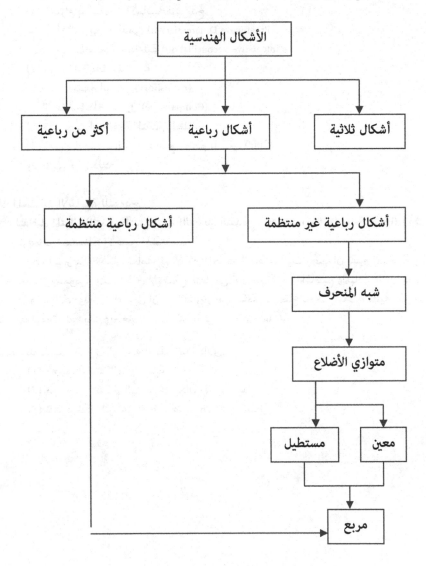

2- التوفيق التكاملي (المصالحة التكاملية) (Integrative Reconciliation)

وهو يعني أن المعلم ينبغي عليه أن ينمي المفاهيم الجديدة التي ترتبط ارتباطا شديدا بالأفكار التي سبق عرضها، بحيث أن المعلومات الجديدة يجب أن تتكامل وتتوافق بوعي وإدراك مع المواد التي سبق للطالب أن تعلمها في نفس المجال.

وهذا يعني أن ينظم المعلمون عن قصد مقرراتهم ووحداتهم وموضوعاتهم بحيث يرتبط التعلم اللاحق الجديد بالتعلم السابق الموجود عند الطلبة.

ثانياً: أنواع منظم الخبرة المتقدم

1- المنظمات الشارحة (Expository Organization)

وتستخدم وعندما تكون المادة التعليمية الجديدة غير مألوفة للمتعلم، وفي هذه الحالة فإن المنظم الشارح يؤمن أفكار شاملة ترتبط بالأفكار الموجودة في البنية العقلية للمتعلم وبالمادة المراد تعلمها. وتسمى أيضاً (منظمات العرض المباشر)، وتستخدم لتقديم المواد غير المعروفة لدى الطلبة، حيث أنها في هذه الحالة تعمل على تزويد المتعلم بركيزة مناسبة تجعله يألف المصطلحات الشارحة لتسهيل التعلم ذو المعنى (أبو زينة، 1994).

2- المنظمات المقارنة (Comparative Organization)

تستخدم عندما تكون المادة التعليمية الجديدة المراد تعلمها مألوفة، أولها ارتباط بالأفكار المتعلمة سابقا والمعروفة من قبل المتعلم، وتساعد المنظمات المقارنة في تكامل المفاهيم والمبادئ السابق تعلمها في نفس المادة، وتساعد أيضاً على التمييز بين الأفكار المعروفة وغير المعروفة والتي تختلف جوهرياً، وتستخدم هذه المنظمات عند تقديم المواد المعروفة نسبيا لدى الطلبة، وتفيد المنظمات المقارنة في تدريس مقررات الرياضيات (المغيرة، 1989)

مثال:

الموضوع: مفهوم المعادلة

المنظم المقارن: مفهوم صفر الاقتران

الموضوع: مفهوم الاتحاد والتقاطع

منظم مقارن: مفهوم المضاعف المشترك والقاسم المشترك

3- المنظمات البصرية والمنظمات السمعية (Visual and Adio Organizers):

وهـي تلـك التـي تسـتعمل الوسـائل البصريـة أو السـمعية كمـنظم متقـدم مثـل أجهـزة الفيـديو والكمبيوتر والتلفزيون التعليمي والوسائل التعليمية.

والشكل التالي يوضح أنواع المنظم المتقدم:

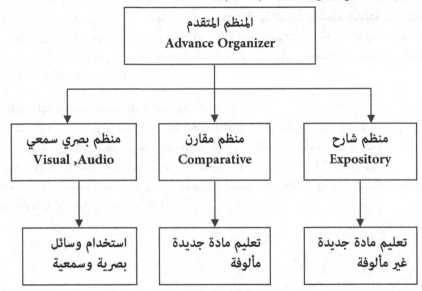

ثالثاً: تقديم المنظمات المتقدمة

تعتبر المنظمات المتقدمة مناسبة لتدريس كثير من المبادئ والمفاهيم في الرياضيات، لأنها تساعد كل من الطلبة والمعلمين في تنظيم وبناء المادة المتعلمة، ويختلف طول المنظم المتقدم من جملة واحدة تقال في ثوان معدودات إلى سلسلة من التقديمات التي تستغرق وقت طويل (الأمين،2000).

رابعاً: الأنشطة التالية لتقديم المنظم

بعد تقديم المنظم المتقدم يجب أن تقدم فوراً المادة التعليمية التي أعد المنظم الطلبة لتلقيها، وهذه المادة تكون أكثر تحديداً من المنظم نفسه (أي أنها تليه في التنظيم الهرمي للمادة)، وأثناء سير الدرس، وبعد تقديم المنظم يمكن أن يشير المعلم إلى المفاهيم التي يرسيها مع المنظم ويساعد الطلبة على رؤية كيفية إتقان المادة التي تدرس مع البنية التي ينميها المنظم.

مثال:

* تعلم مفهوم حل المعادلة الخطية ← 2س-6 = صفر
* منظم متقدم مفهوم صفر الاقتران ← ق(س) = 2س-6

فإن مفهوم صفر الاقتران ق(س) = 2س-6، الذي تعلمه الطلبة سابقا وهو العدد (3)، يمكن ربطه مع الموقف الجديد المراد تعلمه وهو مفهوم حل المعادلة الخطية، أي إيجاد قيمة المتغير (س) الذي يجعل العبارة صحيحة وهو(3).

مثال:

اعتماد المنظمات البصرية والسمعية كمنظم متقدم في العبارة التربيعية

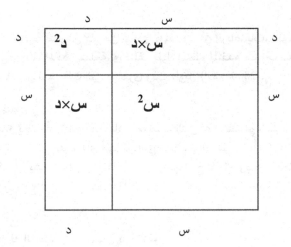

خذ كرتونة مربعة الشكل، واعتبر أن طول ضلعها يساوي س+د، ثم أوجد مساحة كل من الأشكال الناتجة عند فصل (س)عن(د)وقارنها بمساحة الشكل الكلي.

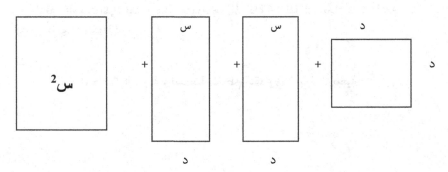

$$(\text{س}+\text{د})^2= \text{س}^2+2 \text{ دس}+ \text{د}^2$$
$$(\text{س}+2)^2= \text{س}^2+2\times2 \text{س}+2^2$$
$$= \text{س}^2+4 \text{س}+4$$

$$(\text{س}+3)^2 = \text{س}^2+2\times3 \text{س}+3^2$$
$$= \text{س}^2 +6 \text{س}+9$$

مثال:

ويمكن أن يكون المثال السابق منظم متقدم (منظم مقارن)لتدريس العلاقة

$(س- د)^2= س^2 – 2دس+ د^2$

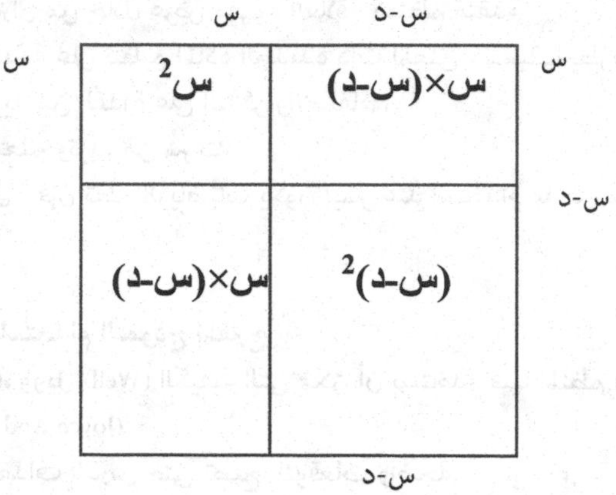

س-د
س
س
س
س×(س-د)
$س^2$
س-د
$(س-د)^2$
س×(س-د)
س-د

وللمنظمات المتقدمة عدة فوائد واستخدامات وخصوصا في مادة الرياضيات ومنها:

(1) تعطي مخططا عاما للمادة التي سوف تتعلم.

(2) تزيد من قدرة المتعلم على التمييز والتحليل والتركيب لكل المعارف السابقة والجديدة، (وذك يتناسب مع طبيعة الهندسة التحليلية والفضائية في الرياضيات)

(3) تعمل على تضييق الفجوة بين ما يعرفه المتعلم سابقا، وما يحتاج إلى معرفته قبل التعلم الجديد.

(4) تعمل المنظمات على إرساء وتصفية وترسية واستقرار معلومات ومعارف جديدة يبني عليه التعلم اللاحق.

(5) تشير المنظمات المتقدمة إلى مدى التشابه أو الاختلاف بين المفاهيم والأفكار ذات الصلة والمتعلمة سابقا والموجودة في البنية العقلية للمتعلم، بين الأفكار والمفاهيم الجديدة.

(6) نظراً لأن الرياضيات مادة تكون فيها المعلومات غير مألوفة مرتبطة مع معلومات مألوفة، فإن المنظمات المتقدمة يمكن أن تكون مفيدة تماما للمدرسين والطلبة.

مثال: توضيح عملية الطرح من خلال علاقتها بعملية الجمع

مثال: توضيح مفهوم الاقتران من خلال عرض مفهوم العلاقة كمنظم متقدم

(7) تعمل المنظمات المتقدمة على تنظيم المادة الجديدة ذات المعنى وتنسيقها بطريقة تقلل من احتمال النسيان، وتزيد من القدرة على التذكر والاحتفاظ.

(8) تعمل على تسهيل التعلم وتزيد من سرعته

(9) لأنه كما يقول أوزوبل " فإن تعلم الرياضيات يكون أيسر عند استخدام مدخل من القمة إلى القاع "

4:3:2 إعداد دروس الرياضيات باستخدام النموذج المقترح

قد لخص جويسي (Joyce)، وويل (Well) الكيفية التي يمكن أن يستخدم فيها المنظم المتقدم في غرفة الصف بما يلي: (Joyce And Well, 1985)

الخطوة الأولى: توضيح أهداف الدرس حتى تصبح التوقعات واضحة.

الخطوة الثانية: يعرض منظم متقدم ويضم هذا المنظم مفهوما أساسيا يستخدم لتوضيح بقية المادة التي تتعلم في الدرس أوالوحدة.

الخطوة الثالثة: يقدم المعلم ويعرض المادة التعليمية الجديدة، ويتم عمل هذا من خلال عدد من الأساليب المعروفة مثل المحاضرة والمناقشة والوسائل البصرية، وما إلى ذلك من وسائل، وينبغي مع ذلك أن يسير المعلم وفق مبدأ التفاضل المتوالي ومبدأ التوفيق التكاملي، وفي آخر مرحلة يستطيع المعلم أن يذكر الطلبة بالأفكار الرئيسية ويسألهم أن يلخصوا الخصائص الرئيسية، وان يربطوا المادة بالمنظم المتقدم.

مثال:

وفيما يلي درس (متوازي المستطيلات) معدّ كتطبيق للنموذج المقترح ومراعاة أساسيات نظرية أوزوبل.

عنوان درس: متوازي المستطيلات

أهداف الدرس:

يرجى في نهاية الدرس أن يكون الطالب قادر على أن:

1- يتعرف على متوازي المستطيلات

2- يفرق بين متوازي المستطيلات والمجسمات الأخرى

3- يحدد أحرف متوازي المستطيلات

4- يحدد رؤوس متوازي المستطيلات

5- يحدد أوجه متوازي المستطيلات

6- يعين قاعدتي متوازي المستطيلات وأوجهه الجانبية

7- يتعرف على المساحة الجانبية لمتوازي المستطيلات

8- يتعرف على المساحة الكلية لمتوازي المستطيلات

9- يتعرف على حجم متوازي المستطيلات

10- يحسب المساحة الجانبية لمتوازي المستطيلات

11- يحسب المساحة الكلية لمتوازي المستطيلات

12- يحسب حجم متوازي المستطيلات

المعلومات السابقة المرتبطة بهذا الدرس

أولاً: المفاهيم

1- القطعة المستقيمة

2- المستقيم

3- مستقيمان متقاطعان

4- مستقيمان متوازيان
5- الزاوية
6- المساحة
7- الحجم
8- المستطيل

ثانيا: التعميمات
1- مساحة المستطيل تساوي الطول × العرض

محتوى الدرس
(1) المفاهيم
1- متوازي المستطيلات
2- أحرف متوازي المستطيلات
3- رؤوس متوازي المستطيلات
4- أوجه متوازي المستطيلات
5- قاعدتا متوازي المستطيلات

(2) التعميمات
1- مساحة متوازي المستطيلات الجانبية = محيط القاعدة ×الارتفاع
2- مساحة متوازي المستطيلات الكلية = محيط القاعدة × الارتفاع +مساحة القاعدتين
3- حجم متوازي المستطيلات الكلية = مساحة القاعدة × الارتفاع

الوسائل التعليمية المستخدمة
1- السبورة

2- طباشير ملونة

3- متوازي مستطيلات بأحجام مختلفة مصنوعة من الورق المقوى

4- متوازي مستطيلات بأحجام مختلفة مصنوعة من الخشب

5- متوازي مستطيلات بأحجام مختلفة مصنوعة من الزجاج

6- أوراق مطبوعة مرسوم عليها خطة سير العمل (منظم متقدم) توزع على الطلبة.

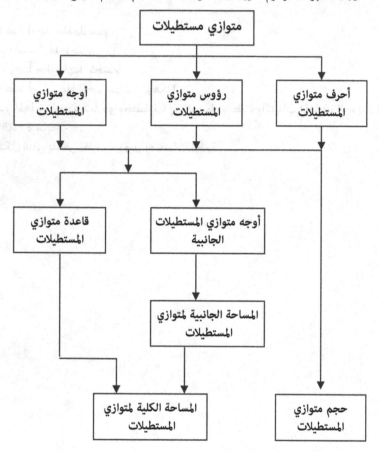

يبدأ المعلم الحصة بإلقاء الضوء على المتطلبات القبلية للدرس ثم يبدأ المعلم بتوزيع المخطط السابق على الطلبة (منظم متقدم)، ويترك وقتا كافيا، ثم يبدأ في تقديم المادة التعليمية الجديدة بالأسلوب الذي يراه مناسبا، رابطا المعلومات الجديدة المتعلقة بالمنظم المتقدم.

حيث يبدأ المعلم ممسكا في يده (متوازي مستطيلات) مصنوعا من الخشب.

- ويسأل ما اسم هذا المجسم: ومن خلال المناقشات مع الطلبة يصل بهم إلى اسم الشكل ثم يسأل،

- ما عدد أوجه هذا المجسم

- كم قاعدة لهذا المجسم

- كم وجهاً جانبياً لهذا المجسم

- ما عدد أحرف هذا المجسم.............وهكذا،

ويسير المعلم بالحصة كما هو مخطط لها إلى الوصول بالطلبة باكتساب المعارف الجديدة المتمثلة في الأهداف الواردة سابقا.

والشكل التالي يلخص نظرية اوزوبل ومنظمات الخبرة.

نظرية أوزوبل
ومنظمات الخبرة
أنواع تعلم
ذو المعنى
تعلم تمثيلي
تعلم مفاهيم
تعلم استقبالي
تعلم استكشافي
أنواع تعلم
استقبالي
استكشافي
ذو معنى
استظهاري
ذو معنى
استظهاري
منظمات متقدمة
فوائد نظرية أوزوبل
التفريق التقدمي
المصالحة التكاملية
تعمل على
تقليل الفجوة
بين المعلومات
تزيد من
فهم المادة
تسرع من
عملية فهم المادة
منظم
بصري
سمعي
منظم
مقارن
منظم
شارح
مألوفة
غير مألوفة
تعطي مخطط
عام للمادة
تعليم مادة
عدم نسيان
تعلم مادة
المادة لاحقاً

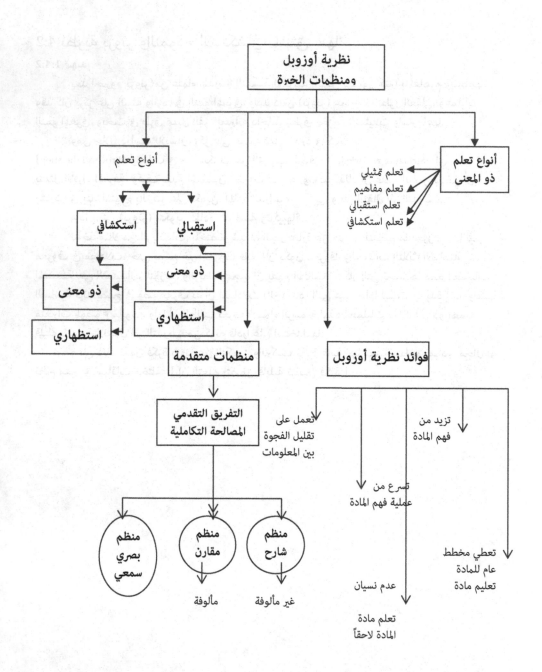

4:2 نظرية برونر والنموذج الاستكشافي المنبثق عنها

1:4:2 تمهيد

يعد (جيروم برونر)من علماء المدرسة النفسية المعرفية الذين يهتمون كثيرا بالمفاهيم وبتعلمها، وقد كان يركز على البيئة وأثرها في النمو المعرفي، ولقد درس (برونر) عمليات التطور العقلي، وعمليات النمو المعرفي، وبحث في طرق تمثيل الفرد لخبراته داخليا، وطرق تخزين التمثيلات واسترجاعها.

ومن خلال دراسته للإنسان، ركز على عملية تمثل الخبرة في كتابه (Process Education) وتحدث في هذا الكتاب عن التركيب المعرفية (Structure Knowledge)، أي كيف يتمثل الأفراد المعرفة، وكيف يقدم المعلمون الخبرات للطلبة، ويؤكد كذلك أن علماء النفس ينبغي أن يشتركوا في بناء المنهاج بالتركيز على تكوين المادة الدراسية وتركيبها وعلى انتقال اثر التدريب.

ماذا يعني (برونر) بتكوين المادة الدراسية وتركيبها؟

لنأخذ مثالا من الرياضيات، باختصار شديد، الجبر عبارة عن طريقة لتنظيم ما معروف وما ليس معروف في معادلات، حتى يصبح غير المعروف قابلا لأن يكون معروفا، والعمليات الثلاث الأساسية المتضمنة هي الاستبدال، التوزيع، والربط، وبمجرد أن يفهم الطالب الأفكار التي تجسدها هذه العمليات الأساسية فإنه يصبح في وضع يعرف به أن المعادلات (الجديدة) التي عليه حلها ليست جديدة أبداً، ولكنها متغيرات لموضوع مألوف، وأما أن الطالب يعرف الأسماء الرسمية لهذه العمليات فذلك أمر ذو أهمية قليلة بالنسبة لانتقال اثر التدريب من كونه قادرا على استخدامها.

وعلى ذلك تكون فكرة برونر عن التكوين والتركيب فكرة عامة إنها معنية بتطبيق مبادئ مجال أو نظام معين في سياقات مختلفة.[إن التعلم يتضمن قابلية تطبيق فكرة]

ومع ذلك، لاحظ (برونر) أنه ينبغي أن لا تعرض المبادئ الأساسية للطالب مجرد عرض، بل لا بد من أن تبنى وتشكل مواقف التعلم على نحو يستطيع معه المتعلم أن يكتشف هذه الأفكار، وعلى الرغم من أن (برونر) يقترح أنه لا ينبغي أن تتوقع من الطالب أن يكتشف كل المبادئ، فإنه ينبغي أن يكون هناك على الأقل توازن بين تعريض الطالب للموقف وبين ما أصبح يسمى (طريقة الاكتشاف)، وجوهر الاكتشاف (Discovery) عند برونر يكمن في إعادة ترتيب وتنظيم البيانات (Data) بطريقة تجعل المتعلم يسير أبعد من نطاق البيانات، فيعبر ويدرك (Realize) أشياء أخرى وإعطاء حقيقة إضافية (Bruner , 1951)، (الشافعي، 1990).

2:4:2 التعلم بالاكتشاف (learning by Discovery)

التعلم بالاكتشاف هو التعلم الذي يحدث نتيجة معالجة المتعلم للمعلومات وتركيبها وتنظيمها وتحليلها، حتى يصل إلى معلومات جديدة، والعنصر الأساسي في اكتشاف المعلومات الجديدة، وأن الطالب يقوم بدور نشط في الوصول إلى المعلومات الجديدة.

ويتم التعلم بالاكتشاف من خلال الأنشطة التي ينظمها المعلم، وتكون على شكل ألعاب حرة وغير مقيدة، أومن خلال الحوارات بين المعلمين والطلبة، والاكتشاف قد يكون أسلوبا من أساليب التدريس أو طريقة من طرق التعلم، ومن الصور أو المعاني أو الممارسات التي تأخذها هذه الطريقة ما يلي: (أبو زينة، 1994)

(1) الوصول إلى مفهوم أو تعميم بعد أن يكون الطالب اطلع على عدد من الحالات الخاصة المتعلقة بذلك المفهوم، والتعميم، حيث يؤدي هذا الإطلاع على الحالات الخاصة إلى اكتشاف المعنى أو التوصل إلى التعميم المتضمن.

(2) أن يصل المتعلم إلى التعميم أو القاعدة (Rule)، أو إلى فهم واستيعاب المفهوم بدون توجيه كامل من المعلم للطالب، أو إرشاد كامل له أثناء عملية التعلم، أي أن يمارس المعلم توجيه وإرشاد قليل للطالب في الموقف التعليمي.

ويذكر (Shulman, 1970) أربعة أوجه تعبر عن درجات ممارسة الإرشاد والتوجيه من المعلم على عمل الطالب، والجدول التالي يبين هذه الأوجه الأربعة عند تعلم قاعدة رياضية أو عند تطبيقها.

القاعدة	الحل	نوع التوجيه	طريقة التعلم
معطاة	معطى	تام	استقبالية
معطاة	غير معطى	جزئي	استدلالية (استكشاف موجه)
غير معطاة	معطى	جزئي	استقرائية (اكتشاف موجه)
غير معطاة	غير معطى	معدوم	اكتشاف

فعندما تقدم القاعدة والحل للموقف الذي يعرضه المعلم فإن التعليم يكون إلقائيا. مثال: عندما يعطي المعلم التعميم أو النظرية، مجموع قياسات زوايا المثلث تساوي 180° ومجموع قياسات زوايا الشكل الرباعي 360° ، ومجموع قياسات زوايا الشكل الخماسي 540° ، ومجموع قياسات الزوايا الداخلية لمضلع عدد أضلاعه (ن) هو 2 (ن-2) قائمة.

أما عندما يقدم أحدهما ولا يقدم الآخر فإن التعليم يكون (استقرائيا) أو(استدلاليا) فإذا أعطى المعلم القاعدة ولم يعطي الحل فان هذا الاكتشاف يكون استدلالي.

مثال: توجيه المعلم لطلبته ليتواصلوا إلى أن قطرا المستطيل ينصف كل منهما آخر اعتمادا على تطابق المثلثات

مثال: توجيه المعلم للطلبة إلى أن طول محيط الدائرة مقسوما على قطرها يساوي مقدارا ثابتا، وهو النسبة التقريبية (π)، وذلك من خلال مواقف عملية يتعامل معها الطالب.

أما عندما يعطي المعلم الحل ولا يعطي القاعدة فإن ذلك النوع من الاكتشاف هو(استقرائي)

مثال: إعطاء المعلم المثال التالي وحله

15= 5×3	8 =2×4	15 =3×5
6=2×3	4=1×4	10=2×5
0=0×3	0=0×4	5=1×5
3-=1-×3	4-=1-×4	0=0×5
6-=2-×3	8-=2-×4	5- =1-×5
	12-=3-×4	10-=2-×5

مع توجيه المعلم للطالب فإنه سوف يصل إلى القاعدة التي يريدها المعلم وهي (حاصل ضرب عدد صحيح موجب في عدد صحيح سالب هو عدد صحيح سالب).

قد يكشف الطلبة هنا قواعد أخرى لا يريدها المعلم مثل (حاصل ضرب أي عدد صحيح في صفر هو صفر)، أو (حاصل ضرب عدد صحيح موجب في عدد صحيح موجب هو عدد صحيح موجب).

أوفي أحيان أخرى قد لا يكتشف الطلبة شيء فلذلك على المعلم في هذا النوع من الاكتشاف أو يعطي أسئلة مدروسة وواضحة ويعطي توجيهات دقيقة أيضاً.

مثال:

يطلب المعلم من الطلبة أن يجدوا مجموع زوايا المثلثات المعروفة.

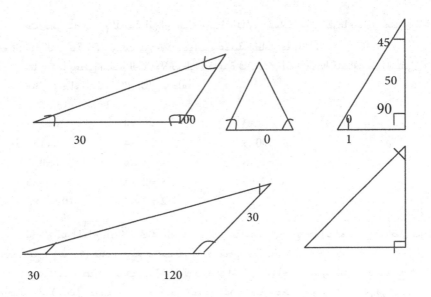

سيصل الطلبة إلى نتيجة (مجموع قياسات الزوايا الداخلية لأي مثلث يساوي °180) لاحظ بأنهم سوف لن يكتشفوا شيء آخر.

وقد لاقت طرق الاكتشاف استحسانا واسعا من قبل المربين، ومعلمي الرياضيات فهي تسمح بالكثير من التفاعل (Interactive) بين الطلبة أنفسهم وبين الطلبة والمعلمين.

وقد أشارت هندركس (Hendrix , 1961) إلى طريقتين في التعلم يمكن تسميتهما بالاكتشاف وهما:

أولاً: الطريقة الاستقرائية (Inductive Method)

في هذه الطريقة يحصل الاكتشاف عندما يكون هناك وعي عند المتعلم بالقاعدة، دون الحاجة إلى صياغة القاعدة لفظيا، أي أن الاكتشاف لا يتطلب بالضرورة قدرة المتعلم على صياغة القاعدة أو التعميم أو المبدأ، وتتضمن هذه الطريقة الأمثلة (Examples) على المفهوم أو القاعدة، حيث يساعدهم المعلم بتقديم المزيد من الأمثلة إذا طلبوا ذلك.

مثال:

فالطالب الذي يستطيع أن يجد حاصل:

$$\frac{2}{5} \times \frac{3}{5}$$

$$\frac{6}{7} \times \frac{2}{5}$$

يكون قد اكتشف القاعدة أو المبدأ المتضمن، حتى لو لم يستطيع أن يصيغها لفظيا (كلاميا أو رمزياً).

مثال:

الطالب الذي يستطيع أن يجد حاصل:

$2\times(5+3)=$

$7\times(3+6)=$

$9\times(1+2)=$

$5\times(2+0)=$

يكون قد اكتشف القاعدة أو المبدأ الذي بواسطته يجري عملية الضرب، حتى وإن لم يستطع أن يعبر عن هذه القاعدة لفظيا.

ثانياً: الطريقة العرضية - الاتفاقية (Incidental)

في هذه الطريقة يتم تنظيم الخبرات والأنشطة المحددة في المنهاج (Curriculum)، ويتم الوصول إلى التعميمات المستخلصة من هذه المواقف من قبل المتعلم خلال مروره وتفاعله بهذه المواقف والأنشطة، فالمواقف التعليمية والخبرات التي تنظمها المدرسة للطلبة تحتم عليهم استخلاص التعميمات والعلاقات، ليتسنى لهم الوصول إلى الأهداف المتضمنة في هذه الأنشطة والمواقف.

فوائد الاكتشاف

هنالك العديد من الفوائد التي يجنيها المتعلم من الاكتشاف ومن أبرزها ما يلي:

(1) يزيد القدرة العقلية الإجمالية للطالب

(2) يصبح الطالب قادر على التصنيف والنقد والتوقع،ورؤية العلاقات، والتمييز بين المعلومات ذات الصلة بالموضوع وغيرها.

(3) يكون دور الطالب في هذا النموذج فاعلا نشطا وليس سلبيا.

(4) يكتسب الطالب القدرة على استعمال أساليب البحث، والاكتشاف، وحل المسائل، وطرق البحث العلمي.

(5) هذه الطريقة تؤثر على جوانب كثيرة من حياة الطالب، نتيجة للخبرة والتدريس الذي يحصل عليه بمروره في خبرات الاكتشاف.

(6) تزيد من قدرة الطالب على تذكر المعلومات، وإبقاء التعلم لفترة طويلة، وذلك من خلال الفهم والاستيعاب الجيد للمادة.

(7) تزيد من دافعية الطالب على التعلم، لأنها تكون بعيدة عن الأساليب التقليدية، وتكسر الروتين والملل.

(8) هذه الطريقة مشوقة بحد ذاتها، وحافزة للطالب ليستمر في التعلم بشغف نتيجة للحماس الذي يعيشه أثناء البحث والاكتشاف، والمتعة والفرح الذي يحصل عليه عند حدوث الاكتشاف.

(9) يمكن أن يستخدم النموذج مع جميع الأعمار، واختلاف المستويات، حيث أثبت فعاليته، ويستخدم هذا النموذج في الاكتشاف الفردي أو الاكتشاف الجماعي، حيث يكون دور المعلم في هذا النموذج هو دور الموجه والمرشد والميسر والمنظم للمتعلم، وليس دور التلقين التقليدي الممل.

3:4:2 الاستعداد للتعلم عند برونر

من الأفكار الرئيسية التي طرحها برونر الفكرة التي مؤداها أن (أية مادة يمكن أن تعلم وبشكل فعال وجاد لأي طفل وفي أية مرحلة من مراحل النمو) (Bruner , 1960 ,p33).

وأوضح برونر أن الطلبة قادرون على أن يفهموا المبادئ الرئيسية للنظام في أية سن تقريبا، ويقتبس (برونر) في هذا الصدد عبارة مدرس الرياضيات ليؤيد بها دعواه [لقد دهشت نتيجة تدريسي ابتداء من الحضانة وحتى المراحل الجامعية من التشابه العقلي والفكري بين الناس في كل الأعمار] (Bruner , 1960 ,p33-40).

ولقد نظر برونر ورفاقه إلى الطفل على أنه عالم صغير، والطفل في نظر برونر يستطيع أن يفهم، وفي إي سنة من سنوات عمره تقريبا – أي مادة دراسية ولقد ركز (برونر) ورفاقه من خبراء المنهاج على الفكرة القائلة [بأن العمليات المعرفية لدى الطفل تختلف في الدرجة فقط وليس في النوع عن العمليات المعرفية عند الكبير].

وفكرة (برونر) القائلة بأن (الطفل عالم صغير) تظهر كذلك في الكيفية التي يرى أن تختار بها المواد التعليمية للدراسة في غرفة الصف، إن (برونر) يقترح أن المعيار الأساسي لاختيار موضوع لكي يدرس في المدرسة الابتدائية هو ما إذا الكبير ينبغي أن يعرف هذا الموضوع أم لا.

ومما يتصل بنظرة (برونر) للطفل فكرته الخاصة للمنهج اللولبي (Spiral Curriculum) أو الحلزوني فعلى الرغم من أن الطفل قادر – عند برونر – أن يفهم المبادئ الأساسية في أي عمر فإن المنهاج ينبغي أن يعرض المادة الدراسية بطريقة أكثر شمولية وتعقيدا وبشكل تدريجي.

ويميز برونر (Bruner, 1963) بين نوعين من أنواع التفكير الرياضي: التفكير الحدسي (Inductive Thinking)، والتفكير التحليلي (Analytic Thinking).

- التفكير الحدسي (Inductive Thinking)

إن الفرد يصل أحيانا إلى الحل بقفزة من الحدس والبداهة، حيث ينمي هذا النوع من التفكير من خلال الخبرات المباشرة للمتعلم وتعامله مع الأشياء مباشرة، وهو عامل مهم جداً لبناء الثقة بالنفس.

- التفكير التحليلي (Analytic Thinking)

إن الفرد يصل إلى الحل بالطريقة التحليلية، أي مستخدما التفكير الاستنتاجي المبني على الافتراضات الرياضية، ويسير وفق خطوات متسلسلة ومتتابعة ومنتظمة ومدروسة.

ويرى (برونر) أن الفكر الحدسي قد يخترع أو يكتشف مشكلات لا يكتشفها المحلل، ومن سوء الحظ أن الشكلية التي يتسم بها المتعلم في المدرسة تحط على نحو ما من قيمة التفكير الحدسي، والذين يستغلون بتطوير المناهج، وبصفة خاصة في الرياضيات، ويعتقدون اعتقاداً قوياً أننا في حاجة إلى الكثير من العمل حتى نستطيع اكتشاف الكيفية التي تنمى بها المواهب الحدسية لدى طلبتنا منذ الصفوف الأولى وما بعدها (Bruner , 1960).

4:4:2 مراحل النمو العقلي عند برونر

أولاً: المرحلة المحسوسة

مرحلة العمل الحسي، أو العمل العيني، أو الفعل، أي يحدث التعلم بالعمل، أو مجموعة من الأفعال للوصول إلى هدف أو نتاج (Inactive Representation)

ثانياً: المرحلة المصورة

مجموعة من النماذج أو الصور تمثل المفاهيم أو العلاقات (Iconic Representation)، ويكون الطفل فيه أسير عالمه المدرك، فيسيره النور الساطع، وتجذبه الحركة والحيوية والصحة، وتتطور لديه القدرة على التذكر البصري (مرعي والحيلة،2000).

ثالثاً: المرحلة المجردة

مجموعة من الافتراضات المنطقية أو الرمزية المجردة (Symbolic Representation)، وبها يحل الرمز محل الأفعال الحركية في اللغة، والرياضيات والمنطق، وينتقل الطفل من مرحلة إلى أخرى بتتابع، وفي أثناء الانتقال يبقى الطفل يتعلم بالطرق المناسبة المرحلية.

5:4:2 التطبيقات التربوية في الرياضيات لنظرية برونر

أولاً: تنظم مادة الرياضيات من الأبسط إلى الأكثر تعقيداً، فتبدأ بأن نعرض على المتعلم أبسط أنواع المفاهيم، وبعد أن يكتشف العلاقة بينهما تعرض عليه مفاهيم أعلى مستوى تتضمن ما سبق أن تعلمه، وتكون النتيجة ناء قابل للانتقال والتذكر والاكتشاف.

مثال:

يبدأ المنهاج بعرض الأعداد

1) 1 10

10 100

2) مجموعة الأعداد الطبيعية

3) مجموعة الأعداد الصحيحة

4) مجموعة الأعداد النسبية وغير النسبية

5) مجموعة الأعداد الحقيقية

6) مجموعة الأعداد المركبة

مع تقدمه في المدرسة

حيث نلاحظ من الترتيب السابق أنه يبدأ من الأبسط انتهاء بالأعقد.

مثال: عند تدريس مادة الأشكال الرباعية يبدأ المنهاج بعرض

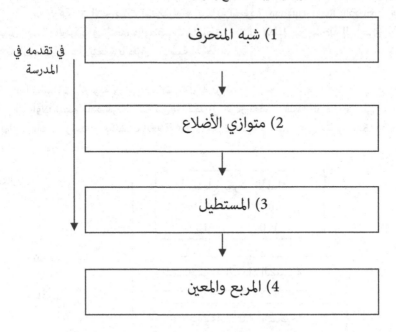

في تقدمه في المدرسة

1) شبه المنحرف

2) متوازي الأضلاع

3) المستطيل

4) المربع والمعين

مثال: عند تدريس نظم المعادلات.

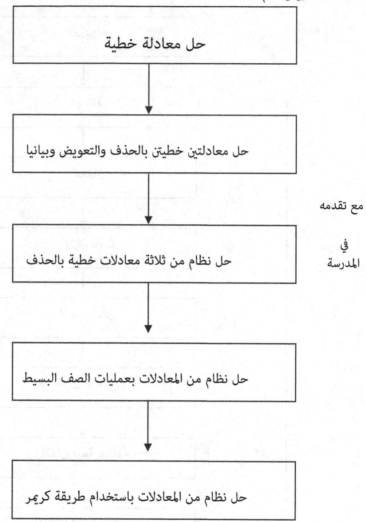

حل معادلة خطية
حل معادلتين خطيتن بالحذف والتعويض وبيانيا
حل نظام من ثلاثة معادلات خطية بالحذف
حل نظام من المعادلات بعمليات الصف البسيط
حل نظام من المعادلات باستخدام طريقة كريمر
مع تقدمه
في
المدرسة

مثال: عند تدريس الإقترانات

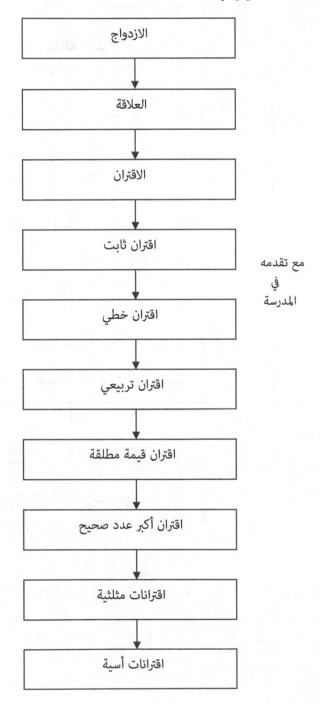

مع تقدمه
في
المدرسة

-146-

ثانياً: تدريب الطالب على الحدس والتخمين واختيار البدائل، وإتاحة الفرصة للتأكد من صحة هذه التخمينات والبدائل.

ثالثاً: استخدام الأدوات والوسائل السمعية البصرية المعنية على التدريس لمادة الرياضيات، للانتقال بالطالب من المرحلة المحسوسة إلى المرحلة المصورة إلى المرحلة المجردة

رابعاً: تنظيم المناهج الرياضية بحيث يسهل تكوين الأبنية المعرفية لدى الطلبة، مما يساعد على التذكر، وانتقال اثر التعلم إلى الحياة.

5:2 نظرية دينز والنموذج التدريسي المنبثق عنها

تمهيد

يعتبر زولتان دينز (Zolton P-Dienos) من أهم العلماء الذين اهتموا بتعليم الرياضيات، من خلال وضع قواعد وأسس لتنظيم محتواها وعرضها على الطلبة بأسلوب مشوق وحافز، بعيدا عن الملل والروتين، ولقد استخدم (دينز) خبراته وميوله في تدريس الرياضيات وسيكولوجية التعلم في تطوير نظام تدريسيها.

1:5:2 دينز وتعليم الرياضيات "أهم الأفكار"

أولاً: يرى دينز أن تدريس الرياضيات بفعالية يتطلب الاهتمام بالطالب، حيث أن تعلم الرياضيات ذو طبيعة فردية (individual) عالية في الأفكار والمهارات.

ثانيا: يركز (دينز) على أهمية تكوين الأبنية الرياضية (mathematical structures) التي تتشكل في الأصل من الخبرة المباشرة الناتجة من تعامل الفرد مع البيئة، ولذلك فإنه يحب عند تكوين هذه الأبنية الرياضية الاهتمام بشكل كبير بالتفكير البنائي (Construction Thinking). ومن ثم يأتي دور الاهتمام بتنسيق العلاقات بين هذه الأبنية الرياضية فيما بينها للوصول إلى فهم واضح وعميق لهذه الأبنية. والاهتمام أيضاً بتنسيق العلاقات الداخلية لكل بنية أي الاهتمام بالتفكير التحليلي (Dienes , 1971)

ثالثاً: يرى (دينز) أن كلاً من التفكير البنائي (Construction)، والتفكير التحليلي (Analytic) أساسيان في تكوين التفكير (Thinking)، لكن هناك أيضاً مكونات أخرى إلى جانبهما تؤثر أيضاً على تعامل الأطفال مع المفاهيم (Concept) وحسب قول (دينز) قد نجد أطفالا أكثر كفاءة وأكثر موضوعية وسرعة في اكتساب مفهوم معين في موضوع، أكثر من مفاهيم أخرى وهذا يعني ترجيح جانب معين من جوانب التفكير حسب طبيعته الوراثية (Dienes, 1971)، ولذلك أن لكل من المعلم والمتعلم جزءا (part) من التفكير يسمى منطقة التركيز الخاصة (own region of emphasis)، فإذا تداخلت المعرفة (knowledge) أو المفاهيم مع هذا الجزء فإننا نحصل على التعلم المثمر (Productive Learning)، ويكون هذا التداخل بين المعرفة والمعلم والطالب في منطقة التركيز الخاصة مرناً ويؤدي إلى الفهم والاستيعاب إذا تنوعت العملية التعليمية وشملت على الخبرات المباشرة وأصبحت غير تقليدية، ومن هنا فإن زيادة عدد الطلبة في الصف يؤدي إلى نقص فرص التداخل وبالتالي نقص الفهم الذي يؤدي بدوه إلى التعلم عن طريق التلقين والحفظ.

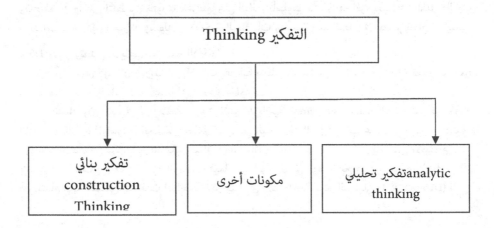

والشكل التالي يوضح منطقة التركيز الخاصة

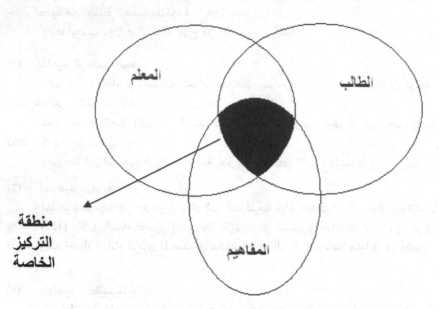

منطقة التركيز الخاصة
region of emphasis Own

رابعا: يؤكد (دينز) أنه لزيادة التحصيل الرياضي عند الطلبة لا بد أن يدرك المعلم أن الجانب التركيب (البنائي) للتفكير ينمو من الطفل قبل أن ينمو التفكير التحليلي، لذا فإن المفاهيم الرياضية لدى الطلبة تكون مرتبطة بالجانب التركيبي أكثر من ارتباطها بالتفكير التحليلي، وإذا ما راعى المعلم هذه الأمر في تعليمه للمفاهيم والمعارف فإن الطلبة سوف يزيد فهمهم ويزيد تحصيلهم.

خامسا: يؤكد (دينز) على أهمية الخبرات الحسية التي يمارسها الطالب في فهم البناء الرياضي، وأيضا مساعدة الطلبة في تكوين البنى والأفكار الرياضية، عن طريق هذه الخبرات التي يختارها المعلم بعناية لتكوين حجر الأساس الذي يعتمد عليه تعلم الرياضيات.

2:5:2 المفاهيم الرياضية عند دينز

تعد الرياضيات في نظر (دينز) دراسة للبنيات وتصنيفها وتوضيح العلاقات (relations) فيما بينهما، وتنظيمها في فئات، ويعتقد (دينز) أنه بإمكان الطالب فهم كل مفهوم أو مبدأ رياضي في حالة تقديمه من خلال العديد من الأمثلة الحسية الملموسة (Dienes , 1971)

وتبعاً لوصف دينز هناك ثلاثة أنواع من المفاهيم الرياضية.

(1) المفاهيم الرياضية البحتة:

تتعلق هذه المفاهيم بتصنيف الأعداد والعلاقات بينها، وهذه المفاهيم مستقلة ولا ترتبط بالطريقة التي يكتب بها العدد

مثال: العدد (2)، 2، Π،.....، كلها أمثلة لمفهوم العدد اثنان، على الرغم أن كل واحد من تلك الأمثلة تختلف كتابته عن الآخر.

ومن هنا فان المفاهيم الرياضية البحتة تعبر عن خصائص الأعداد وليس طريقة كتابتها.

(2) المفاهيم الرمزية:

المفاهيم الرمزية هي خواص الأعداد التي تعد نتيجة مباشرة للطريقة التي تمثل بها تلك الأعداد، فالعدد (152) مثلا في النظام العشري يعني مائه بالإضافة أي خمسة في خانة العشرات ، واثنان في خانة الآحاد، ويعد اختيار النظام الرمزي المناسب في مختلف فروع الرياضيات عاملاً هاماً في نمو وتطور الرياضيات.

(3) المفاهيم التطبيقية:

هي تطبيقات المفاهيم الرياضية البحتة والرمزية في حل المشكلات في علم الرياضيات، مثل (مفهوم الطول، مفهوم الارتفاع، مفهوم المسافة مفهوم المحيط، مفهوم الحجم..) ويجب تدريس هذه المفاهيم التطبيقية للطلبة بعد تدريبهم على المفاهيم الرياضية البحتة والرمزية.

كما أنه يجب تدريس المفاهيم البحتة قبل تدريس المفاهيم الرمزية، خوفاً من أن يلجأ الطلبة إلى حفظ المفاهيم الرمزية بدلا من محاولة فهم المفاهيم الرياضية الرمزية.

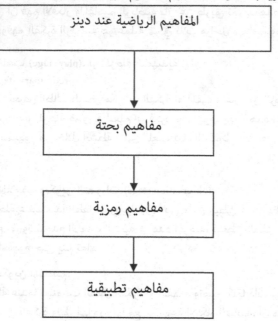

توضيح المفاهيم الرياضية عند دينز

3:5:2 مبادئ التعلم الأساسية عند دينز:
تتكون نظرية دينز لتعلم الرياضيات من أربعة مبادئ أساسية تتمثل فيما يلي (Dienes , 1971)
أولاً: مبدأ الديناميكية (Dynamic principle)
ثانياً: مبدأ التغير الادراكي (perceptual variability)
ثالثاً: مبدأ التغير الرياضي (mathematical variability principle)
رابعاً: مبدأ البنائية أو التكوينية (the constructively principle)

أولاً: مبدأ الديناميكية (dynamic principle):

ينص هذا المبدأ أن كل التجريدات، ومنها التجريدات الرياضية أساسها الخبرات الحسية التي يمارسها الطفل فعلا، أي أن فهم الأفكار والمفاهيم الرياضية يأتي عن طريق تجريد هذه الفكرة أوالمفهوم. وهذا التجريد أوفهم الفكرة الرياضية هو عملية تمر في ثلاث مراحل متعاقبة ومستمرة كما يلي:

المرحلة الأولى: مرحلة اللعب (play stage)، أو المرحلة التمهيدية (preliminary stage)

في هذه المرحلة يتعرض الطالب لبعض مكونات الفكرة أو المفهوم لفترة من الزمن من خلال: أشياء محسوسة مثل الألعاب، وهذه المرحلة ضرورية لتعلم أي فكرة أو مفهوم، وأثناء هذه المرحلة يعطى الطالب الفرصة ليرتبط بالمفهوم من خلال أنشطة يؤدي اللعب بها والاستمتاع بها،وهي تؤدي في الحقيقة إلى تنمية المفهوم.

المرحلة الثانية: مرحلة الملاحظة وتكوين التصورات (observation stage):

وتبدأ هذه المرحلة عندما يبدأ الطفل تدريجيا. وربما بشيء من البطئ في ملاحظة بعض خواص أو مكونات فكرة أو مفهوم ما، وتستخدم الألعاب البنائية في هذه المرحلة، فيعطى الطفل مهام تمده بالخبرات المباشرة لبناء المفهوم حتى يتم تعلمه.

المرحلة الثالثة: مرحلة تكوين المفاهيم:

تأتي هذه المرحلة عندما يستوعب الطفل الفكرة أو المفهوم وتصبح كلها ذات معنى له، وفي هذه المرحلة يتم تنظيم وتنسيق الفكرة وتطبيقها وربطها مع مجموعة الأفكار السابقة، أن هذه الفترة التطبيقية لهذه الفكرة المستوعبة حديثا ستكون بمثابة المرحلة التمهيدية لأفكار أو مفاهيم أخرى.

وفي هذه المرحلة يمارس الطالب بعض الألعاب (games) التي تساعده على إرساء الفهم الرياضي، لان المفهوم لا يصبح فعليا،إلى أن يتمكن الطالب من استخدامه في مواقف مختلفة.

ويعتبر المبدأ الديناميكي هو الإطار العام الذي يتم من خلاله التعلم للأفكار والمفاهيم عند (دينز) أما المبادئ الأخرى فتعتبر متممة لهذا المبدأ وتعمل ضمنه، ويرجع هذا المبدأ في أساسه إلى نظرية بياجيه حيث يؤكد على أهمية الخبرة المحسوسة والبيئة التعليمية المكونة لتلك الخبرة.

وأثناء هذه المراحل الثلاث للمبدأ الديناميكي (Dynamic) تتم الاستعانة بالألعاب التالية:

(1) الألعاب الأولية (prelimintary games):

وهي تلك الألعاب التي يقوم الطالب بها من اجل المتعة (fun) والاستمتاع والتسلية دون توجيه يذكر من المعلم ، وغالبا ما تكون عشوائية وغير منظمة وغير محددة وغير ومرتبطة بأي أهداف.

(2) الألعاب التعليمية (instructional games):

وهي الألعاب التي تستخدم في المرحلة الوسطى من تعلم الأفكار والمفاهيم (مرحلة الملاحظة وتكوين التصورات)، وتصمم هذه الألعاب لأهداف تعليمية، تصميم منظم ومدروس ودقيق لكي تحقق تلك الأهداف، ويقوم المعلم بتوجيه الطلبة من خلالها إلى أن يتم بناء المفهوم.

(3) ألعاب الممارسة (practice games):

هذه الألعاب تستخدم للتطبيق، وهي مفيدة (useful) للتدريب على حل المسائل (problem solving)، ومراجعة المفاهيم وتطبيقها.

والشكل التالي يوضح المبدأ الديناميكي:

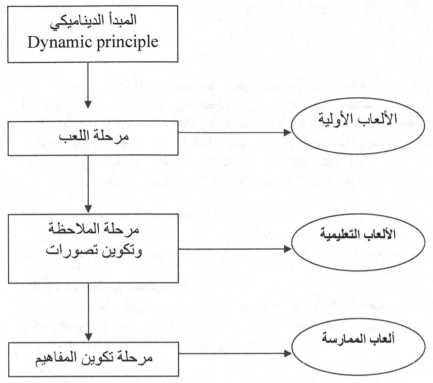

ثانياً: مبدأ التغير الادراكي (perceptual variability):

ينص هذا المبدأ على [أن تعلم الفكرة أو المفهوم الرياضي مـن خـلال عرضـه بواسـطة أشـياء أو تجارب حسية أو شبة حسية مختلفة في المظهر يؤدي إلى التجريد عن طريـق إدراك صفة أوصـفات عامـة لعدد من الحوادث أو الأشياء المختلفة، ومن ثم تصنيف هذه الحـوادث أو الأشـياء في مجموعـة أو طائفـة على أساس هذه الصفة أو هذه الصفات العامة.]

ثالثاً: مبدأ التغير الرياضي (mathematical variability):

ينص مبدأ التغير الرياضي على أن إدراك الفكرة أو المفهوم الرياضي مـن خـلال مواقـف أو حـوادث تتوالى فيها المتغيرات التي ليس لها علاقة بالفكرة أو

المفهوم، بينما تبقى المتغيرات ذات العلاقة ثابتة في جميع المواقف أو الحوادث، مما يؤدي إلى التجريد من طريق تكوين مجموعة أو طائفة من الحوادث والأشياء التي تنتمي لبعضها البعض بطريقة ما.

ويرى (دينز) أنه يجب على المعلم أن يسيطر على المتغيرات الرياضية للمفهوم قبل أن تتم عملية التجريد، ويستطرد (دينز) قائلا:

[لو أردنا أن نقدم للطالب مفهوم المستطيل مثلا، فإنه يمكننا ذلك من تقديم عدة مستطيلات غير متطابقة، ومختلفة الأوضاع حتى يتم المفهوم بدرجة من العمومية]

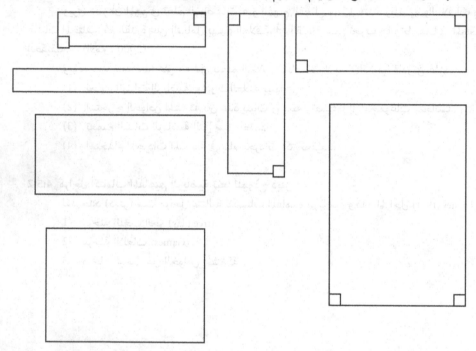

(مستطيلات في اوضاع مختلفة)

ويتضح من أن مبدأي التغير الادراكي والتغير الرياضي يؤكدان على أهمية مراعاة الفروق الفردية. بين الطلبة وأنهما يساعدان على تحرير الطفل من المظاهر الإدراكية.

رابعاً: مبدأ البنائية أو التكوينية (The constructively principle):

ينص هذا المبدأ على أن تكوين بناء الفكرة أو المفهوم يجب أن يسبق تحليل هذه الفكرة أو المفهوم، فمثلاً عملية بناء العدد ومعرفة تكوينه ومكوناته أو أساسيته أو عوامله يجب أن تسبق فكرة الضرب المؤدية لهذا العدد.

ويؤكد دينز على ضرورة مساعدة الأطفال ببناء مفاهيم بصورة شاملة وبنائية ومن خبراتهم الشخصية قبل التحليل لهذه المفاهيم، وذلك لأنهم في هذه المرحلة يفكرون طريقة أكثر بنائية.

ويرى دينز أن المهم في تعلم الرياضيات هو الفهم الفعلي في كل بنية رياضية والعلاقات بين البنيات المختلفة، ثم القدرة على التعامل بهذه العلاقة، أي القدرة على تجريدها وتطبيقها في المواقف الحقيقية. (الأمين، 2000)

ويؤكد دينز (dienes) على أنه لكي يتعلم الطلاب الرياضيات لا بد أن يكونوا قادرين على:

(1) تحليل البنيات الرياضية، وإدراك العلاقة بينها

(2) استخراج الخواص المشتركة بين عدة بنيات رياضية وتصنيفها إلى مجموعات متجانسة

(3) تعميم البنيات الرياضية التي سبق تعلمها

(4) استخدام المجردات المبسطة في بناء مجردات أكثر تعقيداً.

4:5:2 مراحل اكتساب المفاهيم الرياضية تبعا لنموذج دينز

لقد حدد (دينز) ست مراحل متتالية لاكتساب المفاهيم الرياضية وهذه المراحل (Dienes ,1971)

1- مرحلة اللعب الحر (free play)

2- مرحلة الألعاب (Games)

3- مرحلة البحث عن الخواص المشتركة

4- مرحلة التمثيل

5- مرحلة الترميز ((Encoding

6- مرحلة التجريد ((Abstract

1- مرحلة اللعب الحر free play:

يؤكد دينز على أهمية الألعاب في تعليم الرياضيات، ذلك أن التعليم عن طريق الألعاب يثير رغبة كثير من الطلبة حتى طلبة المستويات العليا (height level)، ويمكن استعمال الألعاب لتعلم مفهوم أو مبدأ أو مهارة أو مقدمة شيقة لموضوع أو كمنظم متقدم وتشتمل مرحلة اللعب الحر على أنشطة مباشرة (Direct) وغير موجهة تسمح للطلبة بالتجريب والمعالجة اليدوية المجردة لبعض مكونات المعلومة المراد تعليمها، ويجب أن تكون هذه المرحلة حرة وغير مفيدة.

وهذه المرحلة هامة في مراحل نموذج (دينز) حتى وان بدت غير ذات قيمة في نظر المعلم، وفي هذه المرحلة يتعرف الطلبة أولاً على كثير من مكونات المفهوم الجديدة التي تعدهم لتفهم البنية الرياضية للمفهوم.

2- مرحلة الألعاب Games stage

يصبح استخدام الألعاب في هذه المرحلة ذو قواعد محددة، وتكون الألعاب التعليمية مصممة لأهداف معينة وفق أسس وقواعد تربوية مدروسة بعناية، لكي تحاول أن تحقق تلك الأهداف، ولا بد هنا من تدخل المعلم عند استخدام هذه الألعاب من توجيهات وإرشادات.

وفي هذه المرحلة يكون الطلبة على استعداد لتجريب وتغير قواعد الألعاب التي يضعها المعلم، ووضع ألعاب جديدة، وذلك عندما يكتشفوا القواعد التي تحدد تلك الألعاب، وتساعد هذه الألعاب على تحليل البنية الرياضية للمفهوم، وعلى اكتشاف العناصر الرياضية والمنطقية للمفهوم.

3- مرحلة البحث (search) عن الخواص المشتركة:

يقترح (دينز) أن يساعد المعلمون طلبتهم على اكتشاف الخواص العامة للبنية في الأمثلة التي تمثل المفهوم عن طريق توضيح أن كل مثال يمكن أن يترجم إلى مثال آخر دون تغيير الخواص المجردة التي تشترك فيها كل الأمثلة.

وربما لا يستطيع الطلاب اكتشاف البنية الرياضية التي تشترك بها مكونات المفهوم حتى بعد قيامهم بالألعاب، ولن يستطيع الطلبة تصنيف الأمثلة التي تندرج تحت المفهوم من الأمثلة التي لا تمثل المفهوم ، إلا بعد إلمامهم بالخواص المشتركة لتلك الأمثلة.

4- مرحلة التمثيل (performance stage):

في هذه المرحلة حسب رأي (دينز) يتم تقديم المفهوم أو التعميم أو المهارة المراد تقديمها للطلبة، فبعد أن يلاحظ الطلبة الخواص المشتركة في كل من الأمثلة التي توضح المفهوم. فإنهم يحتاجون إلى مثال واحد، تصنيف واحد، واسم واحد تبسط به كل هذه الخواص المشتركة لتعميق إدراكهم لهذا المفهوم

5- مرحلة الترميز (Encoding stage):

في هذه المرحلة يحتاج الطالب إلى تكوين الرموز اللفظية والرياضية المناسبة لوصف ما فهمه عن المفهوم، وليست مسألة الرموز أمراً سهلا، فمن المستحسن أن يضع كل طالب في البداية تمثيلاً رمزياً للمفهوم، ثم يتدخل المعلم لتوجيه الطلبة واختيار النظام الرمزي المناسب

مثال:

يكون من السهل تذكر قانون مساحة الدائرة إذا ما تم تمثيلها كالتالي:

$$م = نق^2 \times \pi$$

بدلاً من شرحها لفظيا كالتالي: مساحة المنطقة الدائرية تساوي مربع طول نصف قطر تلك الـدائرة مضروبا في النسبة التقريبية

مثال: يكون من السهل تذكر نظرية فيثاغورس إذا ما تم تمثيلها

أ^2= ب^2+ج^2، بدلاً من شرحها لفظيا: في المثلث القائم الزاوية فإن مربع طـول الـوتر يكون مسـاوياً لمجموع مربعي الضلعين الآخرين

وإحدى الصعوبات التي يمثلها (التمثيل الرمزي) لبعض القوانين والمعادلات، هي أن ذلك التمثيل الرمزي لا يكون واضحاً في معظم الحالات، ففي المثال السابق (نظرية فيثاغورس) فان التمثيل الرمزي لا يخبرنا شيء على المثلثات، وأنها قائمة الزاوية في حين أن النص اللفظي يخبرنا بذلك.(الأمين، 1993).

6- مرحلة التجريد (Abstraction stage):

في هذه المرحلة يقوم الطلبة بفحص وتنظيم المعومات التي تعلموها من المفاهيم والتعميمات والمهارات ويستخدمونها في حل المسائل المرتبطة بها.

ويمكن للمعلم في هذه المرحلة أن يستخدم بعض ألعاب الممارسة، التي تستخدم للتمرين والتطبيق، حيث أن هذه الألعاب مفيدة في التدريب على حل المسائل وفي مراجعة المفاهيم وتطبيقها.

والشكل التالي يبين مراحل اكتساب المفاهيم الرياضية تبعا لنموذج دينز

1- مرحلة اللعب الحر

اللعب بدون هدف

2- مرحلة الالعاب

اللعب ضمن أهداف مدروسة

3- مرحلة البحث عن الخواص المشتركة

اكتشاف خصائص مشتركة بين الأمثلة

4- مرحلة التمثيل

تقديم المفهوم أو التعميم

5- مرحلة الترميز

تكوين رموز للمفهوم أو التعميم

6- مرحلة التجريد

تقويم لما تعلمه الطالب

5:5:2 خطوات تنفيذ نموذج دينز في التدريس الرياضيات

تتمثل خطوات التدريس حسب نموذج (دينز) بالخطوات التالية

(1) تحديد الأهداف المرجو تحقيقها من الوحدة، وكذلك أهداف كل درس من دروسها.

(2) تحديد الوسائل التعليمية، والأدوات اللازمة خلال كل مرحلة من مراحل التدريس، ولكل درس من الدروس.

(3) مرحلة اللعب الحر: يبدأ المعلم عرضه للدرس بهذه المرحلة التي تتضمن لعباً حرا من الطلبة.

(4) مرحلة الألعاب: بعد اللعب الحر يبدأ الطلبة في بعض الألعاب المحددة من خلال بعض الأنشطة التي تحكمها قواعد معينة.

(5) مرحلة البحث عن الخواص: يعطي المعلم في هذه المرحلة بعض الأمثلة التوضيحية لطلابه ويساعدهم على اكتشاف الخواص العامة للبنية الرياضية.

(6) مرحلة التمثيل: يعطي المعلم في هذه المرحلة مثال يكون أكثر تجريداً، وتتجسد فيه كل خصائص المفهوم. وذلك للوصول إلى المفهوم.

(7) مرحلة الترميز: مساعدة المعلم الطلبة لكي يعبروا عن المفاهيم والتعميمات والرموز

(8) مرحلة التجريد: في هذه المرحلة يصل المعلم بطلبته إلى الصورة النهائية لمفهوم، ويعمل على استخدامها في حل المسائل.

دور المعلم في ظل نظام دينز

1- يجب على المعلم أن يشجع أنماط سلوك الطلبة المستقلة والتعاونية
2- يجب أن يتقبل المعلم اقتراحات الطلبة، ويبني عليها، ويساعدهم على شرحها وتوضيحها.
3- يجب أن يتدخل المعلم في الموقف التعليمي عندما يحتاج الأمر إلى ذلك.
4- يجب أن ينتج المعلم كمية كبيرة من الأنشطة التي يتم من خلالها الربط بين الرياضيات والألعاب والبيئة.
5- يجب على المعلم أن يتقبل أخطاء الطلبة وان يفسر لهم الصواب والخطأ.
6- يجب أن يطرح المعلم الأسئلة الهادفة، أو أن يبتعد عن الأسئلة البسيطة، وأن يتيح وقتا مناسبا للإجابة
7- يجب على المعلم أن يتدخل عندما يعجز الطلبة عن تفسير ظاهرة معينة، ولا يقدم لهم تفسيرا مباشرا – بل يناقشهم – من خلال بعض الأسئلة المتدرجة ويقودهم إلى التفسير.

مصطلحات الوحدة الثانية

تم ترتيب المصطلحات حسب ورودها في المتن

المصطلح	الترجمة العربية
Sensor moter stage	المرحلة الحسية الحركية
Intellect	الذكاء
Structures	البنى
Object permanence	بقاء الأشياء
Memory	الذاكرة
Per-operational stage	مرحلة ما قبل العمليات
Representation and symbolism	التطوير والرمزية
Reversibility	قابلية العكس
Conservation	ثبات الخصائص
Concrete operational stage	مرحلة العمليات المادية
Classification	التصنيف
Ordering	الترتيب
Euclidean geometry	الهندسة الاقليدية
Home work	الواجبات البيتية
Logical	منطقيا
Formal operational stage	مرحلة العمليات المجردة
Perhaps	افتراضات
Variables	المتغيرات
Activity	النشاط
Equilibration	الاتزان

Readiness for learning	الاستعداد للتعلم
Stage or operation	مرحلة العمليات
Conservation	الاحتفاظ
Adaptation	التكيف
Biological art	الأفعال البيولوجية
Environment	البيئة
Mental acts	الأفعال العقلية
Cognitive structure	التراكيب المعرفية
Reflexes	المنعكسات الفطرية
Schemes	المخططات
Self regulation	عملية التنظيم الذاتي
Disequilibrm	عدم الاتزان
Assimilation	التمثيل
Accommodation	المواءمة
Learning cycle model	نموذج دورة التعليم
The mental functioning concept	مفهوم الوظيفة العقلية
The exploration phase	مرحلة الاستكشاف
The conceptual Invention phase	مرحلة الإبداع المفاهيمي
The conceptual expansion phase	مرحلة الاتساع المفاهيمي
Application phase	مرحلة التطبيق
Observation	الملاحظة
Measurement	القياس
Experiment	التجريب
Concept introduced phase	مرحلة تقديم المفهوم

Relation	العلاقة
Situation	الموقف
Concept application phase	مرحلة تطبيق المفهوم
Discovery phase	مرحلة الاكتشاف
Capabilities	مقدرات
Learning cap	فجوة تعليمية
Single learning	تعلم الإشارات
Stimulus response learning	تعلم ارتباطات بين المثير والاستجابة
Chaining learning	تعلم تسلسلات ارتباطية حركية
Verbal association learning	تعلم ترابطات لفظية
Discrimination learning	تعلم التمايزات
Performance	الأداء
Motivation	دافعية
Acquisition	الاكتساب
Feed back	تغذية راجحة
Retention	الاحتفاظ
Perception	إدراك
Attention	انتباه
Cognitive strategies	الاستراتيجيات المعرفية
Motor skills	مهارات حركية
Attitude	الاتجاهات
Dominance	سيطرة
Inspection	مراقبة
Control	ضبط

Meaningful learning	تعلم ذو معنى
Discovery	استكشافي
Expository	استقبالي
Rote	استضهاري
Subsumption principle	مبدأ الاحتواء
Advance organizer	منظم متقدم
Progressive differentiation	التعريف التقدمي
Integrative reconciliation	المصالحه التكامليه
Expository organizers	المنظمات الشارحة
Comparative organizers	المنظمات المقارنة
Visual and audio organizers	المنظمات البصرية والسمعية
Learning discovery	التعلم بالاكتشاف
Inductive method	الطريقة الاستقرائية
Analytic thinking	التفكير التحليلي
Construction thinking	التفكير البنائي
Productive learning	التعلم المثمر
Own region of emphasis	منطقة التركيز الخاصة
Dynamic principle	مبدأ الديناميكية
Perceptual variability principle	مبدأ التغير الادراكي
Mathematical variability principle	مبدأ التغير الرياضي
Constructively principle	مبدأ البنائية
Encoding	ترميز

مراجع الوحدة الثانية

المراجع العربية:

1- أبو زينة، فريد (1994م)، مناهج الرياضيات المدرسية وتدريسها، بيروت، مكتبة الفلاح للنشر والتوزيع.

2- أبو زينة، فريد (1997)، تدريس الرياضيات للمبتدئين، بيروت مكتبة الفلاح للنشر والتوزيع.

3- احمد، نظلة الحسن (1984)، أصول تدريس الرياضيات، القاهرة عالم الكتاب.

4- الأمين، إسماعيل محمد (1993)، فعالية استخدام نماذج تدريسية مختلفة في رفع مستوى تحصيل تلاميذ المرحلة الابتدائية. وتنمية اتجاهاتهم نحو الرياضيات، رسالة دكتوراة، كلية التربية، جامعة اسيوط م

5- الأمين، إسماعيل محمد (2000)، طرق تدريس الرياضيات نظريات وتطبيقات، القاهرة، دار الفكر العربي.

6- توق، محي الدين، وعدس، عبد الرحمن (1984)، أساسيات علم النفس التربوي، جون وايلي، نيويورك.

7- جابر، جابر عبد الحميد (1991م)، سيكولوجية التعلم ونظريات التعلم، القاهرة، دار النهضة العربية.

8- الحيلة، محمد محمود (1999)، التصميم التعليمي نظرية وممارسة، عمان، دار المسيرة للنشر والتوزيع.

9- زيتون، حسن حسين (1982)، دائرة التعلم، مجلة العلوم الحديثة، العدد الأول –القاهرة – دار النهضة العربية مركز تطوير العلوم.

10- زيتون، حسن حسين ، وزيتون، كمال عبد الحميد(1992)، البنائية منظور استمولوجي تربوي، القاهرة.

11- عبد الهادي، جودت (2000)، نظريات التعلم وتطبيقاتها التربوية، عمان، الدار العلمية الدولية، ودار الثقافة للنشر.

12- عبد الهادي، نبيل (2000)، نماذج تربوية تعليمية معاصرة عمان، دار وائل.

13- غازدا، جورج وريموندحي كورسيني وآخرون (1983)، نظريات التعلم (دراسة مقارنة)، كتاب مترجم (ترجمة علي حسين صجاح) سلسلة عالم المعرفة، الكويت، الجزء الأول، والجزء الثاني 1986م

14- قطامي، يوسف، وآخرون (2000)، تصميم التدريس،عمان، دار الفكر للطباعة والنشر والتوزيع، 2000م

15- مرعي، توفيق احمد، والحيلة، محمد محمود(2002)، طرائق التدريس العامة، عمان دار المسيرة للنشر والتوزيع.

16- ميللر، جون: الطيف التربوي، كتاب مترجم (ترجمة إبراهيم محمد الشافعي) مطابع جامعة الملك سعود الرياف، 1995م

المراجع الاجنبية:

- Ausubel , D. (1978). In Defence Of Advance Organizers A replay to The Critics. Review Of Educational Reseach. 48. (pp251-257)

- Ausubel , D.P. (1977), Limitations of Learning by Discovery. In Aichele And Reys (ad's), Reading In Secondary School Mmathematics.

- Bruner. J.(1963). The Process Of Education , Vitage Books.

- Dienes. Z.(1977), Reading in Secondary School Mathematics, Prindle, Weber.

- Gange , R and Briggs ,I (1988), Principle Of Instructional Design , New york ,Holt , Rinehart an Winston inc.

- Gange. R (1977), The Condition Of Learning, New york, Holt.

الوحدة الثالثة
تصنيف المعرفة الرياضية
وأساليب تدريسها

أولاً: المفاهيم والمصطلحات الرياضية

ثانيا: التعميمات الرياضية

ثالثا: المهارات الرياضية

رابعا: حل المسألة الرياضية

- فهرس المصطلحات

- المراجع

الوحدة الثالثة
تصنيف المعرفة الرياضية وأساليب تدريسها

1:3 أولاً المفاهيم والمصطلحات

1:1:3 التمهيد

لم يعد تقسيم المعرفة الرياضية إلى فروعها التقليدية من الحساب والجبر والهندسة... مقبولا هذه الأيام، ولقد جرت محاولات عديدة من قبل التربويين لتصنيف هذه المعرفة إلى مكوناتها بصورة تظهر وحدة البناء الرياضي وقد أدت أعمال هؤلاء الكثيرين من التربويين والرياضيين إلى تحديد الأنماط التالية للمعرفة الرياضية، الذي يتضمنها المنهاج المدرسي وهذه الأنماط هي:

(1) المفاهيم والمصطلحات
(2) المبادئ والتعليمات
(3) الخوارزميات والمهارات
(4) التطبيقات والمسائل الرياضية

2:1:3 المفاهيم والمصطلحات الرياضية

إن من غايات التربية إعانة كل طالب على بلوغ أقصى طاقات التنمية (Development) العقلية، وحتى تتمكن التربية من تحقيق هذه الغاية فلا بد لها من تنمية المفاهيم التي تعتبر أداة الفكر ونظرا لأهمية المفاهيم في تنمية الفكر، أخذ المربون ومخططو المناهج الحديثة يهتمون بها ويركزون عليها في الوقت الحاضر (الخطيب، 1984).

ولعل من أبرز المناهج التي تركز على المفاهيم (Concepts) هي المناهج الرياضيات التي تنبثق أهميتها من حاجة الأفراد في المجتمع إلى تنظيم أمور حياتهم ومعاملاتهم، إضافة إلى أن التقدم العلمي والتكنولوجي، الذي يشهده العصر يرتكز على قاعدة من التقدم العلمي والرياضي (Merrill,1977) (الخطيب، 2000).

وانطلاقاً من أن الرياضيات تشكل لبنة أساسية في كثير من المهن التي يحتاج إليها المجتمع، فإنه يجب إعطاؤها الأولوية القصوى والاهتمام، بحيث تقوم النظرة الحديثة للرياضيات على أساس أن الرياضيات يتميز ببنيات محكمة ومترابطة ومتصلة فيما بينها اتصالا وثيقا مشكلة في النهاية بنيانا متيناً.

واللبنات الأساسية لهذا البناء هي المفاهيم الرياضية، أن أسس التعميمات والمهارات وحل المسائل تعتمد اعتماداً كبيراً على هذه المفاهيم في تكوينها وبنائها وحتى في استيعابها (شاهين، 1985)، ويحدث تشكل المفاهيم بشكل متدرج، ويتطور هذا التدرج وفق مستويات متنوعة من البسيط إلى المعقد، ومن المحسوس إلى المجرد، ومن التشابه إلى التباين، ومن الجزء إلى الكل، أي من التخصيص إلى التعميم، وكلما اتسعت الخبرة وتنوعت يزداد تأثيرها في تطور المفاهيم، وكلما ازدادت درجة النضج لدى الطلبة ازداد تشكل المفاهيم وتطورها (Henderson, 1970).

ولقد أوضح بياجيه أن تشكيل المفهوم يبدأ الإدراك الحسي- أولاً، ثم ينتقل إلى الإدراك الذهني أو العقلي وقد قسم بياجيه عملية تكوين المفاهيم إلى ثلاث مراحل:

1- مرحلة التمييز:

حيث يقوم الفرد من خلالها بجمع مخططات متعددة لبعض الأشياء والظواهر ويميز بين نقاط التشابه والاختلاف.

2- مرحلة التعميم:

يستنتج الفرد من خلال ملاحظاته، نقاط التشابه والاختلاف، أو يخرج بنتيجة أوفهم معين.

3- مرحلة القياس:

بقوم الفرد بعملية قياس أو مقارنة ما هو موجود أمامه وبين المعايير التي كونها في عقله.

ويستخدم الكثيرون، ومنهم المعلمون، كلمة المفهوم بشكل غير محدد أو واضح، بحيث لا يستطيع المرء أن يتبين المقصد من وراء استخدامهم لهذا المصطلح سوى كونه (شيئاً من المعرفة يراد الإشارة إليه)، وقد جرت محاولات عديدة من قبل التربويين الرياضيين لتعريف المفهوم، إلا أنهم اختلفوا في تعريفاتهم ومن أبرز تعريفات المفاهيم كانت كالآتي:

* **المفهوم:** مجموعة من الأشياء، والرموز، أو الأحداث المعينة التي جمعت معا على أساس من الخصائص المشتركة التي يمكن أن يشار إليها باسم أو رمز خاص (Miller, 1977).

* **المفهوم:** هو الصور المجردة التي تتكون من مجموعة من المثيرات التي تشترك في صات أساسية تميز هذه الفئة عن غيرها (Henderson,1970).

* **المفهوم:** عندما نتمكن من تجميع الكثير من الأشياء التي تجمعها صفات مشتركة تحت صنف واحد، نكون قد كونا مفاهيم جديدة أي أن المفهوم هو المصطلح للأشياء ذات السمات المشتركة (Bruner ,1972).

* **المفهوم:** قاعدة لاتخاذ القرار والحكم، عندما تطبق على مواصفات أو خصائص شيء ما، نستطيع أن نحدد فيما إذا كان بالامكان إعطاء التسمية (المصطلح) لذلك الشيء أو عدم إعطائه هذه التسمية.

* **المفهوم:** مجموعة من الأشياء المدركة بالحواس أو الأحداث التي يمكن تصنيفها مع بعضا البعض على أساس من الخصائص المشتركة والمميزة، ويمكن أن يشار إليها باسم أو رمز خاص.

* **المفهوم:** هو الصورة الذهنية التي تتكون لدى الأفراد نتيجة تعميم صفات وخصائص، استنتجت من أشياء متشابهة على أشياء يتم التعرض إليها فيما بعد. (أبو زينة، 1997، ص95).

* **المفهوم:** هو بنية ذهنية تتمثل عادة في كلمة واحدة، أو كلمة وعدد من الألفاظ المساعدة في إعطاء التعريف (المسلمات)، كما يتألف المفهوم من معلومات الفرد المنتظمة حول واحد أو أكثر من الأصناف أو الكيانات أو المدركات، سواء أكانت أشياء أو أحداثا أو أفكارا أو عمليات، تساعد الفرد على تمييز الكيان أو أفراد الصنف، كما تساعده على ربط الكيانات والأصناف فيما بينها (Marzano, 1988,p:35).

* **ويعرف المفهوم (Concept):** بأنه فكرة ذهنية يكونها الفرد للأشياء أو الأحداث في البيئة، وهو فئة من المثيرات تجمعها خصائص مشتركة، كما يعرف المفهوم بأنه فكرة ذهنية تربط بين حقيقتين عمليتين أو أكثر من الحقائق (قطامي، 1989، ص157).

ومن الأمثلة على مفاهيم رياضية:

المفهوم	**المفهوم**
*العدد الأولي	*الدائرة
*العدد الزوجي	*صفر الاقتران
*العدد الفردي	*القاسم المشترك الأكبر
*المساحة	*المضاعف المشترك الأصغر
*الزاوية	*القسمة
*المستطيل	*الضرب
*متوازي الأضلاع	*النهاية
*المشتقة	

وقد أجمل (برونر)، أهمية تدريس المفاهيم فيما يلي (Bruner,1965):

1- إن فهم البنية، تجعل المادة الدراسية أكثر فهماً

2- إن فهم البنية، هي الطريقة الرئيسية لنقل أثر التعلم

3- إن فهم البنية، يزيل الفجوة المتقدمة من المعرفة والمستويات البسيطة منها.

وقد أشارت أبحاث (Dienis , Pieget) إلى المميزات التالية لتطور المفاهيم عند الأطفال:

1- تنمو المفاهيم عند الأطفال بتقدم العمر

2- من مميزات المفهوم عند الأطفال أنه غير ثابت، ولذلك فإن الطفل يعطى في السن المبكرة استجابات متباينة للمفاهيم، وذلك حسب ما يقتضيه الموقف

3- أن الفرق بين المفهوم عند الأطفال والبالغين فرق في الدرجة أكثر منه فرقا في النوع.

وبما أن المفاهيم تتعلق بالناحية العقلية،فقد تركز الاهتمام على تكوين المفاهيم السلمية، وإنمائها كهدف من أهداف تدريس الرياضيات في جميع المراحل التعليمية.

3:1:3 تصنيفات المفاهيم الرياضية

أولاً: تصنيف برونر ومعاونيه

ثانيا: المفاهيم الدلالية (Denotative) بالمقارنة مع المفاهيم المميزة (الوصفية، Attributive)

ثالثا: تصنيف جونسون ورازينج (Johnson, Rising,1972)

أولاً: تصنيف برونر ومعاونيه

يصنف برونر ومعاونيه هنا المفاهيم في ثلاثة أصناف:

أ- المفاهيم الربطية: وهي التي تستخدم فيها أداة الربط [و]، أي يجـب تـوفر أكـثر مـن خاصـية واحدة في الأشياء التي تقع ضمن إطار المفهوم

مثال: مفهوم (المربع)، مفهوم (المستطيل)

مفهوم المربع: شكل رباعي مغلق فيه كل ضلعين متقابلين متـوازيين، وأضـلاعه الأربعـة متسـاوية، وزواياه قوائم، وأقطاره ينصف كل منهما الآخر، وتكون متساوية.

ب- المفاهيم الفصلية: وهي المفاهيم التي تستخدم فيا أداة الربط [أو] ، أي التـي تتـوافر خاصـية واحدة من بين عدة خصائص أوصفات مذكورة.

مثال: مفهوم ≤، أكبر أو يساوي

مفهوم ≥، أقل أو يساوي

مفهوم عدد صحيح غير سالب: عدد صحيح موجب أو صفر

جـ- مفاهيم العلاقات: وهي المفاهيم التي تشمل على علاقة معينة بين مكونات المفهوم الواحد

مثال: مفهوم أكبر من، مفهوم أقل من، مفهوم المساواة، مفهوم البنية.

والشكل التالي يوضح تصنيف برونر ومعاونيه.

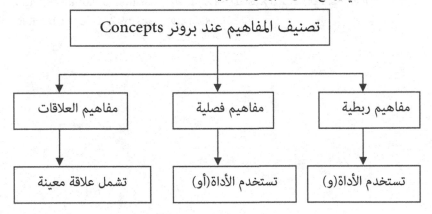

ثانيا: المفاهيم الدلالية بالمقارنة مع المفاهيم المميزة الوصفية

أ- المفاهيم الدلالية Denotative Concepts :

هي المفاهيم المستخدمة للدلالة على صفة معينة، أو شيء معين، مثل مفهوم (عبارة صائبة)، (عبارة خاطئة)، والتي تكون مجموعة الإسناد (مجموعة الأشياء التي يحددها مفهوم ما تسمى مجموعة الإسناد أو مجموعة المرجع (Referent)، للمفهوم) ليست مجموعة خالية.

مثال: استخدام مفهوم (عبارة خاطئة)أو(عبارة صائبة) لملأ الفراغ فيما يلي:

$5+3 < 7$ عبارة خاطئة

$5+8>6$ عبارة خاطئة

$2+7=12$ عبارة خاطئة

مثال: مفهوم العدد الأولي (مفهوم دلالي) لأن مجموعة الإسناد له

$= [2، 5،3، 7.....]$، ليست خالية Φ

مثال: مفهوم النسبة التقريبية (مفهوم دلالي) لأن مجموعة الإسناد له هي المجموعة الأحادية $[\pi]$ وهي ليست خالية.

مثال: مفهوم العدد الطبيعي هو(مفهوم دلالي) لأن مجموعة الإسناد له هي المجموعة { 1، 2، 3،4،....} وهي ليست خالية.

مثال: مفهوم العدد الفردي،العدد الزوجي، العدد النسبي.

ب- المفاهيم الوصفية Attributive Concepts:

وهي المفاهيم التي تحدد خصائص معينة تتصف بها مجموعة من الأشياء.

مثال:

- مفهوم الصدق في العبارات الرياضية

- مفهوم الاتصال
- مفهوم القابلية للاشتقاق
- مفهوم التآلف في الأنظمة الرياضية
- مفهوم القابلية للتكامل
- مفهوم الخاصية التبديلية
- مفهوم خاصية الانغلاق
- مفهوم الخاصية التجميعية
- مفهوم العملية على المجموعة

والمفاهيم الوصفية تكون مجموعة الإسناد (المرجع) لها هي المجموعة الخالية Φ { }.

جـ- المفاهيم الحسية (Concrete) والمفاهيم المجردة(Abstract):

يمكن تصنيف المفاهيم الدلالية ، إلى مفاهيم حسية (Concrete)،ومفاهيم مجردة (Abstract)

المفهوم الحسي (Concrete Concept)

هو المفهوم الذي مجموعته التي يستند إليها ملموسة وقابلية للقياس،أي مجموعة الإسناد له أشياء مادية، أشياء يمكن ملاحظتها أو مشاهدتها.

مثال:

- مفهوم المسطرة
- مفهوم المنقلة
- مفهوم الحاسبة
- مفهوم الفرجار
- المعداد (عدّاد)

المفهوم المجرد (Abstract Concept)

هو مفهوم دلالي غير حسي، لا يمكن ملاحظة أو مشاهدة عناصر مجموعة إسناد للمفهوم، ولا يمكن قياسها.

مثال:

- مفهوم العدد النسبي
- مفهوم العلاقة
- مفهوم الاقتران
- مفهوم النسبة التقريبية
- مفهوم العدد الأولي
- مفهوم العدد الطبيعي
- مفهوم العدد الفردي
- مفهوم العدد الزوجي
- مفهوم المضاعف المشترك، القاسم المشترك

ويمكن القول أن معظم المفاهيم الرياضية هي من نوع المفاهيم المجردة (أبو زينة، 1994)

د- المفاهيم المفردة (Singular) والمفاهيم العامة (General)

ويمكن تقسيم المفاهيم الدلالية إلى مفاهيم مفردة ومفاهيم عامة، حسب مجموعة الإسناد لهذه المفاهيم.

المفاهيم المفردة (Singular Concept)

هي المفاهيم التي تكون مجموعة الإسناد لها مجموعة أحادية، أي مجموعة تحتوي على عنصر واحد.

مثال:

- مفهوم العدد 7

- مفهوم نقطة الأصل
- مفهوم النسبة التقريبية
- مفهوم النقطة (أ)

المفاهيم العامة (General Concept)
وهي المفاهيم الدلالية التي تحتو مجموعة الإسناد لها على أكثر من عنصر واحد.
مثال:

- مفهوم عدد طبيعي
- مفهوم عدد مركب
- مفهوم اقتران تربيعي
- مفهوم عدد نسبي
- مفهوم الاقتران من الدرجة الثالثة
- مفهوم اقتران خطي

هـ- المفاهيم البسيطة (Simple) والمفاهيم المركبة (Complex)
المفهوم البسيط (Simple Concept): هو ذلك المفهـوم الـذي يكـون أولي، أي يتكـون مـن مفهوم واحد.
مثال:

- مفهوم العلاقة
- مفهوم العدد الصحيح
- مفهوم الاقتران
- مفهوم المستقيم
- مفهوم المستوى

المفهوم المركب (Complex Concert): هو المفهوم الذي لا يكون أولي.

-180-

مثال:

- مفهوم العدد النسبي
- مفهوم العدد غير النسبي
- مفهوم علاقة التعدي
- مفهوم علاقة التكافؤ
- مفهوم علاقة الانعكاس
- مفهوم الزاوية
- مفهوم المربع
- مفهوم الدائرة

وفيما يلي تلخيص لذلك:

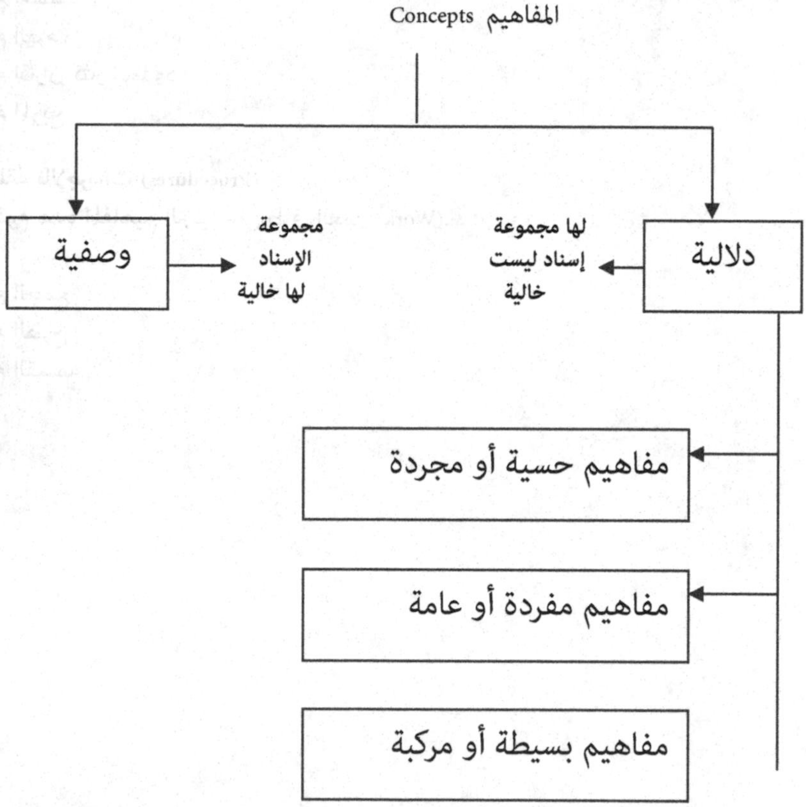

المفاهيم Concepts

```
                    المفاهيم Concepts
                          │
                          │
        ┌─────────────────┴─────────────────┐
        │                                     │
        ▼                                     ▼
   ┌─────────┐    مجموعة        لها مجموعة   ┌─────────┐
   │ وصفية   │ ◄─ الإسناد      إسناد ليست  │ دلالية  │
   └─────────┘    لها خالية      خالية     └─────────┘
                                               │
                                               │
          ┌────────────────────────────────┐  │
          │  مفاهيم حسية أو مجردة          │◄─┤
          └────────────────────────────────┘  │
                                               │
          ┌────────────────────────────────┐  │
          │  مفاهيم مفردة أو عامة          │◄─┤
          └────────────────────────────────┘  │
                                               │
          ┌────────────────────────────────┐  │
          │  مفاهيم بسيطة أو مركبة         │◄─┘
          └────────────────────────────────┘
```

ثالثا: تصنيف جونسون وارزينج (Johnson And Rising , 1972)

لقد صنف جونسون وارزينج المفاهيم إلى الأصناف التالية:

1- مفاهيم متعلقة بالمجموعات (Groups)

2- مفاهيم متعلقة بالإجراءات (Procedures)

3- مفاهيم متعلقة بالعلاقات (Relations)

4- مفاهيم متعلقة بالبنية (Structures)

1- مفاهيم متعلقة بالمجموعات (Groups)

حيث يتم التوصل إلى هذه المفاهيم من خلال تعميم (Generalization) الخصائص (Properties) على الأمثلة (Examples) أو الحالات الخاصة (Special Cases) على المفهوم.

مثال:

- مفهوم العدد (3)، مفهوم العدد (5)
- مفهوم المستطيل
- مفهوم الهرم
- مفهوم اقتران كثير الحدود
- مفهوم المربع

2- مفاهيم متعلقة بالإجراءات (Procedures)

حيث تقوم هذه المفاهيم التركيز على طرق العمل (Work).

مثال:

- مفهوم الجمع
- مفهوم الطرح
- مفهوم القسمة

- مفهوم المصفوفات
- مفهوم تركيب الاقترانات
- مفهوم القسمة الطويلة
- مفهوم القسمة التقريبية
- مفهوم الاقتران النظير

3- **مفاهيم متعلقة بالعلاقات (Relation)**

تركز هذه المفاهيم على عمليات (Process) المقارنة (Compare) والربط (Connection) بين عناصر مجموعة أو مجموعات.

مثال:
- مفهوم المساواة
- مفهوم علاقة الترتيب >، <، =
- مفهوم التشاكل
- مفهوم التماثل

4- **مفاهيم متعلقة بالبنية (Structure)**

تركز هذه المفاهيم على البنية الرياضية أو الهيكل (Framework) الرياضي:

مثال:
- مفهوم الانغلاق
- مفهوم العملية الثنائية
- مفهوم التجميع
- مفهوم التبديل
- مفهوم العنصر المحايد
- مفهوم النظير

- مفهوم معكوس العدد
- مفهوم مقلوب العدد
والرسم التالي يوضح أصناف المفاهيم عن جونسون

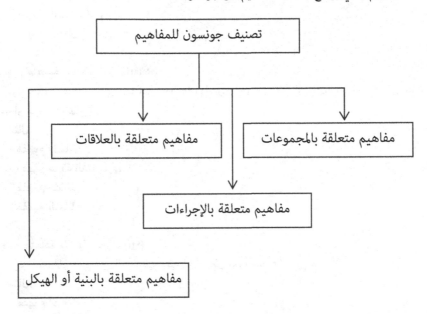

الشكل التالي يلخص تصنيفات المفاهيم الرياضية:

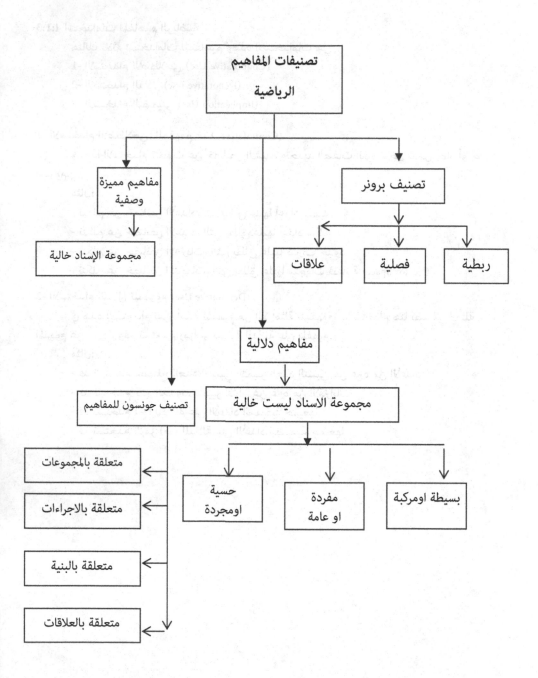

تصنيفات المفاهيم الرياضية

مفاهيم مميزة وصفية

مجموعة الإسناد خالية

تصنيف برونر

علاقات

فصلية

ربطية

مفاهيم دلالية

تصنيف جونسون للمفاهيم

مجموعة الاسناد ليست خالية

متعلقة بالمجموعات

حسية اومجردة

مفردة او عامة

بسيطة اومركبة

متعلقة بالاجراءات

متعلقة بالبنية

متعلقة بالعلاقات

4:1:3 استخدامات المفاهيم الرياضية

هنالك ثلاثة استخدامات للمفاهيم وهذه الاستخدامات هي:

1- الاستخدام الاصطلاحي (Connotative Use)

2- الاستخدام الدلالي (Denotative Use)

3- الاستخدام التضميني (Implication Use)

1- الاستخدام الاصطلاحي للمفهوم(Connotative Use)

في هذا الاستخدام نتحدث عن خصائص الأشياء، وتحديد الصفات التي تدخل ضمن إطار أو حدود المفهوم.

مثال:

- نتكلم عن خصائص الأعداد،التي يطلق عليها أعداد نسبية
- نتكلم عن خصائص الأعداد، التي يطلق عليها أعداد مركبة
- نتكلم عن خصائص الاقترنات، التي يطلق عليها كثيرات حدود
- نتكلم عن خصائص المتجهات، التي يطلق عليها متجهات فضائية (Vector Space)

2- الاستخدام الدلالي للمفهوم (Denotative Use)

في هذه الاستخدام تفرز أمثلة المفهوم من اللا أمثلة للمفهوم، فالاستخدام هنا تصنيفي لأمثلة المفهوم عن غيرها، وقد نستخدم رمزا أو تسمية للدلالة على المفهوم.

مثال:

- قد نستخدم مصطلح العدد النسبي، لتمييز العدد النسبي عن غيره من الأعداد
- قد نستخدم كثير الحدود، لتمييز اقتران عن غيره من الاقترانات
- قد نستخدم (ح) للدلالة على الأعداد الحقيقية جميعها
- قد نستخدم الرمز (ط) للدلالة على الأعداد الطبيعية جميعها

3- الاستخدام التضميني للمفهوم (Implication Use)

إن الاستخدام التضميني للمفهوم هو استخدام لغوي أو لفظي، فقد نلجأ إلى استخدام مصطلح المفهوم من حيث الشروط الضرورية والكافية لتكوين المفهوم، أكثر مما نذكر أو نتحدث عن الأشياء المسماة بها.

مثال:

- مفهوم الحجم
- مفهوم المساحة
- مفهوم المحيط
- مفهوم الاستقامة
- مفهوم العدد الأولي
- مفهوم العدد النسبي

5:1:3 تعلم المفاهيم Concept Learning

يتضمن تعلم المفاهيم ثلاثة نقاط أساسية وهامة هي:

النقطة الأولى: شروط تنظيم تعلم المفاهيم

النقطة الثانية: خطوات تنظيم تعلم المفاهيم

النقطة الثالثة: التحركات في تعليم المفاهيم

6:1:3 النقطة الأولى: شروط تنظيم تعلم المفاهيم

هنالك عدد من الشروط التي يجب أن تؤخذ بعض الاعتبار عند تعلم المفاهيم وهذه الشروط (مرعي، الحيلة،2002)هي:

(1) لا بد من الاهتمام بالصورة الذهنية لكل من المفهوم والمبدأ، واعتبار هذه الصورة هي الأساس في تعلمها، وبدونها لن يدرك المتعلم المفهوم، بل يحفظ اسمه ليس إلا الحال مع المبدأ.

(2) لا بد من الاهتمام بالصورة اللفظية للمفهوم والمبدأ، والمقصود بهذه الصورة السمات المميزة لكل منهما، إذ بدون هذه السمات سيبقى كل منهما غامضاً.

(3) لا بد من إطلاق اسم على الصورتين الذهنية واللفظية، وهو ما نسميه باسم المفهوم أو رمزه أو لفظه. إن معلمينا يقفزون إلى الاسم مباشرة، أوفي أحسن الأحوال إلى الاسم والصورة اللفظية، هذا مع العلم أن الصورة الذهنية هي الأكثر أهمية.

(4) الاهتمام بالمفاهيم المفتاحية الأساسية اللازمة لتعلم المفهوم والمبدأ.

(5) على المعلم أن يتذكر أن المفاهيم لا توجد مبعثرة ولا رابط بينها، ولذا فإن تعلم المفاهيم هو الخطوة الأولى لتعلم المبادئ والقواعد والتعميمات والنظريات.

7:1:3 النقطة الثانية: خطوات تنظيم تعلم المفاهيم

بالرغم من الاختلاف بين علماء النفس والمربين والتربويين الرياضين في تنظيم تعلم المفاهيم، لكن يمكن القول بوجود عدد من الخطوات لتنظيم تعلمها (فرحان وآخرون،1994).

الخطوة الأولى: وهي خطوة تحديد النتاج المتوقع، أو بالأحرى تعيين المفهوم.

الخطوة الثانية: هي خطوة تحديد التعلم القبلي للمفهوم المستهدف الذي، يكون الركيزة التي سوف تبنى عليها المفاهيم الجديدة.

الخطوة الثالثة: اختيار الطريقة أو الأسلوب أو الإستراتيجية المناسبة لتنظيم تعلم المفهوم، طبعا تختلف هذه الخطوة باختلاف فلسفات المعلمين وقدراتهم، والمدارس النفسية التي ينتمون إليها، ومهما كانت الطريقة، فلا بد من مساعدة الطلبة على ما يلي:

- تحديد السمات المميزة للمفهوم.
- إعطاء أمثلة منتمية وغير منتمية.
- مقارنة المفهوم بما يشبهه من المفاهيم.
- وضع المفهوم موضع التطبيق لتيسير انتقال تعلمه أفقياً وعمودياً.
- إتاحة فرص التدريب والممارسة الكافية لتكوين المفاهيم واكتسابها.

وفي هذه الخطوة، لا بد من استثارة دافعية المتعلمين، من خلال مساعدتهم على إدراك عجزهم عن التنبؤ والتفسير والتحكم وحل المشكلات المتصلة بظاهرة معينة.

الخطوة الرابعة: تقويم تعلم المفهوم المستهدف وتتم هذه الخطوة بالاستعانة بالتغذية الراجعة (Feedback)، وبالتأكد من تحقيق الأهداف المستوحاة، مع تقويم طرق التعليم وما يرتبط بها.

8:1:3 النقطة الثالثة: التحركات (Moves) في تعليم المفاهيم

تشكل مهمة اكتساب المفهوم جزءاً أساسيا في عملية التعليم، حيث يقوم المعلمون وبشكل مستمر بتعليم مستمر بتعليم مفاهيم جديدة ومتنوعة للطلبة، حتى أن التباين قد يحدث لدى نفس المعلم في عرض مفهومين مختلفين لصف واحد، (أبو زينة،1997). وفيما يلي عدداً من التحركات التي يمكن الاعتماد عليها لتكوين استراتيجيات تدريس المفاهيم الرياضية.

أولاً: تحرك التحديد (Identification Move)

في هذا التحرك يتم تحديد الشيء الذي يطلق عليه مفهوم عن طريق ذكر خصائصه.

مثال:

مفهوم المستطيل: شكل رباعي فيه كل ضلعين متقابلين متوازيين ومتساويين وزوايا قوائم.

مفهوم الدائرة: مجموعة اتحاد النقاط في المستوى التي تبعد بعداً ثابتاً عن نقطة ثابتة، تسمى مركز الدائرة.

مفهوم العدد النسبي: هو العدد الذي يمكن كتابته على صورة أ/ ب، حيث أ، ب عددان صحيحان ب ≠ 0

مفهوم الاقتران التربيعي: هو ذلك الاقتران الذي يمكن كتابته على الصورة

ق(س) = أ س ^{2} + ب س + ج حيث أ ≠ 0

مفهوم العدد الأولي: هو ذلك العدد الطبيعي الذي لا يقبل القسمة إلا على نفسه وعلى العدد واحد.

ثانياً: تحرك التصنيف (Classification Move)

حيث يتم في هذا التحرك تحديد مجموعة (Group) أعم وأشمل، تحتوي مجموعة الإسناد المفهوم

مثال:

المفهوم	المجموعة الأعم
1- المربع	مجموعة الأشكال الرباعية
2- الكسر العشري	الأعداد النسبية
3- الاقتران التربيعي	كثيرات الحدود
4- العدد (4)	مجموعة الأعداد الطبيعية
5- الاقتران التكعيبي	كثيرات الحدود

ثالثاً: تحرك الخاصية الوحدة (One Property Move)

في هذا التحرك يجري النقاش هنا حول خاصية واحدة لعناصر مجموعة الإسناد.

مثال:

- مفهوم الزمرة ← لها خاصية الانغلاق

- مفهوم العدد الأولي ← يقبل القسمة على نفسه

- مفهوم المربع ← أضلاعه متساوية
- مفهوم الانعكاسية ← إذا ارتبط كل عنصر في المجموعة بنفسه

- مفهوم جذر المعادلة ← إذا حقق المعادلة
- مفهوم المماس ← إذا مس محيط الدائرة في نقطة واحدة

رابعا: تحرك الشرط الضروري (Necessary Condition Move)

يناقش هذا التحرك الشروط اللازم توافرها في مفهوم معين ليكون عنصرا في مجموعة إسناد المفهوم، وليعطى اسم المفهوم.

مثال:

- مفهوم: قابلية الاشتقاق

- الشروط الضرورية: الاتصال

حتى يكون الاقتران قابل للاشتقاق عند نقطة يجب أن يكون متصلا عند كل تلك النقطة.

مثال:

- مفهوم: معادلة الدائرة

- الشروط الضرورية: معامل س 2 = معامل ص 2

لكي تكون المعادلة التربيعية هي معادلة دائرة، يجب أن يكون

معامل س ^{2} = معامل ص ^{2}

مثال:

- مفهوم: الاقتران
- شرط ضروري: لكل عنصر في المجال صورة واحدة في المدى حتى تكون العلاقة اقتران يجب أن يكون لكل عنصر في المجال صورة واحدة في المدى

مثال:

حتى يتوازى مستقيمان، يجب أن يكون ميل المستقيم الأول يساوي ميل المستقيم الثاني

خامسا: تحرك المقارنة (Compare Move)

في هذا التحرك نختار مفهوما معينا لتدريسه، ونبدأ بمقارنته مع مفهوم آخر، ونبرز أوجه الشبه والاختلاف بينهما

مثال:

- مفهوم جديد: مستطيل
- مفهوم قديم: متوازي أضلاع

يختلف مفهوم المستطيل عن متوازي الأضلاع في أن زوايا المستطيل قوائم، ويتشابه المفهومان في أن الأضلاع المتقابلة فيهما ستوازية وستساوية.

مثال:

- مفهوم جديد: اقتران تربيعي
- مفهوم قديم: عبارة تربيعية

يختلف مفهوم الاقتران التربيعي عن مفهوم العبارة التربيعية ب......... ويتشابه المفهومان في.........

مثال:

- مفهوم جديد: معادلة تربيعية
- مفهوم قديم: اقتران تربيعي

مثال:

- مفهوم جديد: القطع الناقص
- مفهوم قديم: الدائرة

يختلف مفهوم لقطع الناقص عن مفهوم الدائرة بأن له بؤرتان أما الدائرة فلها بؤرة واحدة، ويتشابه المفهومان في.........

سادساً: تحرك المثال (Example Move)

في هذا التحرك يعطي مثال أو أكثر على المفهوم لتوضيحه وشرحه

مثال:

- المفهوم: العدد الأولي
- أمثلة على المفهوم: 2، 3، 11،7، 23

مثال:

- المفهوم: اقتران تربيعي
- أمثلة على المفهوم: ق(س) = 2س^2 + 3س+5

ق (س) =س^2+ 6 س - 6

ق(س) = 3+ 4 س^2

مثال:

- المفهوم: القاسم المشترك الأكبر
- أمثلة على المفهوم: القاسم المشترك الأكبر للعددين 4، 6 هو(2)

مثال:
- المفهوم: اقتران أكبر عدد صحيح
- أمثلة على المفهوم: ق (س) = [س]
ق (س) = [2س+3]
ق(س) = [3-5س]

مثال:
- المفهوم: مكعب العدد
- أمثلة على المفهوم:

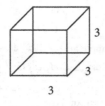

$3 \longleftarrow 3^3 = 3\times3\times3 =27$

$2 \longleftarrow 2^3 = 2\times2\times2 = 8$

$4 \longleftarrow 4^3 = 4\times4\times4 = 64$

سابعا: تحرك اللا مثال (Non – Example Move)

في هذا التحرك يعطي المعلم أمثلة على المفهوم الجديد لا ينتمي إلى مجموعة الإسناد لذلك المفهوم، وذلك لتوضيح المفهوم للطلبة وحتى يميزوا الفرق ويزول التشويش واللبس في المفهوم.

مثال:
- المفهوم: الاقتران الخطي
- اللاأمثلة على المفهوم: ق(س) = 2 س^2 + 3
ق(س) = س$^{-1}$ + 5
ق (س) = | س^2 + 3 |

مثال:
- المفهوم: الأعداد النسبية

- اللاأمثلة على المفهوم: $\sqrt{2}$ ، $\sqrt{5}$

مثال:

- المفهوم: معادلة الدائرة
- اللاأمثلة على المفهوم: $س^2 + 2ص^2 + 4س + 5ص + 6$

$(2س - 3)^2 + (ص - 5)^2$

$(س^2 - 4)^2 + (4 - 2ص^2)$

مثال:

- المفهوم: الاقتران
- اللاأمثلة على المفهوم: ع = { (1، 2)، (1، 3)، (5، 2) }

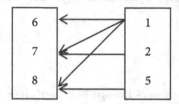

ثامنا: تحرك المثال مع التبرير Example Move with Justification

وفي هذا التحرك يعطي المعلم أمثلة على مفهوم الجديد، ولكن مع التعليل والتوضيح، لماذا هذا المثال يعتبر مثالاً على مفهوم.

مثال:

- المفهوم: العدد الأولي
- المثال: العدد (11) هو عدد أولي
- التعليل: العدد (11) عدد أولي، لأنه عند تحليله سوف يحلل إلى العوامل 1، 11 فقط، أي لا يقبل القسمة إلا على (11) و(1)، وهذا هو تعريف العدد الأولي.

مثال:

- المفهوم: الزمرة
- المثال: مجموعة الأعداد الصحيحة تحت عملية الجمع
- التعليل: مجموعة الأعداد الصحيحة تحت عملية الجمع تمثل (زمرة)، لأنها تحقق الشروط الأربعة للزمرة من انغلاق، وتجميع، والعنصر المحايد، والعنصر النظير.

مثال:

- المفهوم: كثيرات الحدود
- المثال: ق (س) = 3 س ^{4} + 3 س ^{3} + 5
- التعليل: الاقتران ق (س) = 3 س ^{4} + 8 س ^{2} + 5

هو الاقتران (كثير الحدود) لأنه يحقق شروط كثيرات الحدود، ويمكن كتابته على الصورة أ $_{ن}$ س ^{ن} + أ $_{ن-1}$ س $^{ن-1}$+......أ

حيث أ $_{ن}$ = 3 ≠0، أ $_{ن-1}$ = 8

ن = 4 ≥ 0

تاسعا: تحرك اللامثال مع التبرير (Non – Example With Justification)

حيث يعطي المعلم في هذا التحرك مثال عدم انتماء مع التبرير، لماذا هذا المثال لا ينتمي إلى مجموعة الإسناد للمفهوم، ويقوم المعلم بتبرير ذلك.

مثال:

- المفهوم: العدد النسبي
- اللامثال: $\sqrt{2}$ ، $\sqrt{5}$
- التعليل: لأن العدد $\sqrt{2}$ ، لا يمكن كتابته على صورة أ / ب

مثال:

- المفهوم: العدد الحقيقي
- اللامثال: $\sqrt{-4}$
- التعليل: لأن هذا العدد ليس له جذور حقيقية، فلا يوجد عدد حقيقي نضربه في نفسه، ويكون الناتج -4

مثال:

- المفهوم: المشتقة
- اللامثال:

$$\underset{\text{س} \leftarrow 2}{\text{نها}}\ \text{ق (س)} = \begin{cases} \text{س 2} & \text{، س} \geq 2 \\ 7 - \text{س} & \text{، س} > 2 \end{cases}$$

- التعليل: الاقتران ق (س) ليس له مشتقة عند = 2، لأن المشتقة من اليمين ≠ المشتقة من اليسار

عاشراً: تحرك الرسم والتمثيل البياني

هنالك عدداً من المفاهيم الرياضية تحتاج إلى استخدام تحركات الرسم أو التمثيل البياني لتوضيحها، وتدريسها للطلبة.

مثال:

- مفهوم المربع ، - مفهوم المستطيل

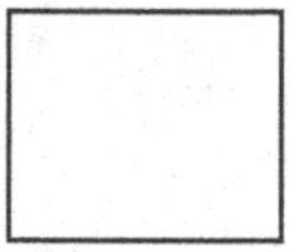

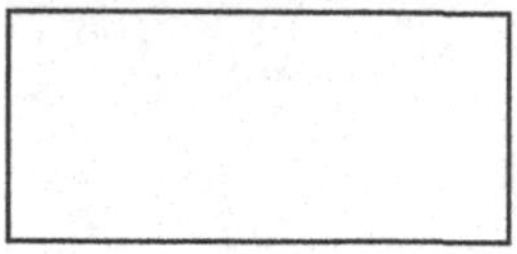

مثال:

- مفهوم الدائرة   ،   - مفهوم القطاع الدائري

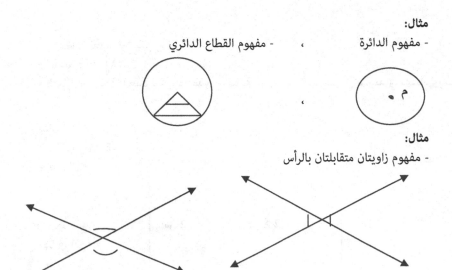

مثال:

- مفهوم زاويتان متقابلتان بالرأس

الحادي عشر: تحرك التعريف (Meta Language Move)

تتناول التحركات هنا اللفظ اللغوي الدال على المفهوم، والتعريف هو عبارة عن عملية مبنية على الرموز أو الألفاظ (المصطلحات) تعين لكل رمز معنى، فالرموز والمصطلحات تحتاج إلى تعريف لتوضيح معناها. حيث يعتبر تحرك التعريف من أكثر التحركات شيوعا وسهولة في الاستخدام.

في حين أن الكثير من الدراسات التي أجريت في هذا الموضوع تشير إلى أن تحرك التعريف أكثر التحركات صعوبة على فهم الطالب، مما يدفع الطالب إلى حفظها ذلك الحفظ الاستظهاري دون فهم المعنى، وبالتالي لا يستطيع استخدامها أو توظيفها في مواقف جديدة، ويعود سبب صعوبة فهم الطالب للتعريف لعدة أسباب لعل من أبرزها أن لغة الطالب الرياضية لم تنمو بشكل جيد. أي الطالب لم يطور لغة رياضية جيدة.

مثال:

مفهوم متوازي الأضلاع: شكل رباعي مغلق فيه كل ضلعين متقابلين متوازيين ومتساويين وزواياه المتقابلة متساوية، وأقطاره ينصف كل منهما الآخر.

مثال:

مفهوم نقطة الأصل: هي نقطة تقاطع محوري الاحداثيين

مثال:

مفهوم الزاوية: مجموعة اتحاد الناتجة من تقاطع شعاعين

مثال:

مفهوم الاقترانات المثلثية: هي تلك الاقترانات التي تحتوي على إحدى النسب المثلثية أو أكثر.

مثال:

التناسب، الصفر، المربع، المساحة، المحيط، العدد الأولي، المنوال، <، >، ⊃، ∪، ∩

9:1:3 استراتيجيات تعليم المفاهيم الرياضية

عندما يقوم المعلمون بتعليم أي مفهوم جديد في غرفة الصف، فأنهم يقومون بالعادة بإعطاء عدد من (الأمثلة) على مفهوم، ومن ثم إعطاء عدد آخر من (اللاأمثلة) على المفهوم، وأخيرا يكتبوا (تعريف) المفهوم على السبورة أمام الطلبة، أي يقومون بالتحركات التالية.

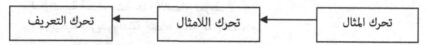

والبعض الآخر من المعلمين عندما يقومون بتعليم مفهوم جديد في غرفة الصف، فإنهم يبدؤون بكتابة (تعريف المفهوم) على السبورة ويناقشوا به الطلبة، ثم

عدد من (الأمثلة) على ذلك المفهوم، وأخيرا يقدموا عدداً من (اللاأمثلة) على المفهوم، أي يقوموا بالتحركات بالتالي:

تحرك التعريف ← تحرك المثال ← تحرك اللامثال

ونظراً لأهمية الاستراتيجيات في تعليم المفاهيم الرياضية، فقد أجريت الكثير من الدراسات لمحاولة الكشف عن أثر الاستراتيجيات وفعالية استخدامها في تدريس المفاهيم، ومن هذه الاستراتيجيات ما يلي:

(1) الاستراتيجية المكونة من سلسلة من تحركات أمثلة الانتماء.
(2) الاستراتيجية المكونة من سلسلة من تحركات أمثلة الانتماء، وأمثلة عدم الانتماء.
(3) الاستراتيجية المكونة من سلسلة من تحركات أمثلة الانتماء، وأمثلة عدم الانتماء، ولكن ليس بترتيب ثابت أو محدد.
(4) استراتيجية أمثلة، أمثلة عدم انتماء، تعريف.
(5) استراتيجية تعريف، أمثلة الانتماء، أمثلة عدم الانتماء
(6) استراتيجية تحرك الرسم، تحرك المقارنة (أبو زينة، 1997).

ويمكن استخدام أي من الاستراتيجيات السابقة في تدريس المفاهيم، ولكن أكثر الاستراتيجيات السابقة شيوعا واستخدام عند المعلمين هي:

- استراتيجية أمثلة، أمثلة عدم الانتماء، تعريف
- استراتيجية تعريف، أمثلة انتماء، أمثلة عدم الانتماء.

مثال: تدريس مفهوم الاقتران الخطي (الخطوط العريضة)

تحرك المثال: ق (س) = 2 س + 5

ق (س) = 4 س – 3

ق (س) = 6 – س

تحرك اللامثال: ق(س) = 2 س ^{2} + 5

ق (س) = 4 س $^{-1}$ - 3

$$ق(س) = \frac{1}{س -2}$$

ومن خلال مناقشة المعلم لأمثلة المفهوم واللاأمثلة على المفهوم، تبدأ خصائص المفهوم بالتكشف، إلى أن يصل المعلم بالطلبة إلى تعريف الاقتران الخطي.

تحرك التعريف: يضاغ ويقدم في تعريف الاقتران الخطي.

الاقتران الخطي:هو ذلك الاقتران الذي يمكن كتابته على الصورة أ س+ب، حيث أ، ب عددان حقيقيان، أ ≠ 0

مثال: تدريس مفهوم العدد الأولي (خطوط العريضة)
تحرك التعريف:
العدد الأولي: هو ذلك العدد الطبيعي الذي لا يقبل القسمة إلا على نفسه وعلى واحد
تحرك المثال: 2، 23،3،11،7
تحرك اللامثال: 1، 4، 6، 44، 102

مثال: تدريس مفهوم الاقتران (خطوط العريضة).

(1) تحرك أمثلة المفهوم
مثال (1): م = { (2،1)، (4،5)، (0،2)، (7، 3)}
العلاقة المتمثلة بالمجموعة السابقة تمثل اقتران

مثال (2): ع = { (1،1)، (2،2)، (3، 3) }
العلاقة المتمثلة في المجموعة السابقة تمثل اقتران

مثال (3): ل = { (1، 2)،(3،1)،(4،1)، (5،4) }
العلاقة المتمثلة في المجموعة السابقة تمثل اقتران

(2) تحرك لا أمثلة المفهوم
مثال (1): م = { (2، 1)، (3، 2)،(5،2)،(6،4) }
العلاقة (م) لا تمثل اقتران

مثال (2): ع = { (1،1)،(3، 1)،(3، 2) }
العلاقة (ع) لا تمثل اقتران

مثال (3): ك = { (0،0)، (1، 1)، (0، 1)، (4، 5) }
العلاقة (ك) لا تمثل اقتران

(3) تحرك الرسم
يقدم هذا التحرك توضيحا للأمثلة، واللاأمثلة السابقة
مثال (1):

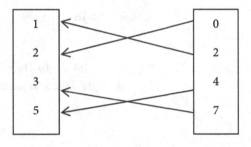

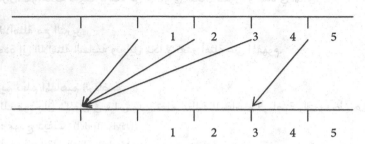

مثال (2):

لا أمثلة

مثال:

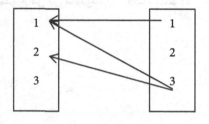

مثال:

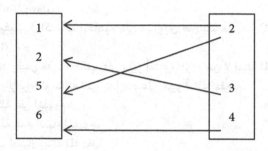

(4) تحرك التعريف

يقدم لنا تعريف الاقتران، من خلال مناقشة الطلبة في الشروط التي يجب أن تتوافر في الأمثلة المقدمة في التحركات السابقة، ومن خلال المقارنة أمثلة المفهوم، بالا أمثلة المفهوم. ويتم التوصل إلى أن تعريف الاقتران:

الاقتران: هو علاقة بحيث يرتبط كل عنصر في المجال بصورة واحدة في المدى.

(5) تحرك اللاأمثلة مع التبرير

العودة إلى اللاأمثلة السابقة وتعليل لماذا لا تعتبر أمثلة على المفهوم.

10:1:3 تقويم تعلم المفاهيم الرياضية

هنالك نموذجان شائعان في قياس مدى تعلم الطلبة للمفاهيم الرياضية والنموذجان هما:

أولاً: نموذج ديفيس (Davis Model)

ثانيا: نموذج إتقان التعلم (Mastery Learning Model)

أولاً: نموذج ديفس (Davis Model)

يقوم نموذج ديفيس في اكتساب المفاهيم على مستويين حين يقسم درجة اكتساب المفاهيم إلى مستويين (Davis , 1977)

المستوى الأول: يقيس قدرة الطالب على تمييز أمثلة المفهوم من لا أمثلة المفهوم. ويستطيع الطالب القيام بالأمور والإجراءات التالية التي تساعده على تمييز أمثلة المفهوم.

(1) يعطي أمثلة على المفهوم.

(2) يعطي أمثلة عدم انتماء المفهوم.

(3) يعلل سبب اختيار أمثلة المفهوم.

(4) يعلل سبب اختيار لا أمثلة المفهوم.

(5) يقوم بتحديد أمثلة المفهوم من بين مجموعة من الأمثلة المتنوعة.

المستوى الثاني: ويقيس قدرة الطالب على تمييز خصائص المفهوم، ويستطيع الطالب القيام بالأمور التالية.

(1) يحدد الأشياء التي يجب توافرها في أمثلة المفهوم
(2) يحدد الخصائص والشروط الكافية حتى يكون أي مثال هو مثال على المفهوم.
(3) يحدد الطالب الصفات المشتركة بين مفهومين، والصفات غير المشتركة
(4) يعطي تعريفا محدداً ودقيقاً للمفهوم
(5) يذكر الطالب طرق استخدامات المفهوم المختلفة

ثانياً: نموذج إتقان التعليم (Mastery Learning Model)

هنالك قائمة من الأعمال التي يقوم لقياس إتقان التعلم، وهذه القائمة يمكن إجمالها فيما يلي:

الشيء المعطى	العمل الذي يقوم به الطالب
1- إذا أعطي اسم المفهوم	يعطي مثال عليه
2- إذا أعطي اسم المفهوم	يعطي مثال لا ينطبق على المفهوم
3- إذا أعطي اسم المفهوم	يختار الصفة المرتبطة بالمفهوم
4- إذا أعطي اسم المفهوم	يختار الصفة لا ترتبط بالمفهوم
5- إذا أعطي اسم المفهوم	يختار تعريف المفهوم
6- إذا أعطي مثال على المفهوم	يختار اسم المفهوم
7- إذا أعطي تعريف المفهوم	يختار اسم المفهوم
8- إذا أعطي اسم المفهومين	يبين العلاقة التي تربطهما

والشكل التالي يوضح هذا النموذج:

الشيء المعطى	العمل الذي يقوم به الطالب
إذا أعطي اسم المفهوم	يختار صفة مرتبطة بالمفهوم
إذا أعطي اسم المفهوم	يعطي مثالاً لا يرتبط بالمفهوم
إذا أعطي اسم المفهوم	يختار صفة لا ترتبط بالمفهوم
إذا أعطي اسم المفهوم	يختار تعريف المفهوم
إذا أعطي مثالاً على المفهوم	يختار اسم المفهوم
إذا أعطي تعريف المفهوم	يختار اسم المفهوم
إذا أعطي اسم المفهومين	يبين العلاقة التي تربطهما

مثال: تدريس اقتران كثير الحدود (الصف العاشر)

الاستراتيجية المناسبة هي:

تحرك الأمثلة - تحرك اللاأمثلة - تحرك التعريف - تحرك اللاأمثلة مع التبرير - تحرك التدريب - تحرك التطبيق.

(1) تحرك الأمثلة:

يقدم في ها التحرك الأمثلة التالية (وعددها 4 أمثلة):

- ق (س) = -2س + 1
- هـ (س) = 3س^{2} + 5 س +1
- ل (س) = 4س^{3} - 3س^{2} + س +7
- حـ (س) = $\sqrt[3]{س^{4}}$ + 1 / 2 س^{3} +س- س^{0}

(2) تحرك اللاأمثلة:

يقدم في ها التحرك خمسة من أمثلة عدم الانتماء:

- ق (س) = 6 س^{½} + 5 س^{½} + 2 س + 1
- هـ (س) = س$^{-2}$ + س$^{-1}$ + 4
- م (س) = $\frac{1}{4\ س}$
- ن (س) = س +1
- حـ (س) = [2 س^{2} + س +2]

(3) تحرك التعريف:

يكون الاقتران كثير حدود إذا أمكن كتابته الصورة:

ق(س) = أ$_{ن}$ س^{ن} + أ$_{ن-1}$ س$^{ن-1}$ +.....أ$_{1}$ س^{1} + أ

ويجب أن تتوافر فيه الشروط التالية:

- أن يكون ن عدد صحيح غير سالب

- الأعداد أ ن، أ ن-1،......أ 1، أ أعداد حقيقية
- أ ن ≠ صفر
- أن لا يؤثر عليه اقترانات أخرى مثل اقترانات القيمة المطلقة أو أكبر عدد صحيح أو اقترانات دارية أو غيرها
- أن لا يكون هناك أي متغيرات في المقام
- أن لا يكون الاقتران معرف بأكثر من قاعدة

(4) تحرك اللاأمثلة مع التبرير

حيث يناقش المعلم الطلبة في أسباب عدم اعتبار اللاأمثلة السابقة من كثيرات الحدود

(5) تحرك التدريب:

حيث يطلب من الطلبة التمييز بين الأمثلة وللأمثلة على كثيرات الحدود فيما يلي:

- ق(س) = -4 س ^{3} + 3 س - 7
- هـ(س) = 3 س ^{½} - 5
- ل(س) = |س² + 5 س|
- حـ (س) = [$\sqrt[3]{س^{3}}$ + ½ س ^{2} + 1]
- ع (س) = س -1/3 – 9
- و(س) = { $\frac{س^{2} - 1}{س^{2} + 1}$ ، س ≠ 0 ؛ 3 ، س=1 }

- ح (س) = - س 5 + ½ س 2 - 5

- ط (س) = [س]

- ى (س) = $\dfrac{2\,\text{س} - \frac{1}{2}}{-\text{س}^2 + \sqrt{3\,\text{س} + 1}}$

- ك (س) = ½ س + 9 س

(6) تحرك التطبيق:

حيث يطلب من الطلبة حل المسائل الحياتية التالية على اقتران كثير الحدود

[1] حديقة مستطيلة الشكل بعداها 16 م، 12 م، فإذ تم زيارة مساحة الحديقة بمقدار 165 م^2، فإضافة عددين متساويين من الأمتار لكل بعد من بعديها كما في الشكل التالي:

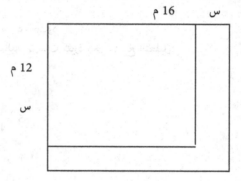

فاكتب الاقتران الذي يبين الزيادة في المساحة بدلالة عرض الممر.

[2] لدى طائرة كمية من الوقود تكفيها لتحلق (16) ساعة، بسرعة (640) كم/ساعة، في ظروف الطقس العادية. فإذ أقلعت من قاعدتها، وسارت باتجاه الريح، ثم عادت إلى قاعدتها بعكس اتجاه الريح. اكتب الاقتران الذي يمثل الزمن بدلالة مسافة الذهاب، علما بأن سرعة الريح (80) كم/ساعة.

[3] صفيحة من المعدن على شكل مثلث متساوي الأضلاع، عرضت لمصدر حراري، فزاد طول ضلعها بمقدار(2,5) سم. اكتب الاقتران الذي يمثل الفرق بين المساحتين بدلالة ضلع الصفيحة.

[4] محطة تلفاز تجارية (أ) تبث برامج للدعاية كل دقيقتين، وتبث محطة (ب) برامج تجارية للدعاية كل ثلاث دقائق، فإذ كانت فترتا البث اليومي للمحطتين متساويتين، وكان مجموع البرامج التجارية للدعاية في المحطتين معا يساوي
(700) برنامج، اكتب الاقتران الذي يمثل عدد البرامج التجارية التي تبثها المحطتان معا بدلالة طول برنامج البث اليومي لكل منهما.

(7) " قياس مدى إتقان الطالب لمفهوم اقتران كثير الحدود"

المستوى الأول:

لقياس قدرة الطالب على تمييز أمثلة مفهوم اقتران كثير الحدود من لا أمثلة عن طريق قيام الطالب بالتحركات التالية:

1) أعط أمثلة على اقترانات مثيرة الحدود

2) حدد أي من الاقترانات التالية اقترانات كثيرة الحدود مع التعليل:

- $\text{ق}(\text{س}) = \text{س}^{3} - \text{س}^{½} + 1$
- $\text{هـ}(\text{س}) = \text{س}^{2} + 5$
- $\text{م}(\text{س}) = \sqrt{3\,\text{س}} + \sqrt{5}$
- $\text{حـ}(\text{س}) = -\text{س}^{4} + \text{س}^{2} - \text{س}$
- $\text{د}(\text{س}) = 5\,\text{س}^{¼} - \text{س}^{½} - \text{س} + 1$

3) أعطي أمثلة على اقترانات كثيرة الحدود، وعلل وصفك لها بأنها سلبية.

المستوى الثاني:

لقياس قدرة الطالب على تمييز خصائص مفهوم اقتران كثير الحدود. والت حركات التي على الطالب القيام بها للتأكد من إتقانه للمستوى الثاني كالتالي:

(1) حدد الأشياء التي يجب توفرها في أمثلة مفهوم اقتران كثير الحدود

(2) حدد الخصائص والشروط الكافية حتى يكون أي مثال هو مثال على اقتران كثير الحدود.

(3) حدد الصفات المشتركة بين مفهوم اقتران كثير الحدود، ومفهوم اقتران القيمة المطلقة ن وبين مفهوم كثير الحدود، واقتران أكبر عدد صحيح، وبين اقتران كثير الحدود والاقتران الدائري، وبين مفهوم اقتران كثير الحدود والاقتران الكسري.

(4) أعط تعريف دقيق لمفهوم اقتران كثير الحدود.

(5) أذكر طرق استخدام مفهوم اقتران كثير الحدود المختلفة.

11:1:3 نموذج لبناء المفاهيم الرياضية

ويمكن اقتباس نموذج المفهوم عند (كلوزماير)، كما جاء في كتاب (كارزانوا) والذي حدد ثلاثة مراحل في بناء المفهوم الرياضي (Marzano,1988).

المرحلة الأولى: المستوى الحسي والمستوى التمثيلي (التطابقي)

المرحلة الثانية: المستوى التصنيفي

المرحلة الثالثة: اكتمال المستويين التصنيفي والشكلي

المرحلة الأولى: المستوى الحسي والمستوى التمثيلي (التطابقي)

وتتضمن هذه المرحلة ما يأتي:

1- عرض مادة أو شيء حقيقي مرتبط بالمفهوم أو صورة له أو تمثيل له

2- تحديد اسم، ومساعدة المتعلم على الربط بين الاسم، ودلالته على المفهوم

3- تهيئة مواقف للطلبة ليتعرفوا على مدلول المفهوم، ثم تقديم التغذية الرجعة الفورية لهم (Immediate Feedback)

4- عرض المفهوم مرة ثانية، مع تحديد مدى تمكن الطلبة من استيعابه أو معرفته من خلال دلائله وسماته المقدمة

5- تكرار عرض المفهوم، حتى يتم التأكد من استيعابه ومعرفته

المرحلة الثانية: المستوى التصنيفي

تتضمن هذه المرحلة ما يأتي:

1- توفير ما لا يقل عن مثالين ينطبقان على المفهوم، وأمثلة أخرى لا تنطبق على المفهوم المقدم.

2- تهيئة الفرصة المناسبة لمساعدة الطالب على الربط بين اسم المفهوم وأمثلته، مع الطلب من الطالب أن يتنبأ بالمفهوم ويذكر اسمه.

3- مساعدة الطالب كي ينمو ويتفاعل مع المفهوم، عن طريق الطلب إليه تحديد السمات البارزة للمفهوم.

4- تهيئة المواقف المناسبة أمام الطالب حتى يعرض المفهوم.

5- تهيئة نشاطات مناسبة تسهم في مساعدة الطالب على التعرف على المفهوم من بين مجموعة من الأمثلة الجديدة التي تمثل المثال واللامثال.

6- تزويد الطلبة بتغذية راجعة فورية بعد أداء الاستجابات

المرحلة الثالثة: اكتمال المستويين التصنيفي والشكلي.

تتضمن هذه المرحلة ما يأتي:

1- استثارة خبرات الطلبة ودافعيتهم لاستيعاب المفهوم، ووعيهم بالأمثلة المنتمية، مع تقديم الخبرات التي تساعد على استبصار العلاقات بين المفاهيم

2- تقديم أمثلة منتمية وغير منتمية للمفهوم المراد تعلمه

3- تهيئة خبرات للمتعلم كي تساعده على استيعاب استراتيجية للتميز بين أمثلة المفاهيم ولا أمثلة المفاهيم، وذلك بمناقشة السمات الأكثر ارتباطاً بالمفهوم المستهدف

4- الطلب من الطلبة ذكر تسمية المفهوم وملامحه المميزة

5- الطلب من الطلبة تعريف المفهوم لمعرفة مدى فهمهم له

6- الطلب من الطلبة استخدام المفهوم في صور تعليمية مختلفة

7- تزويد الطلبة بتغذية راجعة، تساعد على فهمهم واستيعابهم للمفهوم، ودمجه في بنائهم المعرفي وخبراتهم

والشكل التالي يبين التتابع في النموذج البنائي المستعمل للمفاهيم الرياضية

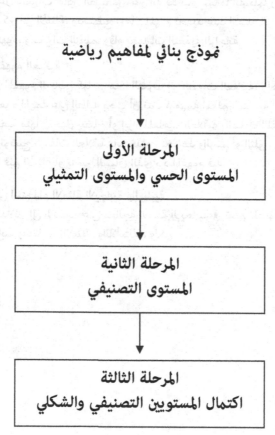

12:1:3 تطبيقات تربوية

في ضوء المعارف المتوافرة حول استراتيجيات تعلم المفهوم الرياضي، والعوامل المؤثرة فيه، يمكن استنتاج بعض المبادئ أو الموجهات التي تجعل تعلم المفهوم الرياضي أكثر فاعلية، وفيما يلي بعض أهم المبادئ ذات العلاقة بتدريس المفاهيم الرياضية في غرفة الصف.

1- استخدام أمثلة متعددة من المفهوم الرياضي

قد يتبادر إلى ذهن المعلم السؤال التالي: **(ما عدد الأمثلة التي يجب تداولها عند تعليم المفهوم الرياضي؟)**.

إن الإجابة على هذا السؤال ليست سهلة. لأن عدد الأمثلة مرتبط بطبيعة المفهوم الرياضي، وطبيعة التعلم، وتفاعل متغيرات هاتين الطبيعتين، غير أنه قد تبين عموماً أنه كلما زاد المفهوم صعوبة، كان بحاجة إلى عدد أكبر من الأمثلة، ويستطيع المعلم المهتم تحديد عدد الأمثلة الواجب توافرها، إذا وضع باعتباره متغيرات المفهوم، ومتغيرات التعلم، وقام بعمليات التغذية الراجعة.

2- توضيح صفات المفهوم العلاقية

يتطلب تعلم المفهوم الرياضي كما مر معنا التعرف إلى الصفات العلاقية، وإهمال الصفات اللاعلاقية، ولتسهيل هذه المهمة على الطلبة يجب أن تتحدد مهمة المعلم الأساسية أثناء تعليم المفهوم الرياضي وبخاصة الصعبة منها ن حول إيضاح أو إبراز المفاهيم العلاقية بالسلوك اللفظي (بالشرح أو التوضيح)، كما يمكن توضيح الصفات العلاقية باستخدام التخطيط والرسم أو التلوين، أومن خلال تغيير قيم اللاأمثلة وتثبيت قيم الأمثلة أو بتغيير السياق الذي يرد المفهوم فيه.

3- تدريب الطلبة على استخدام الأمثلة الايجابية والسلبية

تشير بعض الدلائل إلى الاقتصار على معالجة الأمثلة الإيجابية في تعلم المفهوم،والتغاضي عن معالجة الأمثلة الإيجابية والسلبية (الأمثلة، واللاأمثلة)، ولكن

بما أن مهمة تعليم المفهوم الرياضي تتطلب أساسا القدرة على التمييز بين الأمثلة الإيجابية والسلبية، فإذا كانت الأمثلة جميعها ايجابية، فستضعف فرصة إجراء مقارنة، وتضعف بالتالي القدرة على التعلم، مما يؤدي إلى غموض المفهوم، كما أن غياب الشواهد السلبية (اللامثال)، تضعف من قدرة المتعلم على التقييم الصحيح.

4- تشجيع الطلبة على التفكير في أمثلة جديدة للمفهوم

ينطوي التعلم الصفي عادة على الانتقال من المفاهيم إلى الأمثلة وبالعكس، حيث يقوم المعلم بطرح مفهوم، ثم يليه بعض الأمثلة التوضيحية البسيطة، ومن ثم يعود إلى المفهوم ثانية بغرض تطويره وتهذيبه، ولذلك يجب على المعلم حث الطلبة للتفكير بأمثلة جديدة عن المفهوم، وخاصة نطاق الأمثلة التي تعرضوا لها أثناء التدريس، لكي يتطور المفهوم على نحو يمكن دمجه في البنى المعرفية للمتعلم. (نشواتي،1998).

13:1:3 تدرج المفاهيم الرياضية عبر صفوف مرحلة التعليم الأساسية في المنهاج الأردني

الصف الأول	الصف الثاني
الأعداد والعمليات عليها	
• الأعداد صفر – 99 • حقائق الجمع، الجمع بدون حمل • حقائق الطرح، الطرح بدون استلاف • الكسور½،¼(دون كتابة)	• الأعداد صفر – 99 • الجمع والطرح (مع الحمل والاستلاف • حقائق الضرب حتى 5×5 • القسمة ضمن حقائق الضرب • الكسور ½، ¼،¾،3/1، 3/2

مفاهيم حسابية وتطبيقات	
	• الأعداد الزوجية والفردية • مسائل تطبيقية ذات خطوة واحدة
الهندسة	
• التعرف على: - الكرة ومتوازي المستطيلات - المستطيل والدائرة	• التعرف على: - الاسطوانة والمخروط والمكعب - المثلث والمربع - تطابق الأشكال الهندسية المستوية عمليا
القياس	
• النقد:القرش والدرهم • الطول:وحدات الطول غير القياسية مثل الشبر والقدم • الزمن:أيام الأسبوع والوقت كوحدة لقياس الزمن	• النقد: الدينار ونصف دينار وربع الدينار • الطول: السنتمتر والمتر • الزمن: الساعة كوحدة لقياس الزمن، قراءة الساعة بالأنصاف والأرباع،الشهر كوحدة لقياس الزمن وعلاقته بالسنة، الفصول
أساسيات الرياضيات	
• خاصية التبديل لعملية الجمع على الأعداد • استعمال الإشارات +، -، =	• خاصية التبديل لعملية الضرب على الأعداد • المقارنة بين الأعداد • الإشارات +،-،×، ÷،=
الصف الثالث	**الصف الرابع**
الأعداد والعمليات عليها	
• الأعداد صفر - 9999 • الجمع والطرح ضمن أربع منازل على الأكثر • حقائق الضرب والقسمة ضمن العدد 100	• الأعداد ضمن 7 منازل (وحدة المليون) • الجمع والطرح ضمن 7 منازل على الأكثر • القسمة على أن يكون المقسوم عليه عدداً مكونا من منزلتين على الأكثر • الكسور العادية

• بناء جداول الضرب • ضرب عدد مكون من رقمين أو ثلاثة في عدد مكون من رقم واحد • قسمة عدد مكون من رقمين أو ثلاثة في عدد مكون من رقم واحد • الكسور التي مقاماتها6،8،10	• جمع وطرح الكسور العادية بحيث لا يزيد المقام عن منزلتين • الكسور العشرية المكونة من منزلتين عشريتين على الأكثر • جمع وطرح الكسور العشرية ضمن منزلتين عشريتين
مفاهيم حسابية وتطبيقات	
• مسائل تطبيقية تتناول: • وحدات النقد الأردني • وحدات الطول • وحدات الوزن • وحدات الزمن • مسائل تطبيقية ذات خطوتين على الأكثر	• الأعداد الزوجية والفردية والمميز بينها • العامل (القاسم) والمضاعف • قابلية القسمة على 2، 3،5 (ضمن 100) • مسائل تطبيقية ذات خطوتين على الأكثر على العمليات الأربعة
الصف الثالث	**الصف الرابع**
الهندسة	
• التعرف على: النقطة والقطعة المستقيمة • رسم القطعة المستقيمة على ورق المربعات • رسم الأشكال الهندسية: المثلث والمربع والمستطيل والتعرف على رؤوس وعدد أضلاع كل منها	• التعرف على الشعاع والزاوية • أنواع الزوايا:القائمة والحادة والمنفرجة • أنواع المثلث من حيث الزوايا والأضلاع • التعرف على المكعب ومتوازي المستطيلات • رؤوس وأحرف وأوجه كل من: المكعب ومتوازي المستطيلات

القياس	
• النقد:الفلس	• الطول: إيجاد أطوال القطع المستقيمة لأقرب سم بالقياس
• الطول:الكيلومتر، الديسمتر، المليمتر	• إيجاد محيط بعض الأشكال الهندسية البسيطة المغلقة مثل المربع والمستطيل والمثلث بالقياس
• الزمن: قراءة الساعة بشكل عام، الدقيقة والثانية	• التحويل بين مختلف وحدات الطول المترية
• الكتلة /الوزن: الكيلوغرام والغرام	• المساحة:استخدام وحدات غير قياسية في المقارنة بين المساحات
• السعة: استخدام وحدات غير قياسية في المقارنة بين مختلف السعات	• الزاوية: استخدام الزاوية القائمة في التعرف على انواع الزوايا
	• السرعة:كيلومتر / الساعة

أساسيات الرياضيات	
• خاصية التجميع لعملية الجمع على الأعداد	• خاصية التجميع لعملية الضرب على الأعداد
• خاصية توزيع الضرب على الجمع	• جمل مفتوحة تتضمن +، -، ×، ÷
• استعمال الإشارات:>،<، =	

الصف الخامس	الصف السادس
الأعداد والعمليات عليها	
• الأعداد من الصفر إلى اقل من 10^9	• الأعداد من صفر إلى أقل من 10^{10}
• الجمع والطرح والضرب والقسمة على أن يكون المقسوم عليه ضمن 3 منازل	• العمليات الأربع على الأعداد
• الكسور العادية، والكسور العشري لأربع منازل	• الكسور العادية والعشرية
• العمليات الأربع على الكسور العادية والعشرية	• العمليات الأربع على الكسور العادية والعشرية
• التحويل من كسر إلى كسر عادي	• تحويل الكسور العادية إلى عشرية
	• الكسر الدوري

مفاهيم حسابية وتطبيقات	
• قابلية القسمة على 2،3،5، 10 • العامل (القاسم) والمضاعف، العدد الأولي وغير الأولي • كتابة العدد الصحيح كحاصل ضرب عوامله الأولية • المضاعف المشترك الأصغر والقاسم المشترك الأكبر لعددين أو ثلاثة أعداد ضمن 3 منازل • تدوير (تقريب) العدد لأقرب 10،100 • مسائل تطبيقية	• مربع العدد، الجذر التربيعي لمربع كامل • مكعب العدد (1، 2، 3،...10) الجذر التكعيبي لمكعب كامل • التقريب:تدوير (تقريب) العدد لأقرب ألف ولأقرب مليون • تدوير الكسر العشري لأقرب: منزلة عشرية واحدة، منزلتين عشريتين،عدد صحيح • مسائل تطبيقية • النسبة المئوية والتناسب • قاعدة الضرب التبادلي • تطبيقات على النسبة:المكسب والخسارة، الربح البسيط، الزكاة، الضريبة
الصف الخامس	**الصف السادس**
الهندسة	
• التعرف على: مركز وقطر ونصف قطر وقوس ووتر الدائرة • التعرف على: الخط المستقيم، المستقيمات المتقاطعة والمتعامدة والمتوازية، الزوايا المتجاورة والمتقابلة بالرأس • التعرف على: الزوايا المتناظرة والمتبادلة والمتحالفة والعلاقة بين قياساتها في حالة التوازي • رسم المستقيمات المتوازية والمتعامدة • رسم زاوية علم قياسها باستخدام المنقلة	• التعرف على الشكل الرباعي وأنواعه من حيث الزوايا والأضلاع: شبه المنحرف، متوازي الأضلاع، المستطيل المربع، والمعين • خواص الأشكال الرباعية من حيث: الزوايا والأضلاع والأقطار • التعرف على كل من: الهرم والمنشور • رسم المثلث إذا علم منه ثلاثة أضلاع • رسم متوازي الأضلاع إذ علم منه: ا.ضلعان متجاوران والزاوية المحصورة بينهما • ب.ضلعان متجاوران وأحد قطريه

• مجموع قياسات زوايا المثلث ومجموع قياسات الزوايا حول نقطة • رسم المربع والمستطيل والمثلث: (إذ علم منه ضلعان وزاوية محصورة)،(إذ علم منه زاويتان وضلع) باستخدام المسطرة والمنقلة • المضلعات المنتظمة وغير المنتظمة حتى السداسي	• رسم شكل هندسي منتظم داخل دائرة: مثلث ومربع وسداسي
القياس	
• المساحة: السنتمتر المربع واستخدامه في حساب مساحة كل من المربع والمستطيل • علاقة المتر المربع بكل من السنتمتر المربع والديسمتر والمربع • الطول: حساب محيط كل من المستطيل والمضلعات المنتظمة حتى السداسي • السرعة: استخدام متر/دقيقة، متر/ثانية في قياس السرعة • الزاوية: الدرجة كوحدة قياس، واستخدام المنقلة	• الطول: حساب محيط الدائرة • المساحة: أ. الوحدات المترية للمساحة والعلاقات فيما بينها ب. الدونم كوحدة لقياس المساحة ج. حساب مساحة كل من المثلث ومتوازي الأضلاع والمعين وشبة المنحرف د. المساحة الكلية لكل من المكعب ومتوازي المستطيلات هـ. مساحة الدائرة • الحجم والسعة: أ. وحدات الحجم المترية ب. حجم كل من المكعب ومتوازي المستطيلات ج. اللتر، والملليلتر لقياس السعة • درجة الحرارة: أ. الدرجة المئوية لقياس الحرارة ب.ميزان الحرارة المئوي • الكتلة: الطن

الجبر	
	• التعبير بالرموز
أساسيات الرياضيات	
• خاصيتا التبديل والجمع لعمليتي الجمع والضرب على الكسور • جمل مفتوحة تتضمن العمليات الأربع	• خواص التبديل والتجميع والتوزيع لعمليتي الجمع والضرب على الأعداد • جمل مفتوحة على العمليات الأربع
الإحصاء والاحتمالات	
	• أنواع البيانات: نوعية،كمية • تمثيل البيانات النوعية بالرسم: الصور والأعمدة والخطوط • تمثيل البيانات النوعية بالجداول • ترتيب البيانات الكمية تصاعديا واستخدام ذلك في حساب الوسيط والمدى • الوسط (المعدل)
الصف السابع	**الصف الثامن**
الأعداد والعمليات عليها	
• الأعداد الصحيحة السالبة والأعداد النسبية والعمليات عليها • القيمة المطلقة	• الأعداد الحقيقية والعمليات عليها
مفاهيم حسابية وتطبيقات	
• الأسس واستخدامها في تحليل الأعداد الطبيعية وإيجاد المضاعف المشترك الأصغر والقاسم المشترك الأكبر لعددين أو أكثر • تقريب الجذور التربيعية للأعداد الطبيعية لأقرب عدد صحيح	• حساب المعاملات: - الخصم في حالة البيع والشراء، حسم الكمبيالات، التأمين، الإرث، الربح البسيط والمركب، الأسهم والسندات • الأسس والجذور • حساب الجذور التربيعي بالطريقة العامة

• حساب المعاملات - التناسب والتناسب الطردي والعكسي - التقسيم التناسبي - تطبيقات تتضمن مقياس الرسم	• تقريب الجذور التربيعية
الهندسة	
• الإنشاءات الهندسية التالية: أ.نقل زاوية معلومة ب.تنصيف زاوية معلومة ج.إقامة عمود من نقطة مفروضة د.إقامة عمود على المستقيم من نقطة خارجة هـ.تنصيف قطعة مستقيمة • المستقيمات المتوازية والمتقاطعة • حالات تشابه وتطابق المثلثات (دون برهان) • المجسمات وخواصها: المنشور، والهرم • مجموع قياسات زوايا المضلع المغلق	• العلاقات بين زوايا المثلث وأضلاعة • نظرية فيتاغورس • المستقيمات المتوسطة في المثلث تتلاقى في نقطة واحدة • التكافؤ • المستوى الديكارتي -الإحداثيات المتعامدة - تعيين النقاط البيانية
الصف السابع	**الصف الثامن**
القياس	
• الطول: حساب الأطوال باستخدام مقياس الرسم • المساحة: مساحة المناطق غير المنتظمة، مساحة القطاع الدائري، المساحة الجانبية للمنشور والهرم القائم	• المساحة: المساحة الجانبية لكل من الاسطوانة والمخروط ومساحة سطح الكرة • الحجم: حجم كل من الاسطوانة والمخروط والكرة

• الحجم: حجوم المجسمات غير المنتظمة(بالإزاحة)، حجم الهرم، حجم المنشور • درجة الحرارة: الدرجة المئوية، الدرجة الفهرنهايتية، والعلاقة بين القياسين	
الجبر	
• التحليل إلى العوامل: بإخراج العامل المشترك وتجميع الحدود • المقادير الجبرية: جمعها وطرحها وضربها • قوانين التناسب • حل المعادلة الخطية في متغير واحد	• التحليل إلى العوامل: الفرق بين مربعين، العبارة التربيعية وتطبيقات • حل أنظمة المعادلات الخطية في متغيرين بالحذف أو التعويض أو بيانيا
المثلثات	
	• النسب المثلثية الأساسية: حيب،جيب تمام،ظل باستعمال المثلث القائم الزاوية • إيجاد النسب المثلثية لزوايا قياساتها بين صفر°، 90° (بالدرجات الكاملة) • إيجاد الزوايا إذا علمت نسبة مثلثية لها • حل المثلث القائم الزاوية من خلال مسائل تطبيقية

أساسيات الرياضيات	
● المجموعات: الانتماء، الاحتواء، الاتحاد، التقاطع، الطرح، مخططات فن، المجموعة الخالية، المجموعة الكلية، المجموعة المتممة، خواص الاتحاد والتقاطع، قانونا دي مورغان ● الجملة المفتوحة، مجموعة الحل، مجموعة التعويض ● خواص العمليات الأربع على مجموعات الأعداد	● الضرب الديكارتي لمجموعة منتهية ● العلاقات ذات مجال منته وتمثيلها ● الاقتران الخطي وبيانه ● خواص الجمع والضرب على الأعداد الحقيقية ● خواص علاقة الترتيب على الأعداد
الإحصاء والاحتمالات	
● تمثيل البيانات بالقطاعات والجداول التكرارية ● الوسط الحسابي لبيانات مجمعة في جداول تكرارية التجارب العشوائية، عد نواتج التجربة بطريقة الشجرة	● ظاهرة ثبات التكرار النسبي ● الفضاء العيني، الحوادث وتصنيفها ● مبدأ العد واستخدامه، والاحتمال وخواصه
الصف التاسع	**الصف العاشر**
مفاهيم حسابية وتطبيقات	
استخدام الأسس في التعبير عن الأعداد الكبيرة والصغيرة وتطبيقاتها	
الهندسة	
● الدائرة: برهنة النظريات المتعلقة بما يلي: - الأوتار، - والزوايا، - والقواطع والمماسات - والدوائر - المتقاطعة والشكل الرباعي الدائري	● الهندسة التحليلية: المستقيمات المتعامدة، وبعد نقطة عن مستقيم، ومعادلة الدائرة، المحل الهندسي

• رسم دائرة داخل المثلث، خارج المثلث • المستوى الديكارتي: المسافة بين نقطتين، إحداثيات نقطة تقسيم قطعة مستقيمة من الداخل • ميل المستقيم، معادلة المستقيم، شرط التوازي • تحويلات هندسية: انعكاس، تماثل، انسحاب، تمدد	• الهندسة الفضائية: المستقيمات، والمستويات، والمستويات المتوازية المتقاطعة والمتعامدة والمتحالفة، التعامد والتوازي والإسقاط العمودي، الزاوية الزوجية
الجبر	
• التحليل إلى العوامل: العبارة التربيعية، مجموع مكعبين، الفرق بين مكعبين • إكمال المربعات وتطبيقات • حل المعادلة التربيعية بالتحليل للعوامل أو بالقانون العام أو بيانيا وتطبيقات • العامل المشترك الأكبر، والمضاعف المشترك الأصغر للمقادير الجبرية وتطبيقات • العمليات الأربع على المقادير الجبرية • تبسيط الكسور الجبرية، وحل معادلات كسرية • المتباينات الخطية في متغير واحد • المتباينات الخطية في متغيرين وتمثيلها بيانيا حل نظام من المتباينات الخطية في متغيرين بيانيا وتطبيقات	• حل نظام من ثلاث معادلات خطية بالحذف • حل نظام من ثلاث معادلات خطية بالحذف • حل نظام من معادلتين إحداهما خطية والأخرى تربيعية • حل نظام من معادلات تربيعية في حلها إلى نظام من معادلات خطية

المثلثات	
• النسب المثلثية (جا،جتا،ظا، قا،قتا، ظتا)والعلاقات باستعمال المثلث القائم الزاوية • النشسب المثلثية للزوايا(30°، 60°، 45°) • استعمال الجداول المثلثية • حل المثلث القائم الزواية تطبيقات تشمل زوايا الارتفاع والانخفاض	• الزوايا وقياسها الستيني والدائري، والزاوية نصف القطرية • طول القوس الدائري • مساحة كل من المثلث، والقطعة الدائرية • النسب المثلثية للزوايا المركبة • المتطابقات والمعادلات المثلثية
أساسيات الرياضيات	
• الاقتران الخطي، والاقتران التربيعي، وتمثيل كل منها بيانيا	• العلاقات والاقترانات: العلاقة كمجموعة جزئية من الضرب الديكارتي، خواص العلاقات، أنواع الاقترانات (واحد لواحد، شامل، تناظر) • العمليات على الاقترانات (جمع، طرح، ضرب، قسمة، تركيب)، الاقتران العكسي والمحايد، اقتران القيمة المطلقة، اقتران أكبر عدد صحيح • كثيرات الحدود: تعريفها، القسمة التركيبية، أصفار كثيرات الحدود ونظرية الباقي
الإحصاء والاحتمالات	
• تمثيل الجدول التكراري بالرسم: مدرج تكراري، مضلع تكراري • مقاييس النزعة المركزية (الوسيط، المنوال) • شكل التوزيع التكراري وعلاقته بمقاييس النزعة المركزية وتفسير دلالاته	• التشتت من خلال منحنيات تكرارية • مقاييس التشتت: المدى والانحراف المعياري • العلاقة المعيارية وتطبيقاتها

3: 2: التعميمات **Generlization**

1:2:3 التعميمات الرياضية (تعريفات)

التعميم في علم النفس هو الاستجابة،استجابات متشابهة لمثيرات متشابهة، وهذه الاستجابات والمثيرات قد لا تكون متطابقة تماما (Scanduera, 1970).

ويعرف جانييه (Gange,1970) التعميم على أنه العلاقة بين مفهومين أو أكثر، قام بتصنيفها إلى البسط والمقعد، فالبسط ما هو مكون من مفهومين على شكل (إذا كان أ فإن ب) (أ ⟵ ب) مثال ذلك ("الأشياء الكروية تتدحرج)، فالطفل الصغير قادر على تعلم التعميمات البسيطة، لأنها مكونة من مفاهيم محسوسة سهلة الإدراك، أما التعميمات المعقدة فإنها تتكون من عدد من المفاهيم، سميت بهذا لأنها تحتوي على مفاهيم مجردة تتطلب دقة وتمييز عاليين، مثال على ذلك " كل عدد نسبي يمكن كتابته بصورة كسر عشري منتهي أو كسر عشري دوري".

وقد أكد عدد كبير من التربويين في أبحاثهم على أن اكتساب التعميمات، أو اكتشاف العلاقات تتأثر بمقدار وضوح المفاهيم المكونة التي يمتلكها المتعلم في ذهنه (Gange , 1970, Feldman, 1974)، ويعتبر أساس تعلم المبدأ (Principle) أو التعميم(Generalization) هو تعلم المفاهيم المكونة لذلك المبدأ أو التعميم (زعل، 1985)، ويعرف التعميم الرياضي على أنه عبارة (جملة إخبارية) تحدد علاقة بين مفهومين أو أكثر من المفاهيم الرياضية (Johnson And Rising,1972)، (Gange,1970)، (Eggan,1979).

والتعميمات الرياضية أما أن يتم برهنتها أو استنباطها أو اكتشافها، وبعضها الآخر عبارات يسلم بصحتها (مسلمات أو بديهات) فالنظريات الرياضية هي تعميمات رياضية ومن أمثلتها "مجموع قياسات الزوايا المثلث في هندسة إقليدس يساوي 180°).

والقوانين الرياضية أو المبادئ كما تسمى أحيانا، هي تعميمات رياضية وممن الأمثلة عليها "
قوانين ديمورغان في المجموعات أ ∩ ب = أ ∪ ب.

والمسلمات في الرياضيات هي تعميمات رياضية ومن أمثلتها "يمكن رسم مستقيم وحيد يصل بين نقطتين مفروضتين".

2:2:3 أنواع التعميمات الرياضية
يمكن اعتبار كل ما يلي من التعميمات الرياضية:

(1) المسلمات الرياضية
(2) النظريات الرياضية
(3) القوانين الرياضية والخصائص الرياضية

الجدول التالي يوضح أنواع التعميمات وأمثلة عليها:

نوع التعميم	أمثلة عليه
المسلمات الرياضية	1)لأي نقطتين مختلفتين يوجد مستقيم واحد فقط يحويهما. 2)إذا تقاطع مستقيمان، فإنهما يتقاطعان في نقطة واحدة فقط. 3) يوجد لأي ثلاث نقاط غير مستقيمة، مستوى واحد يحويهما.
النظريات الرياضية	1) مجموع قياسات زوايا المثلث يساوي 180 ° 2) يمر مستوى واحد فقط في أي مستقيم معلوم ونقطة معلومة تقع خارج 3) باقي قسمة كثير الحدود ق(س) على هـ(س)=س- أ هو ق(أ)، وباقي قسمة ق(س) على هـ(س) = أس+ب هو ق(- ب/أ)
القوانين الرياضية والخصائص الرياضية	1) مساحة المنطقة المثلثة الشكل يساوي 1 /2 حاصل ضرب القاعدة في الارتفاع 2) أ + (ب + جـ)= (أ + ب) + جـ خاصية تجميع 3) البعد بين النقطة (س $_1$ + ص $_1$) والمستقيم

أ س + ب ص + جـ = صفر هو

$$\left| \frac{\text{أ س}_1 + \text{ب ص}_1 + \text{جـ}}{\sqrt{\text{أ}^2 + \text{ب}^2}} \right|$$

ويلاحظ من الأمثلة السابقة أن كل تعميم رياضي حدد علاقة بين مجموعة من المفاهيم أو الرموز.

مثال:

التعميم (مسلمة)

إذا تقاطع مستقيمان، فإنهما يتقاطعان في نقطة

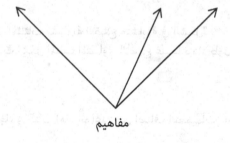

مفاهيم

مثال:

التعميم (نظرية)

مجموع قياسات زوايا المثلث يساوي (180°)

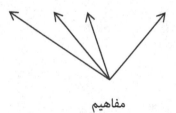

مفاهيم

مثال:

التعميم (قانون)

<u>مساحة المنطقة المثلثة الشكل يساوي2/1حاصل ضرب القاعدة في الارتفاع</u>

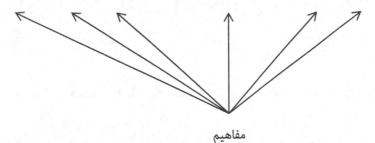

مفاهيم

ولقد اقترح كلوزمير ورفيقاه (Klausmeir,etc,1974)، أن الفرد الذي يفهم ويطبق التعميم يكون قادرا أيضاً على شرح ظواهر جديدة يمكن أن يواجهها.

مثال:

إذا فهم الطالب التعميم التالي "المثلثات متساوية الأضلاع متشابهة في الشكل" يكون قادر على شرح ماذا يحدث لشكل المثلث المتساوي الأضلاع عندما يزداد طول كل ضلع منه بنفس المقدار.

3:2:3 أصناف التعميمات الرياضية

يحدد (كاتز وكلوزماير)، كما جاء في كتاب (مارزانو)عدد من أصناف التعميمات (Marzano, etc,1988, P39)

أولاً: تعميمات السبب والنتيجة (Cause and Effect Principles)

ثانيا: التعميمات الارتباطية (Correlation Principles)

ثالثا: تعميمات الاحتمال (Probability Principles)

رابعا: التعميمات البديهية (Axiomatic Principles)

خامسا: الإجراءات (Procedures)

أولاً: تعميمات السبب والنتيجة (Cause and Effect Principles)

هي المبادئ (التعميمات) التي تبين علاقات من نوع { إذا، فإن }، مثل الافتراضات، إذ أنها تساعد في تنظيم المعرفة والخبرات لدى المتعلم، كما أن تحديد المبادئ ووضع الخبرات على صورة تعميمات مرتبطة بالموضوع الفرعي والعناوين تجعل المهمة واضحة.

مثال:

تعميم رياضي (نظرية رياضية)

(1) إذا تقاطع مستقيمان، فإنه يوجد مستوى يحويهما.

(2) إذا وازى مستقيم خارج مستوى مستقيما في المستوى، فإنه يوازي المستوى.

مثال:

(1) في المصفوفة أم × ن، إذا كانت م = ن، فإننا نقول أن المصفوفة (أ) مصفوفة مربعة في الرتبة م أو الرتبة م × م

(2) إذا كانت أ،ب مصفوفتين من الرتبة نفسها، فإن أ -ب = - (ب - أ)

(3) إذا كان (جـ) عدد يقع بين العدديين (أ). (ب)

فإن

$$\int_{\text{أ}}^{\text{جـ}} \text{ق(س). د س} + \int_{\text{جـ}}^{\text{ب}} \text{ق(س).د س} = \int_{\text{أ}}^{\text{ب}} \text{ق(س).د س}$$

ثانياً: التعميمات الارتباطية (Correlational Principles)

هي التعميمات التي تعبر عن علاقات طردية تنشأ عن أي تغيير في متغير تتبعه زيادة في المتغير الآخر المرتبط به. والعلاقات العكسية (Reciprocal) هي العلاقة التي تنشأ عن الزيادة في متغير يتبعها النقصان في المتغير المرتبط به، وتظهر العلاقة بفعل الزيادة (Increase) والنقصان (Decrease) في الأشياء (Marzano,etc,1988)

مثال:

تعميم (التناسب الطردي، الصف السابع)

* إذا كانت نسبة (ص) إلى (س) تساوي مقدارا ثابتا نقول أن (ص) تتناسب طرديا مع (س).

مثال:

تعميم (التناسب العكسي)

* إذا كان س، ص متغيرين، وكان س × ص = ثابتاً نقول أن (ص) تتناسب عكسيا مع (س).

ثالثاً: تعميمات الاحتمال (Probability Principles)

ويشير هذا النوع من التعميمات إلى احتمالية ظهور حادث أو حالة، وتنشأ العلاقة الأساسية بين الأحداث الواقعة والأحداث المحتملة.

مثال:

* إذا كانت ح $_1$، ح $_2$ حادثين من فضاء عيني (Ω) لتجربة ما، فإن:

ل (ح $_1$ $\cap$ ح $_2$) = ل (ح $_1$). ل (ح $_2$ / ح $_1$)

ل (ح $_1$ $\cap$ ح $_2$) = ل (ح $_2$). ل (ح $_1$ / ح $_2$)

مثال:

* يقال أن الحادثين ح 1، ح 2 مستقلان إذا كان وقوع أحدهما لا يؤثر على وقوع الآخر.

أي أن:

$$ل (ح_1 / ح_2) = ل (ح_1)$$

$$ل (ح_2 / ح_1) = ل (ح_2)$$

ويكون ل (ح_1 ∩ ح_2) = ل (ح_1). ل (ح_2)

رابعاً: التعميمات البديهية (Axiomatic Principles)

تتكون هذه التعميمات من حقائق مقبولة، أو تتم معاملتها كذلك في معظم الثقافات العالمية، ويمكن التمثيل على التعميمات البديهية بالأسس (Fundamentals)، والقوانين (Laws) ، والقواعد (Rules).

مثال:

تعميم (قاعدة السلسلة)

إذا كانت ص = ق (ع)، ع = هـ (س) فإن

$$\frac{د \ ص}{د \ س} = \frac{د \ ص}{د \ ع} \times \frac{د \ ع}{د \ س}$$

مثال:

تعميم (قواعد الأسس)

(1) إذا كان س عدد حقيقيا موجبا، و(ن) عدد صحيحا أكبر من (1) فإن:

$$س^{1/ن} = \sqrt[ن]{س}$$

(2) إذا كان أ ≠ 0، فإن $\text{أ}^{0} = 1$

(3) إذا كان أ عدد غير الصفر

$$\frac{\text{أ}^{\text{م}}}{\text{أ}^{\text{ن}}} = \text{أ}^{\text{م}-\text{ن}}$$

(4) أي عدد أ ≠ 0، فإن

$$\text{أ}^{-\text{ن}} = \frac{1}{\text{أ}^{\text{ن}}}$$

مثال:

تعميمات (قوانين رياضية)

(1) مساحة المنطقة مربعة الشكل يساوي مربع الضلع.

(2) مساحة المنطقة المستطيلة الشكل تساوي الطول مضروب في العرض.

(3) مساحة المنطقة الدائرية الشكل تساوي مربع نصف قطرها مضروب في النسبة التقريبية.

(4) قانون توزيع الضرب على الجمع

أ × (ب + جـ) = أ × ب + جـ × د

خامساً: الإجراءات (Procedures)

هي مجموعة من الخطوات والطرائق مرتبة على وفق تسلسل معين، يؤدي ترتيبها وتسلسلها إلى تحقيق نواتج محددة، وهي معرفة إجرائية (Procedural Knowledge)، تتعلق بالمعارف والمعلومات ذات الطبيعة العملية، وما يؤديه المتعلم من أعمال وأفعال وأداءات مختلفة بعد مروره في خبرات وأنشطة تعليمية، وتحدد الأعمال والأفعال بدقة حتى يتسنى للمتعلم إنجاز المهمة التي تم تحديدها خطوة خطوة، ويمكن تحديد هذه المعرفة بالإجابة عن الأسئلة التي تبدأ بـ كيف؟

وما الأداءات التي يقوم بها المتعلم لتحقيق هدف (Marzion,1988,P35).

مثال:

(1) خطوات نقل زاوية معلومة

(2) تنصيف زاوية معلومة

(3) خطوات إقامة عمود على مستقيم من نقطة مفروضة عليه

(4) خطوات إنزال عمود على المستقيم من نقطة خارجة

(5) خطوات تنصيف قطعة مستقيمة

4:2:3 شروط تدريس التعميمات الرياضية

إن هنالك شروطا اتفق عليها عند تدريس التعميمات الرياضية قسمت إلى قسمين رئيسين:

1) الشروط الداخلية (Internal Condition)

2) الشروط الخارجية لتدريس التعميم (External Condition)

1. الشروط الداخلية (Internal Condition)

إن مهمة تعليم التعميمات الرياضية ليست مجرد تعلم نص التعميم بل هي فهم الفكرة المعبر عنها في التعميم، واكتساب القدرة على تطبيق ذلك التعميم. ولقد بحث أوزوبل (Ausubel,1968)، واوزوبل وربنسون (Ausuble & Robinson) وجانييه (Gange, 1970) الشروط الداخلية كمتطلب سابق لتعلم التعميمات هو الشرط الرئيسي الداخلي لتعلم ذي معنى للتعميم.

ولقد ناقش أوزوبل (Ausubel,1968) وظيفة التعلم القبلي بالنسبة لتعلم ذي معنى للتعميمات، واقترح على أن الشرط السابق الضروري، لتعلم ذي معنى " هو أن التعميم يجب أن يكون له علاقة بالأفكار المتوفرة في التركيب المعرفي للمتعلم " وقد أشارت فلدمان (Feldman, 1974) إلى وضع المفاهيم المكونة للتعميم قائلة أن تلك المفاهيم يجب أن تعلم قبل البدء بتعلم التعميم.

بشكل عام إن الدراسات التي أجريت سواء أكانت نظرية أو تجريبية دعمت النظرية القائلة بأن تعلم المفاهيم المكونة للتعميم، هو الشرط الرئيسي الداخلي لتسهيل عملية تعلم ذي معنى للتعميم، ويوضح جانييه (Gange, 1970) ذلك في المثال التالي أن التعميم " الطيور تطير جنوبا في الشتاء " يكون سهل التعلم عندما يتم المتعلم تعلم وإتقان المفاهيم الأربع المتضمنة فيه، فإذ أتقن المتعلم كل المفاهيم فيه عدا مفهوم الجنوب، فإن التعلم غير كافي.

2. الشروط الخارجية لتدريس التعميم (External Condition)

لقد قامت (Feldman, 1974) بوصف الشروط الخارجية بالمتغيرات التعليمية الأساسية أو الضرورية، وقام جانييه (Gange,1970) بالتحقق من شروط الموقف التعليمي الضرورية لتعلم ذي معنى، وجمع تلك الشروط لتشكيل ما يسمى " التتابع التدريسي " وهو على النحو التالي:

(1) أخبر المتعلم عن شكل الأداء المتوقع منه عندما يتم التعلم

(2) اسأل المتعلم عما يتذكر مما تعلمه مسبقا من مفاهيم مكونة للتعميم الرياضي

(3) استعمل جمل لفظية وإشارات (Guess)، تقود المتعلم لوضع التعميم الرياضي معاً كسلسلة من المفاهيم في ترتيب حقيقي.

(4) اسأل المتعلم لعرض حالة أو أكثر من الحالات التي تنطبق على التعميم.

(5) اطلب من المتعلم وصف التعميم الرياضي، أو عمل صياغة لفظية له.

إن التتابع التدريسي (تتابع جانييه)، اقترح أن الفرد إذا ما اكتسب المفاهيم المكونة، يصبح تعلم التعميم مسألة وضع المفاهيم معا في تتابع معقول.

5:2:3 تحركات المعلم في تدريس التعميمات الرياضية

أولاً: تحرك التقديم (Introduction Move)

ثانيا: تحرك المثال (Example Move)

ثالثا: تحرك اللامثال (Non- Example Move)

رابعا: تحرك صياغة التعميم (Generalization Move)

خامسا: تحرك التفسير (Explanation Move)

سادسا: تحرك التبرير (Justification Move)

سابعا: تحرك التطبيق (Application Move)

أولاً: تحرك التقديم (Introduction Move)

هو يعتبر لما سوف يتبعه من تحركات، حيث يقوم المعلم بالتقديم للتعميم من خلال بيان الهدف من تعلم التعميم، أو إقناع الطلبة بأهمية هذا التعميم لخلق دافعية (Motivation) نحوه، أومن خلال تركيز انتباه الطلبة على الموضوع الذي سوف يدرسونه.

ثانياً: تحرك المثال (Example Move)

يقوم المعلم باستخدام عدد من الأمثلة على التعميم، ويختلف عدد الأمثلة حسب نوع وصعوبة التعميم، والأمثلة في التعميم تعني إحدى الحالات (Cases) التي ينطبق عليها التعميم.

مثال:

التعميم "أي عدد زوجي أكبر أو يساوي (4)، يساوي مجموع عددين أوليين" فإن أحد الأمثلة عليه

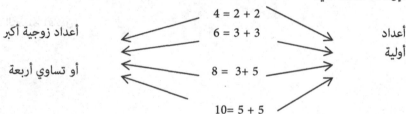

أعداد زوجية أكبر $4 = 2 + 2$ أعداد

      $6 = 3 + 3$ أولية

أو تساوي أربعة $8 = 3+ 5$

      $10= 5 + 5$

مثال: التعميم ع × (س + ص) = (ع × س) + (ع × ص)

فإن أحد الأمثلة عليه

2 (3 + 5) = (2 × 3) + (2 × 5)

6 + 10 = 16

ثالثاً: تحرك اللامثال (Non- Example Move)

في هذا التحرك يقوم المعلم بتقديم حالات لا ينطبق عليها التعميم لتكتمل الفكرة، ويتضح معنى التعميم بالنسبة للطلبة، ويعتبر هذا التحرك امتداداً لتحرك الأمثلة، ومعززاً لفهم الطالب لذلك التعميم.

رابعاً: تحرك صياغة التعميم (Generalization Move)

في هذا التحرك يقوم المعلم بتقديم نص التعميم للطلبة، أو يقوم المعلم بمساعدة الطلبة على اكتشاف التعميم وصياغته بصورة كلامية أو رمزية رياضية، وفي بعض الأحيان وخصوصاً في الصفوف الدنيا قد يكتفي المعلم بصياغة التعميم صياغة كلامية غير رياضية، وذلك لعدم امتلاك طلبة هذه المرحلة اللغة الرياضية المناسبة.

خامساً: تحرك التفسير (Explanation Move)

في كثير من الأحيان، قد تتضمن التعميمات في محتواها مفاهيم غير واضحة، أوقد يكون التعميم نفسه غير واضح في صياغته وألفاظه، فيقوم المعلم بمراجعة معاني هذه المفاهيم، أو صياغة التعميم بعبارات أوضح حتى يتضح المعنى الذي يتضمنه التعميم في ذهن الطالب.

مثال: التعميم (قانون)

(المساحة الجانبية للهرم القائم = 1 /2 محيط قاعدة الهرم × الارتفاع الجانبي له)، فإن على المعلم أن يوضح للطالب مفهوم المساحة، مفهوم الهرم القائم، مفهوم المحيط ، مفهوم القاعدة، مفهوم الارتفاع الجانبي، حتى يتضح معنى التعميم.

مثال: تعميم (نظرية)

ليكن ق (س) اقتراناً قابلاً للاشتقاق، (جـ) نقطة في مجال الاقتران، حيث قَ (جـ) = صفر

1- إذا كانت قَ(س) > 0، لكل س < جـ وقً (س) < 0 لكل س >جـ تكون ق (جـ) قيمة عظمى للاقتران (ق)

2- إذا كانت قَ (س) < 0 لكل س < جـ وقً (س) > 0 لكل س > جـ تكون قَ (جـ) قيمة صغرى للاقتران ق

فإذا المعلم لم يوضح ويفسر كل المفاهيم الواردة في هذه النظرية، فإنه سيكون من الصعب على الطالب فهم هذا التعميم، فمثلاً يجب على الطالب أن يكون مدركاً لمفهوم الاقتران، ومفهوم قابلية الاشتقاق وشروطها، ومفهوم المجال، مفهوم قيمة عظمى، مفهوم قيمة صغرى، مفهوم المشتقة، مفهوم أكبر من، مفهوم أصغر من.... حتى يستطيع أن يفهم التعميم.

سادساً: تحرك التبرير(Justification Move)

تبرير التعميم يعني إعطاء الدليل أو السبب الذي يبين أو يؤكد على صحة التعميم ويجعل الطلبة يقتنعون به، فقد يلجأ المعلم إلى إثبات صحة التعميم بالبرهان، أو إعطاء عدد من الأمثلة، أومن خلال الأشكال والرسوم.

ففي حالات تقديم تعميم لطلبة المرحلة الدنيا، فإنه في العادة يلجأ المعلم بتبرير صحة هذا التعميم باستخدام الأمثلة أو اللأمثلة والأشكال والرسوم التوضيحية، ويبتعد عن البرهان الرياضية

أما في حالة تقديم التعميم لطلبة المرحل العليا، فإنه في العادة يلجأ المعلم إلى البرهان الرياضي ليقوم بإقناع الطلبة على صحة هذا التعميم، وذلك أن طلبة هذه المرحلة قد وصلوا إلى مرحلة القدرة على التفكير والتحليل والاستدلال الرياضي، ووضع الفرضيات واختيارها وإيجاد الحلول.

مثال:

التعميم (كل عدد حقيقي مرفوع للقوة صفر = 1، علماً بأن العدد الحقيقي لا يساوي صفر).

التعليل للمراحل الدنيا

$$\text{إذا كان} \quad \frac{3}{3} = 1$$

$$\text{فإن:} \quad 3^1 \div 3^1 = 3^{1-1} = 3^0 = 1$$

التعليل للمراحل العليا

$$\frac{أ^ن}{أ^ن} = أ^ن \div أ^ن = أ^{ن-ن} = أ^0$$

$$\text{ولكن} \quad \frac{أ^ن}{أ^ن} = 1 \quad \Longleftarrow \quad أ^0 = 1$$

مثال:

التعميم (مساحة المنطقة الدائرية يساوي مربع نصف قطرها مضروبا في النسبة التقريبية، أي أن

$$\text{مساحة المنطقة الدائرية} = نق^2 \times \Pi$$

التعليل للمراحل الدنيا

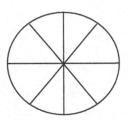

لو قمنا بقص الدائرة على شكل ثمانية مثلثات صغيرة، وإعادة ترتيبها الشكل التالي:

نق

إذن، المنطقة الدائري تقترب من المنطقة متوازي الأضلاع.

⟵ مساحة المنطقة متوازية الأضلاع = القاعدة ×الارتفاع

$= 1 \times$ محيط الدائرة $\times \frac{\text{نق}}{2}$

$= 1 \times 2 \times \text{نق} \times \pi \times \frac{\text{نق}}{2}$

$= \text{نق}^2 \times \pi$

⟵ مساحة المنطقة الدائرية $= \text{نق}^2 \times \pi$

التعليل لمستوى أعلى

تأخذ شكل هندسي ذو عدد كبير من الأضلاع. (ن) من الأضلاع

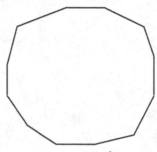

وباستخدام تعريف النهاية، نرى أن الشكل سوف يقترب من الدائرة:

نهـا

= المنطقة الدائرية

ن ⟵ &

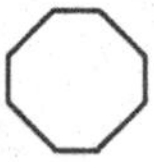

سابعاً: تحرك التطبيق (Application Move)

وفي هذا التحرك يقدم المعلم الأسئلة والتدريبات والتمارين التي تتطلب استخدام التعميم، ويندرج في هذا التحرك المواقف المباشرة على التعميم من التدريب والتمارين العادية على التعميم إلى المواقف غير المباشرة على التعميم من (حل مسألة).

6:2:3 طريقة العرض في تدريس التعميمات

تتميز هذه الطريقة في تدريس التعميمات الرياضية بتقديم (صياغة للتعميم) في مرحلة مبكرة، أي أن (تحرك صياغة التعميم) يأتي في بداية التحركات التي يستخدمها المعلم، ويلي ذلك بطبيعة الحال تحركات أخرى مثل تحركات التي يستخدمها المعلم، ويلي ذلك بطبيعة الحال تحركات أخرى مثل تحركات الأمثلة وتحركات اللاأمثلة، أو ربما يدخل المعلم تحركات التفسير وتحركات التبرير.

ويرى مؤيدوا هذا الاتجاه أن تعلم الرياضيات بطريقة العرض المنظم يعتمد في جوهره على التتابع الدقيق للخبرات التعليمية، بحيث ترتبط الخبرات التي يتم تعلمها ارتباطا واضحا بما يسبقها، وهذا الارتباط بين البنية المعرفية الراهنة للمتعلم والمادة الجديدة التي سوف يتعلمها، يجعل هذه المادة ذات معنى، كما يسهل انتقال أثر التعلم (Ausubel,1966)، (Gange,1973).

ويذكر بل (Bell, 1978) مجموعة من الأنشطة (تحركات) التي تستخدم لتدريس التعميمات الرياضية بطريقة العرض وهي:

(1) مناقشة الأهداف مع الطلبة.

(2) تحديد ومناقشة المفاهيم والمبادئ المتطلبة مسبقا (لدراسة موضوع جديد) من خلال التقويم القبلي.

(3) تسمية التعميم.

(4) استنتاج أو برهنة صحة التعميم.

(5) عرض التعميم من خلال مزيد من الأمثلة.

(6) تطبيق التعميم في مواقف جديدة.

(7) تقويم تمكن الطلبة من التعميم من خلال التقويم البعدي.

ومن الاستراتيجيات الشائعة في تدريب التعميمات بطريقة العرض هذه الاستراتيجية (أبو زينة،1994، ص216)

1- تحرك التقديم: في هذا التحرك يقدم المعلم لطلبة مقدمة تمهيدية عن التعميم، ذكراً فيها الأهداف والمتطلبات السابقة

2- تحرك صياغة التعميم: في هذا يقدم المعلم نص التعميم كلاماً أو رمزاً

3- تحرك الأمثلة: يورد المعلم هنا مثالاً أو أكثر على التعميم

4- تحرك التفسير: حيث يوضح المعلم المفاهيم والمعاني التي يتضمنها نص التعميم

5- تحرك التبرير: فيقدم المعلم الدليل على صحة التصميم أو أية وسيلة لإقناع الطلبة بصحته.

وفيما يلي بعض الأمثلة على طريقة العرض:

مثال:

خطوات العرض في تدريس التعميم [خاصية توزيع الضرب على الجمع في الأعداد النسبية]

(1) تحرك التقديم : وذلك من خلال جذب انتباه الطلبة للدرس من خلال توضيح الهدف المراد تحقيقه، وتذكير الطلبة بالمتطلبات السابقة من حقائق الضرب، وقانون التوزيع الضرب على الجمع في الأعداد الصحيحة.

(2) تحرك صياغة التعميم: الخاصية هي:

$$\frac{أ}{ب} \times (\frac{ج}{د} + \frac{ه}{د}) = \frac{أ}{ب} \times \frac{ج}{د} + \frac{أ}{ب} \times \frac{ه}{و}$$

وتدعمه خاصية توزيع الضرب على الجمع في الأعداد النسبية

(3) تحرك الأمثلة مع التبرير

يقوم المعلم بتقديم عدد من الأمثلة على الخاصية

مثال:

$$\frac{4}{5} \times \left(\frac{6}{7} + 2\right) =$$

$$= \frac{4}{5} \times 2 + \frac{4}{5} \times \frac{6}{7}$$

$$\frac{8 \times 7}{5 \times 7} + \frac{24}{35}$$

$$= \frac{24 + 56}{35} = \frac{80}{35}$$

وتبرير النتيجة:

$$\frac{4}{5} \times \left(\frac{6}{7} + 2\right)$$

$$\frac{4}{5} \times 2\frac{6}{7}$$

$$\frac{4}{5} \times \frac{20}{7}$$

$$= \frac{80}{35}$$

لاحظ أنه عند إيجاد الناتج (بالجمع أولاً ما بين القوسين) ثم إجراء عملية الضرب. سيكون الناتج هو نفسه.

(4) تحرك التطبيق:

يطبق التعميم السابق في إيجاد ناتج ما يلي:

$$12\frac{1}{3} \times \frac{2}{3}$$

$$(12 + \frac{1}{3}) \times \frac{2}{3}$$

$$12 \times \frac{2}{3} + \frac{1}{3} \times \frac{2}{3}$$

$$8 = \frac{2}{9} \qquad =$$

$$8\frac{2}{9} \qquad =$$

ويستطيع المعلم أن يقدم تدريبات على الموضوع

مثال:

خطوات طريقة العرض في تدريس التعميم [يمكن جمع مصفوفتين إذا وفقط إذا كانت من الرتبة نفسها]

(1) تحرك التقديم: تعرفنا على مفهوم المصفوفة، ومدخلات المصفوفات وعناصرها،هنا سوف نحاول أن تقوم بعملية جمع لمصفوفتين وشروطها

(2) تحرك صياغة التعميم والتفسير: (يمكن جمع مصفوفتين إذا وفقط إذا كانت من الرتبة نفسها) ويوجه المعلم نظر الطلبة لما يعنيه هذا التعميم ويفسره للطلبة.

(3) تحرك الأمثلة مع التبرير

مثال:

$$\begin{bmatrix} 3+4 & 1+2 \\ 0+5 & 2+3 \end{bmatrix} = \begin{bmatrix} 3 & 1 \\ 0 & 2 \end{bmatrix} + \begin{bmatrix} 4 & 2 \\ 5 & 3 \end{bmatrix}$$

$$= \begin{bmatrix} 7 & 3 \\ 5 & 5 \end{bmatrix}$$

ويبين المعلم للطلبة بإن عملية الجمع هنا، هي نفس عملية الجمع على الأعداد، كل عنصر ـ في المصفوفة الأولى يجمع مع العنصر المناظر له في المصفوفة الثانية

مثال:

$$[6 \quad 5 \quad 4] + [3 \quad 2 \quad 1]$$
$$[6+3 \quad 5+2 \quad 4+1] =$$
$$= [9 \quad 7 \quad 5]$$

مثال:

$$\begin{bmatrix} 1 & 2 & 1 \\ 0 & 0 & 1 \\ 1 & 1 & 1 \end{bmatrix} + \begin{bmatrix} 7 & 4 & 1 \\ 8 & 5 & 2 \\ 9 & 6 & 3 \end{bmatrix}$$

$$= \begin{bmatrix} 1+7 & 2+4 & 1+1 \\ 0+8 & 0+5 & 1+2 \\ 1+9 & 1+6 & 1+3 \\ 8 & 6 & 2 \end{bmatrix}$$

$$\begin{bmatrix} 8 & 5 & 3 \\ 10 & 7 & 4 \end{bmatrix} =$$

(4) تحرك اللامثلة

$$[5 \quad 2 \quad 1] + \begin{bmatrix} 3 & 1 \\ 4 & 2 \end{bmatrix}$$

لاحظ هنا لا نستطيع أن نجري عملية الجمع لان المصفوفات ليست من نفس الرتبة.

مثال:

$$\begin{bmatrix} 3 & 1 \\ 0 & 2 \end{bmatrix} + \begin{bmatrix} 1 & 2 & 1 \\ 0 & 2 & 5 \\ 1 & 2 & 1 \end{bmatrix}$$

لاحظ أنه لا يمكن إجراء عملية الجمع لان المصفوفات ليست من نفس الرتبة.

(5) تحرك التطبيق

ينطبق التعميم السابق في إيجاد حل معادلات تحتوى جمع مصفوفات

مثال: اكتب حل المعادلة التالية

$$\begin{bmatrix} -2 & -1 \\ 3 & 8 \end{bmatrix} = \begin{bmatrix} -2 & 1 \\ -1 & 5 \end{bmatrix} + \begin{bmatrix} 0 & س \\ 2ص & 3 \end{bmatrix}$$

بإجراء عملية الجمع ينتج أن

$$\begin{bmatrix} س+1 & -2 \\ 8 & 2ص-1 \end{bmatrix} = \begin{bmatrix} -1 & -2 \\ 8 & 3 \end{bmatrix}$$

وبما أن المدخلات المتناظرة متساوية فان.

س +1 = -1

-1 -1

ومنها س= -2، وكذلك 2ص - 1 = 3

+1 +1

2 ص = 4

ومنها ص=2

مثال

[2 3س] = [د -ص 6] + [-1 3]

[2 3س] = [1 -ص-1 6+3]

[2 3 س] = [-ص 9]

وبما أن المدخلات المتناظرة متساوي فان

2=- ص ومنها

ص= -2

وكذلك 3س=9

ومنها س=3

7:2:3 طريقة الاكتشاف الموجه في تدريس التعميمات

الفارق الرئيسي بين هذه الطريقة والطريقة السابقة. هو موقع تحرك صياغة التعميم في سلسلة التحركات المستخدمة، فيمكن النظر إلى هذه الطريقة كسلسلة من التحركات تأتي فيها صياغة التعميم، والتأكيد عليه في مرحلة متناظرة بخلاف طريقة العرض.

وتقسم طريقة الاكتناف الموجه إلى قسمين رئيسين حسب شولمان (shulman ,1970)، حيث ذكر شولمان أربعة أوجه معبر عن الاكتشاف:

القاعدة	الحل	نوع التوجيه	طريقة التعلم
معطاة	معطى	تام	استقبالية
معطاة	غير معطى	جزئي	استدلالية (اكتشاف موجة)
غير معطاة	معطى	جزئي	استقرائية (اكتشاف موجه)
غير معطاة	غير معطى	معدوم	اكتشاف موجه

الطريقة الأولى: أسلوب الاكتشاف الاستقرائي (inductive)

ويعني الوصول إلى نتيجة من خلال بعض المشاهدات (observation) الخاصة. وتتضمن هذه الطريقة تقديم حالات على التعميم ويطلب من المتعلمين استخلاص التعميم من خلالها،حيث يساعدهم المعلم بتقديم المزيد من الحالات أن طلبوا ذلك ((Helda taba،حيث يتم الانتقال في الأسلوب الإستقرائي من الجزء إلى الكل أي من (الأمثلة إلى التعريف) (بلقيس، ومرعي، 1983).

مثال:

2=1+1

4=1+3

6=3+3

$$8=5+3$$
$$10=5+5$$
$$12=5+7$$
$$14=7+7$$
$$16=9+7$$
$$18=9+9$$

يستطيع الطالب أن يستنتج أن " ناتج جمع عددين فردين يساوي عدد زوجي "

لاحظ أن الانتقال كان من حالات التعميم إلى التعميم،(أمثلة - التعريف)، فإذا كان التعميم صحيحا يعرف المعلم أن الطلبة قد توصلوا إلى الاكتشاف الصحيح، وليس من الضروري أن تكون الصياغة الكلامية ضرورية في كثير من الأحيان، فقد يدرك الطالب التعميم دون أن يستطيع التعبير عنه بالكلام (Hendrix,1961)، ولكي يتأكد المعلم أن الطلبة قد أدركوا التعميم يعطيهم بعض الأمثلة الصعبة نسبياً، والتي لا يستطيع الطالب الإجابة عليها إلا إذا أدرك التعميم فعلا (أبو زينة، 1994)

مثال:

التعميم (الطريقة الاستقرائية)

القطعة المستقيمة التي تصل بين منتصفي ضلعين في مثلث توازي الضلع الثالث وطولها يساوي نصف طوله.

(1) تحرك التقديم (3-5) دقائق

يتم فيها مراجعة ما يلي

1- المثلث   2- نقطة منتصف ضلع المثلث

3- القطعة المستقيمة   4 - التوازي

(2) تحرك الأمثلة:

يقسم المعلم الطلبة حسب مقاعدهم إلى مجموعات ويطلب من الطلبة ما يلي.

- المجموعة الأولى: رسم مثلث أضلاعه 4،6،8
- المجموعة الثانية: رسم مثلث أضلاعه 2،3،4
- المجموعة الثالثة: رسم مثلث أضلاعه 3،5،7

ثم يطلب من كل مجموعة تنصيف ضلعين من أضلاع المثلث، والتوصيل بين منتصفي الضلعين بقطعة مستقيمة.

- يطلب من الطلبة قياس طول القطعة المستقيمة، ومقارنتها بطول الضلع الثالث في المثلث.
- يطلب المعلم ما الطلبة استخدام المسطرة والمثلث للتأكد من علاقة التوازي بين القطعة المستقيمة التي تصل بين منتصفي ضلعي المثلث والضلع والثالث في المثلث.

(3) تحرك التبرير:

يقوم المعلم بإخراج احد طلبة المجموعة الأولى على السبورة، لينصف ضلعين من أضلاع المثلث (مثلث المجموعة الأولى)، ثم يخرج طالب آخر ليتأكد من أن طول القطعة التي تصل بين منتصفي ضلعي المثلث يساوي نصف طول الضلع الثالث، وتوازيه ويتم نفس الإجراء للمثلثات الأخرى

(4) تحرك صياغة التعميم:

يقوم المعلم باستخلاص التعميم من الطلبة ومساعدتهم في ذلك ثم يعرض نص التعميم على لوحة كرتونية، ثم يطلب من احد الطلبة قراءة التعميم بصوت مرتفع.

(5) تحرك التطبيق:

يعرض المعلم مثلثاً على لوحة كرتونية، ويصل بين منتصفي ضلعين فيه، ثم يمد طول الضلع الثالث للمثلث، ويطلب من الطلبة إيجاد طول القطعة حسب القاعدة ثم التأكد من الحل.

ومن الجدير بالذكر بإن طريقة الاكتشاف الموجه (الطريقة الاستقرائية) تستخدم أيضاً في تدريس المفاهيم بالإضافة إلى تدريس التعميمات:

مثال: تدريس مفهوم باستخدام الطريقة الاستقرائية
- المفهوم: شبة المنحرف

الطريقة الثانية: أسلوب الاكتشاف الاستدلالي deductive

يلعب هذا الأسلوب دورا هاما في تعليم الرياضيات من (مفاهيم وتعميمات)، وجوهر هذا الأسلوب هو تقديم مفاهيم وتعميمات للطلبة، وتشجيعهم على اشتقاق معلومات رياضية ليست معروفه مسبقا.(أبو زنية، 1995، ص160)

وتتضمن هذه الطريقة تقديم تعريف للمفهوم أو تقديم صياغة للتعميم يوضح فيه المعلم السمات المميزة لذلك المفهوم أو التعميم، ثم تقديم أمثلة توضيحية يحدد من خلالها الخصائص الحرجة للمفهوم أو التعميم. أو أن يطلب المعلم من المتعلمين أمثة على المفهوم (Johnson and rising, 1972) ، ويتضمن ذلك أن الطريقة الاستنتاجية توجب الانتقال من الكل إلى الجزء. (التعريف ◄ـالأمثلة).

ولا يخفى أن بعض التعميمات قد تعلم بالأسلوب الاستقرائي أو بالأسلوب الاستدلالي أو الاثنين معاً، وعلى المعلم أن يدرك طبيعة التعميم المراد تعليمية ونوعية الطلبة. ومدى الوقت الذي عنده، كي يقرر أي الأسلوبين سيتبع.

8:2:3 تقويم اكتساب التعميمات

يعد نموذج (Davis,1978) في اكتتاب التعميمات من أشهر النماذج الموجودة، والنموذج مبني على تحركات الطلبة حيث تتدرج هذه التحركات في مستويين

المستوى الأول: فهم المعنى المتضمن في التعميم

المستوى الثاني: تبرير التعميم واستخدامه

المستوى الأول: فهم المعنى المتضمن في التعميم

ويشتمل هذا المستوى على التحركات التالية:

1- فهم المفاهيم والمصطلحات الواردة في التعميم.
2- صياغة التعميم بلغة الطالب الخاصة.
3- إيراد أمثلة وحالات خاصة على التعميم.
4- ذكر الشروط الضرورية لاستخدام التعميم.
5- استخدام التعميم في حالات خاصة وبسيطة.

المستوى الثاني: تبرير التعميم واستخدامه

ويشتمل هذا المستوى على التحركات التالية:

1- بيان صحة التعميم أو برهنته.
2- استخدام أمثلة عددية ومادية لتوضيح التعميم.
3- التعرف على استخدامات التعميم في موافق غير مألوفة.

مثال: التعميم (نظرية)

نظرية فيتاغورس:- في المثلث القائم الزاوية، مربع الوتر يساوي مجموع مربعي الضلعين الآخرين

المستوى الأول: فهم المعنى المتضمن في التعميم

1- فهم المفاهيم والمصطلحات الواردة في التعميم

المفاهيم هي: المثلث، المثلث القائم، الزاوية، الوتر، مربع (مـع تمثيـل المفـاهيم بيانيـا وتوضـيحها وتفسيرها)

2- صياغة التعميم بلغة الطالب الخاصة

بإمكان الطالب كتابة أو صياغة نظرية فيتاغورس باستخدام الرموز أو صور كلامية

3- إيراد أمثلة وحالات خاصة على التعميم

إعطاء الطالب أمثلة على مثلثات قائمة وتحقق نظرية فيتاغورس

مثل

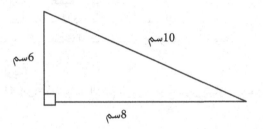

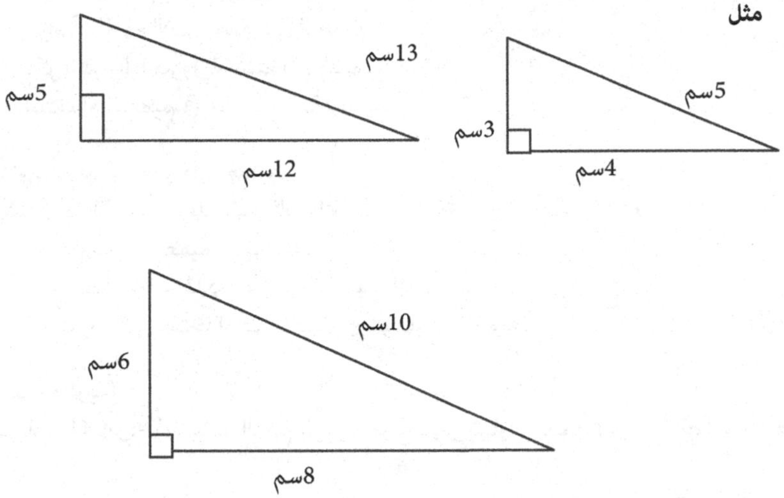

وما إلى ذلك

4- ذكر الشروط الضرورية لاستخدام التعميم

يلاحظ الطالب الشرط أن المثلث يجب أن يكون قائم الزاوية، وان مربع طول الوتر (وهو أكبر ضلع في المثلث) يساوي مجموع مربعي الضلعين الآخرين، أن يلاحظ الطلبة أن الكلام هنا على مربعات أطوال الأضلاع،وليس أطوال الأضلاع.

5- استخدام التعميم في حالات خاصة وبسيطة

يسأل المعلم الطلبة لإيجاد أطوال الأضلاع للمثلثات القائمة باستخدام نظرية فيتاغورس

مثال: أوجد طول الضلع في كل مما يلي

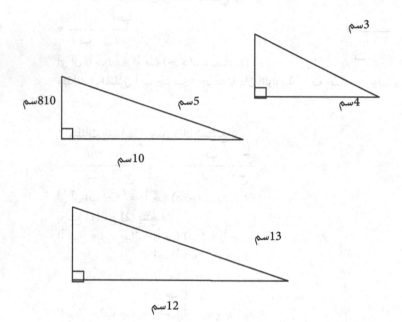

وهكذا.

المستوى الثاني: تبرير التعميم واستخدامه

1- بيان صحة التعميم أو برهنته

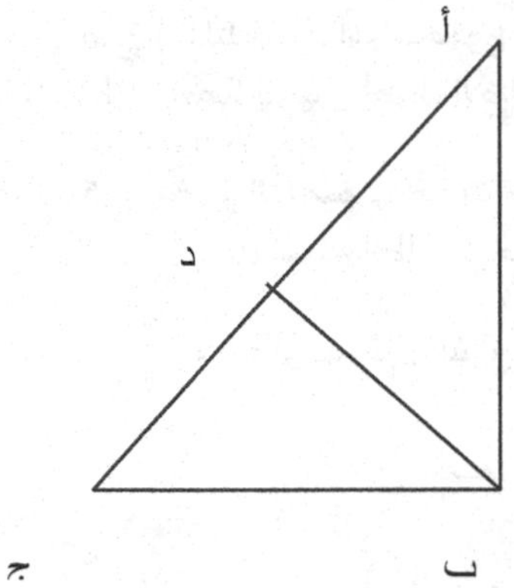

هنا يقوم الطلبة بالبرهان على صحة النظرية.

البرهان: ليكن (ب د) عمودا على الوتر (أ جـ)

نبحث في تشابه المثلثين أ ب جـ أ د ب

فيهما في تشابه المثلثين فيما الزاوية

أ ب جـ = الزاوية أ د ب وزاوية ب أ جـ

مشتركة

● المثلثات متشابهان، ومن ذلك نستنتج أن

$$ \bullet \quad \frac{أ\ ب}{أ\ د} = \frac{أ\ جـ}{أ\ ب} $$

أي أن (أ ب)^2 = (أ جـ) (جـ د)..............(1)

وكذلك في المثلثين أ ب جـ ب د جـ متشابهان الزاوية أ ب جـ = الزاوية ب د جـ زاويـة جـ مشتركة

* المثلثات متشابهان، ومن ذلك نستنتج أن

$$ \frac{أ\ جـ}{ب\ جـ} = \frac{ب\ جـ}{د\ جـ} $$

أي أن (ب جـ)^2 = (أ جـ) (د جـ)............(2)

بجمع (1) مع (2) ينتج أن

(أ ب)^2 + (ب جـ)^2 = (أ جـ) (أ د) + (أ جـ) (د جـ)

= أجـ (أ د + د جـ)

= (أ جـ) (أ جـ)

= (أ جـ)^2

(أ ب)^2 + (ب جـ)^2 = (أ جـ)^2 وهو المطلوب

2- استخدام أمثلة عددية ومادية لتوضيح التعميم

حيث يعطى الطالب أمثلة عددية على التعميم أو أمثلة مادية مثل إعطاء الطالب أعداد فيتاغورسية

3 ، 4 ، 5   6 ، 8 ، 10   5 ،12، 13

وهكذا

3- التعرف على استخدامات التعميم في موافق غير مألوفة

مثل أن يتوصل الطالب إلى النسب المثلثية للزاويا الخاصة باستخدام نظرية فيتاغورس. وما إلى ذلك من التطبيقات غير المباشرة في استخدام التعميم

مثال: أقلعت طائرة باتجاه الجنوب مسافة 90كم، ثم باتجاه الشرق مسافة 60كم، ثم باتجاه الشمال مسافة 50كم، وأخيرا باتجاه الغرب مسافة 130كم، ما بعد الطائرة عن نقطة الانطلاق؟ (ارتفاع الطائرة ثابت)

مثال: قطعة ارض مستطيلة الشكل طولها 30م، وعرضها 16م. احسب طول قطرها

مثال: المثلث أ ب جـ يمثل حديقة يراد احاطتها بسياج، من المعلومات المبينة احسب طول السياج

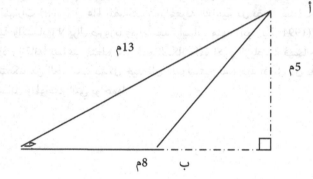

3:3 المهارات الرياضية وأساليب تدريسها

1:3:3 المهارات والخوارزميات (تعريفات)

المهارة: نمط معقد من النشاط الهادف يتطلب أداؤه معالجة وتدبرا وتنسيق معلومات وتدريبات سبق تعلمها، وتتراوح المهارات الرياضية من حيث التعقيد وصعوبة الأداء بين البسيط نسبيا (كإجراء عملية جمع لعددين طبيعيين) والشديد التعقيد (كإيجاد حلول لأنظمة معادلات). (الحلية ومرعي، 2002)

والطالب حين يقوم بالإعمال الرياضية من جمع وطرح وقسمة وضرب للأعداد، أو يستخرج الجذر التربيعي أو التكعيبي أو يجد المضاعف المشترك الأصغر، أو القاسم المشترك الأكبر، وما إلى ذلك من أعمال، فإنه يستند على طريقة ما أو إجراءات معينة تسمى الخوارزميات (procedures or logarithms)، وتعرف الخوارزمية ((algorithm، بأنها الطريقة الروتينية للقيام بعمل ما (أبو زينة،1994) أما المهارة فهي القيام بالعمل بسرعة ودقة وإتقان.

2:3:3 أهمية المهارات

ازدادت أهمية المهارات في معظم ميادين المعرفة لاسيما في العقود الأخيرة فبالمهارات نحصل على أفعال، وازدادت أهمية المهارات (skills) في عالم تتضاعف فيه المعرفة العلمية كل بضعة سنوات، حيث أن تدريس المهارات الرياضية واكتسابها لا يزال ضروريا وهاماً لعدة أسباب منها: (أبو زينة، 1994)

- اكتساب المهارة وإتقانها يساعد المتعلم على فهم الأفكار والمفاهيم الرياضية فهما جيدا، فإذا كان المتعلم متمكنا من الحسابات بشكل جيد فان ذلك سيتيح له فرصة أفضل لأن يوجه تفكيره واهتمامه بالمسائل والمواقف التي يواجهها.

- إتقان المهارات يتيح الفرصة للمتعلم لأن يوجه تفكيره وجهده ووقته بشكل أفضل في المسائل والمواقف التي يواجهها وبالتالي تسهل عليه حل المشكلات.
- القيام بالمهارات واكتسابها يزيد من معرفة المتعلم وإلمامه بخصائص الأعداد والعمليات المختلفة عليها.
- إتقان المهارات واكتسابها يعمق فهم الطالب للنظام العددي والترقيم والبنية الرياضية عموما.
- إتقان المهارة واكتسابها يسهل أداء الكثير من الأعمال الحياتية واليومية للفرد في العمل والبيت والتعامل مع الآخرين بسهولة ويسر.
- إتقان المهارة واكتسابها يسهل على المتعلم حل المشكلات حلاً علميا سليما. وتنتمي قدرة المتعلم الإنتاجية على حل المسائل.
- بعض المواقف لا تحتاج إلى آلة حاسبة، فقد تحتاج إلى حسابات أولية تعتمد على مهارة الفرد وقدرته على إجراء الحسابات ذهنيا، واللجوء إلى الآلة الحاسبة باستمرار يعطل التفكير، ويصيبه بالركود
- وتكثر هذه الأيام الشكاوى بين المعلمين والمتعلمين والتربويين وأولياء الأمور من العجز الظاهر عند الطلبة في أداء المهارات الأساسية ويعزو البعض أسباب ذلك إلى ما يلي:

1) الافتقاد إلى المتعة والميل والاستعداد عند المتعلمين في التعامل مع الأعداد والرموز.
2) النقص الواضح في اهتمام المتعلمين بتعلم المهارات مع ظهور الآلات الحاسبة
3) وسائل وأساليب التعليم غير الفعالة التي يستخدمها المعلمون في تعليمهم للمهارات الرياضية.

4) يعتقد البعض أن تعلم المهارات الرياضية أضحى غير ضروري هذه الأيام بسبب التقدم التكنولوجي الكبير في مجال الحاسوب الشخصي
(personal computer) والآلة الحاسبة (calculator).

3:3:3 المبادئ التربوية والنفسية في تعليم المهارة الرياضية

عند التخطيط لتعليم وتعلم المهارات الرياضية لا بد من مراعاة عدد من المبادئ التربوية والنفسية وهذه المبادئ هي: (فرحان، وآخرون،1994)

- تعلم المهارات الرياضية في أفضل صورها عندما يحاول النشاط التعليمي التركيز على تنمية المهارات نفسها.
- يتم تعلم المهارات الرياضية بشكل أفضل، عندما تكون تلك المهارات ذات أهمية للمتعلم، وتتوفر للمتعلم الرغبة في تعلم المهارة، وتتوافر له الحوافز المشجعة على التعلم.
- يمكن قياس المهارة الرياضية، وتحسينها عن طريق تغيرات في سلوك المتعلم.
- يتم تعلم المهارات بشكل أفضل إذا توافرت خطة منظمة لتتابع المهارات في البرنامج المدرسي، أي الانتقال من المهارات البسيطة إلى المهارات الأعقد.
- يتم تعلم المهارات بشكل أفضل عندما تكون تلك المهارات جزءا من نشاط تعليمي معين وليست بشكل منفصل.
- إن تعليم المهارة وتعلمها يتطلبان طرائق جيدة فعالة وإلا فان المتعلم سيهدر جهودا كبير.
- إن التدريب الموزع والتدريجي يؤدي إلى نتاجات أفضل بالنسبة للمهارات الصعبة والمعقدة التي تشمل على عدة مهارات (انظر الشكل التالي).

- إن طرق تعليم وتعلم المهارة يجب أن يخطط لها بدقة وتكون هادفة وتعتمد على احترام المتعلم، وتقدير قدراته حق قدرها وإشراكه باستمرار في عملية تنظيم تعلمه.

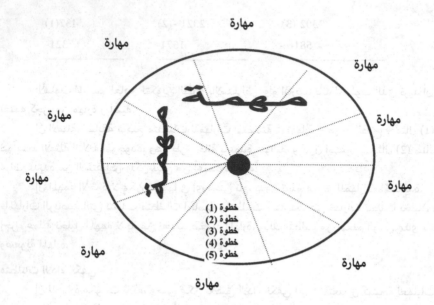

العلاقة بين المهارة الكلية وأجزائها الفرعية

4:3:3 المتطلبات الأساسية الأداء المتقن للمهارات الرياضية

إن أية مهارة يتم تحليلها ينبغي أن يتوافر لدى المعلم الذي يقوم بتحليلها عدد من الأمور هي:

1) تحديد أهمية المهارة، ودورها بالنسبة لتنفيذ العمل.

2) تحديد خطوات التدرج المنطقي لتأدية المهارة.

3) وصف طريقة تأدية العمل أو المهارة بدقة وتدرج.

4) تحديد درجة قبول الأداء المناسب بالاستناد إلى معايير ثابتة حتى لا تتأثر بمن يؤدي العمل.

إن التعلم السابق للمتطلبات الأساسية ولتعلم المهارات الرياضية يعتبر أمرا ضرورياً ومهماً، ومثال على معنى المتطلبات الأساسية قدمها (gange,1977) لمهمة طرح أرقام كاملة مثل هذه الحقائق يمكن أن تمثل بمشاكل مثل الآتية:

437(1)	2321 -(2)	7302 (3)
321-	1571-	5816 -

الأسلوب المتعلم العادي لتكوين الطرح بالاستقراض، ولو افترضنا بأنه الأسلوب الذي نريد أن نعلمه كجزء من مهارة رياضية.

إن الأمثلة السابقة توضح متطلبات للمهارات المتضمنة في المهارة - مهارة الطرح - مثال (1)، هوأبسط الأمثلة الثلاثة الموجودة، وهو طرح خانة بأعمدة متوالية، وبدون استقراض. مثال (2) هنالك مرات عديدة من الاستقراض ولكن ليس من أعمدة متتالية.

إن المهمة الأخيرة لا يمكن تعلمها في أي معنى تام، بدون تعلم مسبق للمهارات المساعدة، فالمهارات الرياضية التي تتطلب متطلبات أساسية ومتطلبات مساعدة، هي مهارات تتطلب تحليلا، وقبل إجراء عملية تحليل المهمة لا بد من تحديد صعوبة المهارة، وذلك يتطلب من المعلم الوعي بمدى سهولة وصعوبة المهارة.

متطلبات الأداء الكفي

إن للمهارة مكونات ثلاثة، وحتى يمكن تحقيق الأداء الكفي لدى المتعلمين كنتيجة لعمليات التدريب، لا بد من توافر ثلاثة مكونات أساسية وهي:

(1) معلومات ومعارف ومفاهيم

(2) حركات وتنسيق بين الحركات

(3) قيم واتجاهات يتبناها الفرد الذي يتدرب على تأدية المهارة

وتتطلب المهارة الرياضية خمسة أنواع من الخطوات حتى يمكن تحقيق تعلم وإتقان تأدية المهارة وهي:

1) خطوات الأداء الرئيسية للمهارة وتضم جميع الأداءات الأساسية التي يقوم بها المتعلم.
2) خطوات فرعية للمهارة، وتضم الخطوات الإجرائية الصغيرة المكونة لكل من الخطوات الكبرى.
3) الخطوات المعرفية القبلية، مجموعة المفاهيم والمبادىء والقواعد الضرورية لتعلم المهارة وتنفيذ خطواتها.
4) الخطوات المعرفية المتخللة أثناء التنفيذ.
5) الخطوات المعرفية البعدية، وتتضمن معرفته بعد إنجاز المهمة.

5:3:3 المكون المعرفي للمهارات الرياضية

إن للمهارات الرياضية ثلاثة مستويات باعتبارها مكون معرفي، وهذه المستويات هي (مرعي وآخرون، 1993)

المستوى الأول: معرفة أو معلومات يزود بها المتعلم قبل الأداء المتصف بالمهارة
مثال:

- تعريف المتعلم بمعايير الأداء الجيد والمقبول ليستعين بها في تقويم أدائه.
- إعطاء المتعلم فكرة عامة، ونظرة شاملة عن المهارة المستهدفة.
- تقديم نموذج أو مثال من الأداء المتوقع وذلك بقيام المعلم بأداء المهارة الرياضية أمام المتعلم وإعطاء بعض التوجيهات التحذيرية التي تجنب المتعلم بعض الأخطاء، وينبغي أن يتجنب المعلم الشرح الطويل أو الممل قبل بدء التدريب أو الأداء، وان يتجنب الإكثار من التوجيهات والإرشادات والتحذيرات، لان ذلك كله يربك المتعلم، ويعرقل أداؤه للمهارة المنشودة.

المستوى الثاني: معرفة أو معلومات تعطى في إثناء التدريب

مثال:

بعض التلميحات الهادية، والإرشادات التي تساعد المتعلم على تصحيح مساره، وتقليل التباين بين أدائه والأداء الصحيح، وينبغي أن تكون التلميحات والتوجيهات معينة للمتعلم ومفيدة لأدائه دون إرباك (التغذية الراجعة)

المستوى الثالث: معرفة أو معلومات تعطى بعد التدريب والأداء

مثال:

- التغذية الراجعة التي يقدمها المعلم في ضوء التقويم التكويني الذي يواكب العمل، ويتتبع كل خطوة من خطوات العمل ومراحل أداء المهمة المنشودة، وينبغي أن تكون التغذية الراجعة ايجابية،لان الملاحظات السلبية تؤدي إلى تخبط المتعلم، وإرباكه وتأخير تقدمه في أداء المهارة

- يمكن للمعلم أن يتبع أسلوب تشكيل السلوك في مساعدة المتعلم على تعديل سلوكه المتصل بالمهارة الأدائية المستهدفة، ويكون ذلك بمراقبة الأداء المنشود وبشكل تدريجي، ويستمر المعلم في ذلك التشجيع والتعزيز إلى أن يصل المتعلم إلى مستوى الأداء المطلوب.

- ينبغي على المعلم أن يراجع المهارات كاملة مع المتعلم لما لهذه المراجعة من قيمة عملية، ومن اثر ايجابي في أداء المتعلم، وينبغي أن تتخذ عملية المراجعة هذه طابعا ايجابيا، بحيث تستهدف تحسين الأداء المستقبلي،وليس نقد الأداء الذي انتهى.

6:3:3 التدريب على المهارات الرياضية

إن من أهم خصائص المهارات (skills) أنها يمكن أن تتعلم بالتدريب، وبتقليد الطلبة لعمل معلمهم، ولتعلم المهارات الرياضية بشكل جيد يجب على المتعلم أن

يكون لديه المعرفة الواعية والسليمة للنظريات والمبادئ والمفاهيم الرياضية التي ترتبط بالمهارات، ولكي يكون الطالب قادراً على القيام بالعمل بسرعة وإتقان (mastery) فإنه يحتاج إلى التدريب (train)، والتدريب هو الوسيلة الرئيسية لتعلم المهارة واكتسابها وتطويرها عند الفرد، وحتى يكون التدريب فعال يجب الاهتمام بعدد من الأمور وهي: (أبو زينة،1995)

أولاً: التدريب المجهول   scheduling train

ثانياً: التنوع في التدريب   Variety training

ثالثاً: التقرير   Reinforcement

رابعاً:التغذية الراجعة   Feedback

أولاً: التدريب المجدول((Scheduling Train

عند إعطاء التدريب للطلبة يجب توزيع التدريب (Train) على فترات ومراحل، ويجب أن يحدد المعلم مقدار التدريب في كل فترة ومرحلة ضمن أسس مدروسة ومضبوطة ومخطط لها.

فغالبا ما يكون إعطاء التدريب جمعيه دفعة واحدة ومرة واحدة أمرا مملاً يؤدي إلى الضجر والتعب عند المتعلم، بالإضافة إلى ذلك، فإن التدريب المكثف يجعل من الصعب تحديد نقاط الضعف عند الطالب.

والتدريب على فترات ومراحل منظمة ومخطط لها، يساعد على التذكر (Remember) والاحتفاظ (Retention) في المهارات المهمة والأساسية، ويعتمد عدد فترات التدريب وكميته على طبيعة المهارة وأعمار الطلبة وقدراتهم واستعدادهم لذلك.

ثانياً: التنويع في التدريب (Variety Training)

إن التدريب على نفس الوتيرة ونفس النمط والأسلوب بنفس المثيرات
(stimulus) وبنفس الاستجابات (Responses)، يؤدي إلى الملل والضجر واللامبالاة، فيجب على المعلم أن
ينوع في التدريبات، وينوع في الأسئلة التي تتناول التدريب والتطبيقات الحياتية، ويجعل للتدريب معنى
عند المتعلم، ويبعد الملل، والضجر عنه، وهذا التنويع (Variety) يثير اهتمام الطلاب للتعلم، ويحثهم على
الإنتاج (product)، ويشجعهم (Encouragement) على التفكير (Thinking)، ورؤية المعاني الواقعية
للتدريبات، كما يزيد قدرة المتعلم على تطبيق (Application) ونقل ما يتعلم إلى مواقف أخرى.

ثالثاً: التعزيز (Reinforcement)

يجب على المعلم أن يستخدم التعزيز عند تدريسه للمهارات حيث أنه من المعلوم في علم النفس
أن مكافأة الفرد على سلوك ما واستجابته بشكل معين، يجعل في الغالب ذلك السلوك يظهر مرة أخرى في
مواقف مشابهة.

والتعزيز في تعليم المهارات قد يكون بثناء المعلم على الطالب أو بإخراجه ليحل السؤال على
السبورة، أو المكافآت التي يحصل عليها أو الامتيازات الخاصة، وفي أكثر الأحيان يكون التعزيز هو الارتياح
عند الطالب الناتج عن فهمه للعمل الذي يقوم به.

وقد حدد بعض علماء النفس الأمور التالية التي يجب أن يلتزم بها حتى يكون التعزيز فعالا:

(1) في المراحل الأولى للتعلم تعزز جميع الاستجابات الصحيحة

(2) يجب أن يأتي التعزيز بعد ظهور السلوك المطلوب مباشرة

(3) يجب أن يقترن التعزيز بالسلوك المرغوب فيه ويرتبط به

(4) لا يعزز السلوك غير المرغوب فيه

رابعاً: التغذية الراجعة (Feedback)

التغذية الراجعة هي تزويد المتعلم بما وصل إليه، مابين أدائه الحقيقي والأداء القياسي للمهارة (Skill)، وتزويد الطالب بالمعلومات الصحيحة التي تمكنه من تحسين أدائه، وللتغذية الراجعة أنماطاً وصوراً متعددة ومن أبرزها:

(1) **التغذية الراجعة الداخلية، والتغذية الراجعة الخارجية:** حيث تشير التغذية الراجعة الداخلية إلى المعلومات التي يشتقها الفرد من خبراته وأفعاله على نحو مباشر، ويكون مصدرها الشخص ذاته، أما التغذية الراجعة الخارجية، فتشير إلى المعلومات التي يقوم المعلم أو أية وسيلة أخرى خارجية بتزويد المتعلم بها.

(2) **التغذية الراجعة الكيفية:** يتم بها تزويد المتعلم بمعلومات تشعره بأن استجابته صحيحة أو غير صحيحة.

(3) **التغذية الراجعة الكمية:** يزود المتعلم بها بمعلومات أكثر تفصيلا ودقة.

(4) **التغذية الراجعة الفورية:** هي تلك التغذية التي تتصل بالسلوك الملاحظ، وتعقبه مباشرة.

أثر التغذية الراجعة على عملية تعليم المهارات الرياضية

- تعمل التغذية الراجعة على إعلام المتعلم بنتيجة تعلمه، سواء كانت صحيحة أو خطأ، مما يقلل القلق والتوتر الذي قد يعتري المتعلم في حالة عدم معرفته نتائج تعلمه.
- تعزز المتعلم وتشجعه على الاستمرار في عملية التعلم، وبخاصة عندما يعرف بأن إجابته عن السؤال كانت صحيحة.
- وهنا تعمل التغذية الراجعة على تدعيم العملية التعلمية.
- أن معرفة المتعلم بأن إجابته كانت خطأ، وما السبب لهذه الإجابة الخطاء، يجعله يقتنع بأن ما حصل عليه من نتيجة أو علامة كان هو مسؤول عنها، ومن ثم عليه مضاعفة جهده ودراسته في المرات القادمة.

- أن تصحيح إجابة المتعلم الخطأ من شأنها أن تضعف الارتباطات الخطأ التي حدثت في ذاكرته بين الأسئلة، والإجابة الخطأ، وإحلال ارتباطات صحيحة محلها، فهذه العملية من شأنها أن تمحو الإجابة الخطأ فورا، وتحل محلها الإجابة الصحيحة.
- أن استخدام التغذية الراجعة من شأنها أن تنشط عملية التعلم، وتزويد من مستوى الدافعة للتعلم، وتجعل كل من المتعلمين والمعلمين في حركة دائبة مستمرة لتحقيق الأهداف التعليمية التعلمية.

وللتدريب على المهارات الرياضية عدد من المبادىء (Principles) الأساسية، لابد من الأخذ بها عند بدء التدريب، وأثناء عملية التدريب، ومن هذه المبادىء مايلي:

المبدأ الأول: التدريب في ظروف مناسبة للمتعلمين يسهل تعلم المهارة. واكتسابها

المبدأ الثاني: تفريد التدريب حسب حاجة المتعلمين، وقدراتهم واستعدادهم.

المبدأ الثالث: يجب أن يركز التدريب ويتناول مبادىء وقواعد أساسية.

المبدأ الرابع: يجب أن يعطي المتعلم إرشادات وتوجيهات في كيفية التدريب.

المبدأ الخامس: يجب أن لا يكون التدريب عقابا للمتعلم، إذ أن التدريب. يكون بهدف التحسين والتطوير.

المبدأ السادس: يتم التدريب على فترات موزعة.

المبدأ السابع: يعطي التدريب ضمن تمارين ذات معنى للمتعلم، حتى يتم انتقال أثر التدريب إلى مواقف أخرى

المبدأ الثامن: يكون التدريب مستمرا وذا معنى إذا زود المتدرب بمدى تقدمه وتحسنه.

7:3:3 مراحل تعلم المهارة وتأديتها

إن تعلم أي مهارة، مهما كانت معرفية أو أدائية أو انفعالية تضم تطوير اتجاهات وقيم، تتضمن أربع مراحل وهي:

1- مرحلة الوعي بالحاجة إلى المهارة
2- مرحلة استحضار المتطلبات المعرفية الأساسية للمهارة
3- مرحلة الأعداد لأداء المهارة
4- مرحلة أداء المهارة وفق الصورة النموذجية

دائرة تعلم المهارات وتعليمها

عنى روميزوسكي (Romiszowsui, 1981) بتوضيح عملية تعلم المهارات، وتعليمها، والتدريب على تأديتها في دائرة أسماها دائرة تعلم المهارات وتعليمها.

ولقد حددها وفق أربع محاور في البداية وهي:

(1) الاستقبال (الاستجابة والانتباه للمثيرات)
(2) الذاكرة والخبرات المعرفية
(3) المعالجة الذهنية
(4) الإرسال (الاستجابات)

ويمكن توضيح ذالك بالشكل الأتي:

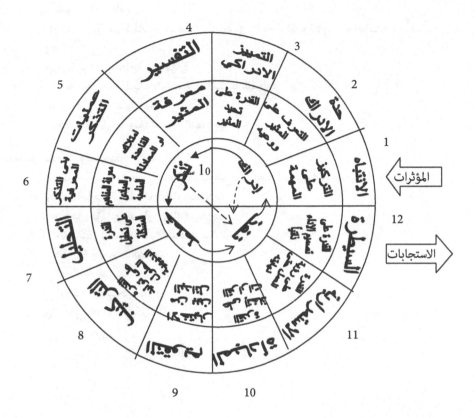

مكونات التدريب لدى روميزوسكي

1- الانتباه (Attention)

وتتم هذه العملية الذهنية البسيطة بالتركيز على المهارة، والمعروف أن عملية الانتباه يحدد اختيارها وجود هدف، إذ ينتبه الفرد عادة إلى ما يهمه، ويهمل باقي العناصر.

2- حدة الإدراك (Perceptual Depth)

تتطلب هذه العملية الذهنية معرفة أعمق بعد عملية الانتباه، إذ تتطلب القدرة على تمييز أماكن الهدف، وتحديدها لأدراك بعض العناصر.

3- التمييز الإدراكي (Perceptual discrimination)

حين ينتبه الفرد للمهارة، فأنه يبذل جهداً ذهنياً أعمق نظراً لوجود هدفه بين مجموعة عناصر، وموجودات كثيرة.

4- التفسير (Interpretation):

وتتطلب عملية التفسير تحديد لغة المثير الذي ينتبه إليه، طريقة الدخول إليه، وفهمه وتحديد متطلباته.

5- عملية التذكر (memory process):

عملية تتطلب استرجاع بعض السياقات التي تقع ضمنها الخبرة أو المهارة.

6- بنى التذكر الذهنية (Mental Memory Structures):

وتتضمن معرفة المفاهيم والمبادئ المناسبة للمهارة التي يراد تعلمها، أو التدريب عليها، وهذا يشكل الأساس المعرفي الضروري لتعلم أي مهارة.

7- التحليل (Analysis):

وهي عميلة تتطلب تحليل (المهارة) إلى عناصرها الرئيسية والفرعية، بهدف تحديد خطوات السير في نسق متتابع ومقدر، وتحديد المتطلبات كذلك.

ويعتقد بعض المختصين أن أية استراتيجية لتنظيم تعلم المهارات أو التدريب عليها، لابد من أن تشتمل على الخطوات أو المراحل التالية: (مرعي وآخرون،1993).

- مرحلة النموذج   Model Stage
- مرحلة التطبيق أو التدريب على المساعدة
- مرحلة التطبيق أو التدريب بعد المراجعة
- مرحلة الأداء المستقل   Performance Stage
- مرحلة الإبداع   Creative Stage

1- **مرحلة النموذج (Model stage)**: ويتم عن طريق تقديم نموذج للطلبة لمحاكاته أو مناقشته، مثل حل عدد من الأمثلة على مهارة رياضية.

2- **مرحلة التطبيق أو التدريب مع المساعدة(Train With Help)** وتتمثل هذه المرحلة في تهيئة الفرصة للطلبة للتدريب على المهارات، مع إتاحة الفرصة للمساعدة من جانب المعلمين كلما احتاجوا إليها.

3- **مرحلة التطبيق أو التدريب بعد المراجعة**: وتتلخص هذه المرحلة في تهيئة المجال أمام الطلبة للتدريب على المهارة بعد إجراء مراجعة قصيرة حولها، فبعد القيام بمراجعة قصيرة حولها تتاح الفرصة للطلبة كي يقوموا بالمهارة بأنفسهم

4- **مرحلة الأداء المستقل (Performance Stage)**: ويتم في هذه المرحلة تشجيع الطلبة على القيام بالمهارة دون مراجعة أو مساعدة من المعلم، ويمكن تشجيع الطلبة على تكملة الأبحاث أوحل مشكلة ما.

5- **مرحلة الإبداع (Creative Stage)**: وتتم فيها تهيئة الفرصة أمام الطلبة للإبداع باستخداماتهم الخاصة للمهارة أو المهارات المتعددة.

تعليم المهارة وتطويرها

يقوم المعلم عند تعليمه المهارة بمجموعة من التحركات، بعضها تشبه تحركات المعلم التي يقوم بها عند تدريس المفاهيم والتعميمات، والتحركات هي مجموعة الأعمال الهادفة، والتي في تسلسلها وتتابعها المنتظم تكون استراتيجية التدريس المهارة، ومن هذه التحركات (Moves): (أبو زينة،1994م).

(1) التقديم للمهارة (Introduction)

وذلك من خلال النصائح والإرشادات العامة حول ماذا سيفعل المتعلم وكيف يفعله ويقوم به، وقد تشرح وتوضح له هذه الإرشادات والتعليمات سلسلة الخطوات التي سوف يقوم بها المتعلم.

(2) التفسير (Explication)

ويقصد بالتفسير (Explication) مساعدة المعلم للطلبة على فهم (understand) معنى الإرشادات والتوضيحات والتعليمات، وإعادة صياغة المبادئ بشكل أسهل وابسط وقابل للفهم والتنفيذ من الطالب بكل سهولة، وفي بعض الحالات (Cases) قد يتطلب الأمر من المعلم مراجعة (Review) الطلبة بالمعلومات الأساسية السابقة والضرورية لاكتساب المهارة وإتقانها.

(3) التبرير (Justification)

يهتم المعلم في هذا التحرك بالتأكيد على أن مجموعة الإرشادية والتعليمات التي تعطي النتيجة المطلوبة الصحيحة، وقد يكون التبرير عبارة عن التأكيد من صحة النتيجة بوسائل أخرى أو إثبات أن المبادئ مبينة على تعميم مقبول (أبو زينة،1994).

(4) التدريب (Train)

في هذا التحرك فان الطالب يطور قدرته على إتمام العمل بسرعة ودقة واكتساب المهارة يتم من خلال التدريب عليها.

مثال: مهارة تحليل العبارة التربيعية باستخدام الفرق بين مربعين

س^2 – أ^2 = (س – أ) (س + أ)

مثال(1): س^2 – 9 = (س – 3) (س + 3)

مثال (2): س^2 – 16 = (س – 4) (س + 4)

مثال(3): 4 س^2 – 36 = (2 س – 6) (2 س + 6)

مثال (4): 8 س^2 – 18 ص^2

= ($\sqrt{8}$ س - $\sqrt{18}$ ص)($\sqrt{8}$ س+ $\sqrt{18}$ص)

]

الأمثلة السابقة يقوم المعلم بحلها على السبورة أمام الطلبة، والطلبة يسمعون شرح المعلم، وينظرون إلى آلية العمل فقط]

ثم يقوم المعلم بتقديم عدد من الأسئلة على المهارة كتدريب للطلبة، حيث يقوم كل طالب بحل الأسئلة على دفتره ومتابعة المعلم عمله.

تدريب (1): $ع^2 - 25$

تدريب (2): $49س^2 - 64ص^2$

تدريب (3): $\frac{س^2}{27} - \frac{ص^2}{16}$

ثم يقوم المعلم بعد ذلك بتقديم عدد من الأسئلة كواجب بينما يقوم الطالب بحلها في البيت.

8:3:3 المهارات الرياضية الضرورية

لقد حدد المجلس الوطني لمعلمي الرياضيات في الولايات المتحدة الأمريكية (NCTM) عدداً من المهارات تعتبر ضرورية لكل مواطن مثقف، وهذه المهارات هي (NCTM, 1995).

1- الأعداد والعمليات (Number And Operation)

وتشمل:

- استخدام الأعداد الصحيحة في حل المسائل.
- قراءة الأعداد وكتابتها حتى البلايين.
- معرفة الصور المختلفة للأعداد، قراءتها وكتابتها وتحويلها.
- استخدام الخوارزميات المعروفة في العمليات الحسابية على الأعداد النسبية.
- فهم معنى العمليات وكيف ترتبط ببعضها البعض.
- تقدير النتائج وتقريبها وإصدار أحكام على معقولية الإجابة.
- معرفة الأعداد وطرق تمثيلها والعلاقات بين الأعداد والأنظمة العددية.
- القيام بالحساب بسهولة وطلاقة وعمل التقديرات المعقولة.

2- الجبر (Algebra)

ويشمل:

- تكوين عبارات رياضية من مسائل لفظية
- حل معادلات خطية بسيطة
- تحويل الجمل والعبارات الرياضية إلى مسائل لفظية
- معرفة الأنماط والعلاقات والاقترانات
- تمثيل وتحليل المواقف والتراكيب الرياضية باستخدام الرموز الجبرية
- استخدام النماذج الرياضية لتمثيل وفهم العلاقات الكمية

3- الهندسة (Geometry)

وتشمل:

- تمييز الخطوط المتوازية والمتقاطعة والأفقية
- حساب المحيط للمضلعات
- حساب المساحات للأشكال الرباعية والمثلثات والدوائر
- تحديد المواقع ووصف العلاقات المكانية باستخدام الهندسة الإحداثية
- تحليل خصائص وصفات أشكال هندسية ثنائية وثلاثية الأبعاد
- إدراك مفاهيم التشابه والتطابق والتكافؤ والتعرف على الأشكال المتشابهة والمتطابقة

4- القياس (Measurement)

ويشمل:

- التحويل من وحدات قياس إلى وحدات أخرى
- قياس الطول والمساحة والوزن والحرارة والزوايا
- استخدام الأساليب والأدوات والمعادلات والقوانين لتحديد القياسات
- قراءة الخرائط وتقدير المسافات بين الأماكن والمواقع
- فهم الخصائص القابلة للقياس للأجسام والوحدات

5- تحليل البيانات والاحتمالات (Data Analysis, Probability)

ويشمل:

- حساب مقاييس النزعة المركزية
- حساب مقاييس التشتت المختلفة
- استخدام الأساليب الإحصائية الملائمة لتحليل البيانات
- صياغة أسئلة يمكن تناولها بالبيانات وجمع وتنظيم البيانات الملائمة للإجابة عن الأسئلة
- تطوير وتقيم استنتاجات وتنبؤات مبنية على البيانات
- فهم وتطبيق مفاهيم الأساسية في الاحتمالات الاستدلال

6- الاستدلال والبرهان الرياضي (Reasoning ,Proof)

ويشمل:

- جمع المعلومات والبيانات التي تدعم نتيجة ما وعرض هذه البيانات
- إدراك أهمية التفكير المنطقي والبرهان في الرياضيات
- بناء فرضيات رياضية والتحقق منها
- تطوير وتقييم حجج رياضية
- اختيار واستخدام أنماط مختلفة من التفكير المنطقي وأساليب البرهان

7- الرسم الرياضي (Mathematical Draw)

ويشمل:

- القيام بإنشاءات هندسة أولية
- قراءة الرسومات وتحليل النتائج منها
- رسم الأشياء بمقياس رسم محدد وتحديد أبعاده الحقيقية من خلال الرسم
- إنشاء رسم يوضح العلاقة يبين المتغيرات

8- الرياضيات المالية والمعيشية

ويشمل:

- استخدام المعادلات البسيطة لمصاريف الحياة والأرباح
- حساب الضرائب والفوائد والعوائد الأخرى للأفراد
- التخطيط لميزانية الفرد المعيشية
- تقرير التكاليف الفعلية للأشياء والاحتياجات الفردية
- (حساب مقدار الزكاة، وما يوجب فيه الزكاة)

3: 4: حل المسألة الرياضية

1:4:3 تعريف المشكلة الرياضية (Problem)

يختلف الباحثون والمختصون في تعريف المشكلة، حيث قام العديد منهم بتعريف المشكلة، وكانت أبرز هذه التعريفات:

1- المشكلة: سؤال أو موقف يتطلب إجابة أو تفسير أو معلومات أوحل.

2- المشكلة: موقف يمكن اعتباره فرصة نادرة للتكيف.

3- المشكلة: وضع يحتوي على عائق يحول بين المرء وتحقيق غرضه المتصل بهذا الموضوع.

4- المشكلة: موقف معين يحتوي على هدف محدد يراد تحقيقه.

5- المشكلة: موقف يؤدي إلى الحيرة والتوتر واختلال التوازن المعرفي والانفعالي.

6- المشكلة: موقف يحتاج إلى حل إذ يرى الفرد طريقاً واضحاً يقوده إلى ما يريد.

7- توجد المشكلة بالنسبة لفرد ما، عندما يواجه هدفاً محدداً، ولكن لا يستطيع بلوغ في إطار الامكانات المتوافرة أو نطاق صور السلوك المألوفة لديه.

8- المشكلة: موقف جديد ومميز يواجه الفرد لأول مرة ولا يوجد له حل جاهز عند الفرد.

ومن خلال استعراض هذه التعريفات نرى أن الأصل الذي أرجعت إليه المشكلة هو: الموقف والهدف الذي يصعب تحقيقه، والوضع المحتوي على عائق، وحتى يتصف الموقف بالنسبة لفرد ما بأنه مشكلة يجب أن تتوافر فيه ثلاثة شروط هي: (Kurlik and Rudnik, 1987)

1- القبول بالموقف (Acceptance):

ينبغي أن يكون للفرد هدف واضح ومحدد يشعر بوجوده ويسعى لتحقيقه، فالمتعلم يتقبل الموقف أو المشكلة باهتمام، ويتفاعل معها ويسعى جاهدا لحلها.

2- وجود الحاجز (Blockage):

في المشكلة هناك ما يمنع الفرد من تحقيق هدفه، فيفشل في محاولته الأولى.

3- الاستقصاء (Exploration):

في هذه المرحلة يتضح الموقف أمام الشخص، فيبدأ باستقصاء وسائل جديدة تمكنه من حل المشكلة

تعتبر عملية حل المشكلات من اعقد الأنشطة العقلية، الأمر الذي جعل الذكاء يعرف أحيانا على أنه حل المشكلات، ولذلك يعتبر حل المشكلات نشاطاً عقلياً عالياً، ويتضمن كثيرا من العمليات العقلية المتداخلة مثل التخيل (Imagination)، والتصور (Conceit)، والتذكر (Remember)، والتحليل (Analysis)، والتركيب
(Synthesis)، وسرعة البديهة والاستيعاب (Precognition)، بالإضافة إلى المعلومات والمهارات والقدرات الهامة والعمليات الانفعالية مثل الرغبة (Desire)، والدافع (Motive)، والملل ((Weary.

وحل المسائل ليس ببساطة تطبيق القوانين المتعلمة مسبقا أو الخبرات السابقة، فهو أبعد من ذلك بكثير، ولكنه أيضاً عملية تنتج تعلما جديداً، ويرى جانبيه

(Gange, 1972) أن حل المشكلات هو تعلم استخدام المبادئ والتنسيق فيما بينها لبلوغ الهدف، وإن من أحد الأسباب الرئيسية لتعلم المبادئ هو استخدامها في حل المشكلات.

2:4:3 العوامل التي تؤثر في عملية حل المسألة الرياضية

هنالك العديد من العوامل التي تؤثر في حل المسألة ومن ابرز هذه العوامل:

1- طريقة تقديم وعرض المسألة
2- استيعاب المسألة وفهمها
3- الكفاءة في اللغة
4- الاتجاه نحو التفاعل في المسألة
5- معتقدات الطلبة عن مدى قدرتهم على حل المسألة
6- الفروق الفردية والأسلوب المعرفي والقدرات العقلية
7- الخلفية المعرفية
8- ضعف حصيلة الطالب من الخطط والاستراتيجيات والمقترحات العامة المساعدة في اكتشاف الحل
9- العمليات الانفعالية، الدافع، الملل، القلق
10- مستوى النمو عند الطالب

3:4:3 خطوات حل المسألة الرياضية

خطوات حل المسألة، خطوات معروفة منذ القدم وهذه الخطوات هي:

1- الإحساس بالمشكلة
2- تحديد المشكلة، وصياغتها بوضوح
3- فرض الفروض لحل هذه المشكلة
4- اختيار الفرض المناسب واختباره
5- تنفيذ الحل وتجربته وتقويمه

تشكل هذه الخطوات الخمس خطوات تعلم وتعليم حل المشكلات.

فخطوة الإحساس بالمشكلة تشتمل على تحديد الهدف الرئيسي على هيئة نتاج متوقع من المتعلمين، مع وجود عائق يعوق ويحول بين المتعلم وتحقيق هذا الهدف، أي: على المتعلم أن يعرف ما يريد، ويعرف ما يعيق إرادته، وبذلك يمكن القول أن إحساسا بالمشكلة قد حصل.

وفي خطوة تحديد المشكلة وصياغتها، يصف المتعلم أو يعبر عن طبيعة مشكلته وعناصرها ومجالها وحجمها بجملة تقريرية مختصرة، أو على شكل هيئة سؤال يتطلب البحث عن الحل.

وفي الخطوة الثالثة، يبحث صاحب المشكلة عن الحل باقتراح البدائل الممكنة، وحتى يستطيع من اقتراح البدائل (الفروض)، لا بد من تحليل المشكلة، وجمع المعلومات المتصلة بها.

وفي الخطوة الرابعة، يختار صاحب المشكلة الحل المناسب من بين البدائل الممكنة أو الحلول المطروحة، ويقوم صاحب المشكلة في الخطوة الخامسة بتنفيذ الحل أو الحلول المقترحة واختبار صحتها.

-280-

4:4:3 شروط حل المسألة الرياضية

إن استخدام (حل المشكلة) كأسلوب تعلمي يحتاج إلى عدد من الشروط ومنها (الحيلة، 2002).

1- أن يكون المعلم قادراً على حل المشكلات بأسلوب علمي صحيح، ويعرف المبادئ والأسس والاستراتيجيات اللازمة لذلك.

2- أن يمتلك المعلم القدرة على تحديد الأهداف، وتبني ذلك في كل خطوة من الخطوات الخمس التي سبق عرضها.

3- أن تكون المشكلة من النوع الذي يستثير اهتمام الفرد، ويتحدى قدراته بشكل معقول، ويمكنه حلها في إطار الامكانات والقدرات المتوافرة.

4- أن يوفر المعلم المشكلات الواقعية، المنتمية لحاجات الطلبة والأهداف التعليمية أو التدريبية المخططة.

5- أن يتأكد المعلم أن الطلبة يمتلكون المهارات والمعلومات الأساسية التي يحتاجون إليها لحل المشكلة قبل شروعهم في ذلك، وسواء أكان ذلك مرتبطاً بأساليب واستراتيجيات الحل، أو بعناصر المشكلة ومتطلباتها الداخلية.

6- أن يساعد المعلم، المتعلمين على تكوين نمط أو نموذج أو استراتيجية يتبعونها في التصدي للمشكلات ومحاولة حلها.

7- أن يجرب المعلم استراتيجية الحل على مشكلات جديدة تيسر عملية انتقال الطريقة، وتمكن الطالب من استخدام النظرة الشمولية للمشكلة.

8- أن يوجه المعلم الطالب ليتدرب على الحل الجماعي، والعمل في فرق لحل مشكلات مختارة تسلم نفسها للمشاركة والتعاون في البحث عن الحل.

5:4:3 العوامل التي تحكم النشاط الذهني عند حل المسألة الرياضية

يمكن تحديد عدد من العوامل التي تقرر نوعية النشاط الذهني (مستوى التفكير) المبذول بهدف حل المشكلة، من هذه العوامل:

أولاً: مدى قابلية المشكلة للحل

يجب أن تكون المشكلة موضوع البحث، قابلة للحل باستخدام استراتيجية لا تتوقف على افتراض أن سعة الذهن أو التفكير محدودة.

ثانياً: محدودية السعة الذهنية

يواجه الأفراد عند معالجة المشكلة صعوبات متعدد ومتباينة بسب ضيق السعة الذهنية التي تظهر في صورة

- الفشل في استخدام المعلومات المتعلقة بالموقف المشكل.
- نسيان المحاولات المبكرة للوصول إلى حل.

ثالثا: مستوى الخبرة ودرجة المعرفة

إذ أن الأفراد الخبراء في حل المشكلة يكون استيعابهم للمشكلة التي تواجههم أيسر، بسبب أن مهاراتهم تسمح لهم بحل المشكلة بدرجة متدنية من التوتر والضغط على عملياتهم الذهنية.

رابعاً: مستوى ذاكرة الفرد وطبيعة أنواع الذاكرة المسيطرة

وهذا يتوقف على سعة ذاكرة الفرد، ونوعها، فيما إذا كانت طويلة المدى أم قصيرة المدى، ويفترض أن الفرد حينما يواجه مشكلة تتطلب حلاً يصبح في حالة ذهنية تسمح بحالة صراع الأهداف، واحد هذه الأهداف هو الميل نحو إكمال المهمة بالمستوى المحدد وتحدد قيمة الحل عادة بعاملين مهمين هما: مستوى سيطرة المشكلة على ذهن الفرد وانشغاله بها، ومستوى المعالجات الذهنية التي توظف للحل.

6:4:3 مراحل حل المشكلات الرياضية

إن معالجة المشكلات هي قضية ذهنية، وهي دالة ووظيفة العمل، لذلك تتحدد المشكلة ومستوى الحل ونوعه بطبيعة الأعمال الذهنية والاستراتيجيات الموظفة عادة في مواجهة أي مشكلة، وتمر مراحل حل المشكلة عادة بثلاث مراحل أولية وهي:

أولاً: الإعداد أو التحضير (Preparation)

ثانياً: الإنتاج (Production)

ثالثاً: التقويم والحكم (Judgment And Evaluation)

ويمكن تحليل هذه المراحل إلى تفاصيل تساعد على الفهم (زيات،1995)

أولاً: الإعداد أو التحضير (Preparation)

وترادف هذه المرحلة فهم المشكلة وتتضمن الأنشطة الذهنية الآتية:

- تحديد معيار أو محك أو ميزان للحل المقبول
- تحديد أبعاد المشكلة من خلال المفردات أو البيانات المعطاة
- تحديد المحددات التي تحكم محاولات الحل
- مقارنة المشكلة بما هو متوافر في مخزون الخبرة أو الذاكرة طويلة المدى
- مخرجات الحل (بناء تكوينات، تصورات الحل)
- تقسيم المشكلة الكلية إلى مشكلات جزئية فرعية
- تبسيط المشكلة عن طريق تجاهل بعض المعلومات أو البيانات التي يمكن تجاهلها والتركيز على المعلومات المتعلقة بالمشكلة.

ثانياً: مرحلة توليد أو استحداث الحلول الممكنة (مرحلة الإنتاج) (Production)

وتتضمن الأنشطة الذهنية التالية:

- استرجاع الحقائق والأساليب من الذاكرة طويلة المدى.
- الفحص والاختبار والتحقق من المعلومات المتاحة في مجال المشكلة.
- معالجة محتوى الذاكرة قصيرة المدى المتعلق بالمشكلة.

- تخزين المعلومات في الذاكرة طويلة المدى، لاحتمال استخدامها فيما بعد عند الحاجة

- إنتاج، وإعادة إنتاج الحل المحتمل.

ثالثاً: التقويم والحكم (Judgment And Evaluation) (تقديم الحلول المستحدثة)

وتتضمن الأنشطة الذهنية التالية:

- مقارنة الحل المستحدث بمعايير أومحكات الحل.

- اختيار أساس لاتخاذ القرار الذي يلائم المحددات المماثلة في الذهن في المشكلة.

- الخروج بقرار حل المشكلة، أوأن الأمر ما يزال يتطلب مزيدا من الجهد الذهني أوالتفكير.

7:4:3 استراتيجيات حل المشكلات   Problem solving strategy

إن عملية تكوين خطة أواستراتيجية لحل المشكلة تعتبر عملية مهمة يتوقف عليها نجاح حل المشكلة، واغلب الطلاب الذين لا ينجحون في حل المشكلة لا تكون لديهم خطة أواستراتيجية واضحة للحل.

وأن انتقاء مسائل رياضية جيدة وحلها، لا يكفي لتنمية قدرات الطلبة على حل المسألة، فعلى المعلم أن يوجه عناية الطالب إلى ضرورة التفكير والتأمل في المسألة التي تواجهه قبل أن يقوم بخطوات عشوائية لمحاولة حلها وانطلاقاً من ذلك فقد تعددت الدراسات والبحوث التي هدفت إلى اقتراح وتحديد استراتيجيات جيدة وجديدة لحل المسألة.

وفي ضوء خطوات حل المسألة المعروضة والشروط الواجب توافرها هناك العديد من الاستراتيجيات في حل المشكلات، فعلى سبيل المثال فلقد قدم (Posamentier and schulz, 1994) حوالي ثمانية عشر اسلوباً أواستراتيجية أوطريقة أوتقنية لحل المشكلات تمثلت فيما يلي:

1- العمل للخلف   Working Backward

2- إيجاد نموذج   Finding a Pattern

3- تبني وجهة نظر مختلفة   Adopting Different Point of view

4- إيجاد حل مشكلة مشابهة ابسط

Solving a Simpler Analogous Problem

5- الإطلاع على الحالات المتطرفة في هذا المجال

Considering Extreme Cases

6- التخمين الذكي والاختبار

Intelligence Guessing and Testing

7- التتابع   sequencing

8- البرهان الاستدلالي   Deductive Reasoning

9- تركيب البيانات   Organizing Data

10- تحديد صفات الاشياء

Determing Characteristics Of Object

11- التقريب   Approximating

12- التخصيص   Specializing

13- التعميم   Generalizing

14- إستخدام الكمبيوتر   using a computer

15- تحديد الأوضاع والحالات الضرورية الكافية

Determining Necessary and Sufficient Condition

16- تحديد دون إطلال بالعمومية

Specification Without Loss of Generality

17- عرض مرئي لرسم تخطيطي، جدول الرسم

Visual Necessary and Sufficient condition

18- الحسابات المرتبة أوالمنظمة لكل الاتصالات

Systematically Accounting for All Possibilities

وفيما يلي سوف عرض احد الاستراتيجيات والطرق السابقة وهي العمل للخلف:

اسم الطريقة: العمل للخلف (Working Backward)

تبين هذه الطريقة بطلان فرض من الفروض عن طريق استنتاج نتيجة خاطئة من هذه الفروض، وهي طريقة رياضية فيها شبه بالتورية عند الأدباء الساخرين

مثال: على طريقة العمل للخلف

اكتب أعدادا على أن تستعمل كلاً من الأرقام العشرة الأولى (0-9) مرة واحدة، بحيث يكون مجموع الأعداد (100).

قد نجد في هذه الأحجية ما يستحق أن نتعلمه،ولكن نصها بحاجة إلى توضيح:

ما المجهول ؟ مجموعة أعداد، ونعني بها أعداد صحيحة

ما المعطيات ؟ العدد 100

ما الشرط ؟ للشرط جزءان:

أولهما كتابة الاعداد المطلوبة بحيث تستعمل كلا من الأرقام 0 ،1، 2، 3، 4،

9، 8 ،7، 6 ،5 مرة واحدة فحسب

ثانيهما: أن يكون مجموع هذه الأعداد (100)

خذ جزءاً من الشرط وليكن الجزء الأول.

الجزء الأول: كتابة الأعداد المطلوبة بحيث نستعمل كلاً من الأرقام 0-9 مرة واحدة فحسب، وهذا الجزء يسهل تحقيقه

50،46،37،28،19، كل واحدة من الأرقام يرد مرة واحدة، ولكن الجزء الثاني من الشرط لم يتحقق طبعاً فإن مجموع الأعداد (180) وليس (100)

فلنحاول مرة ثانية

19 + 28 + 30 +7 + 6 + 5 + 4=99 وهذا يعني بالجزء الأول من الشرط، ولا يفي بالجزء الثاني، وكذلك يسهل تحقيق الجزء الثاني من الشرط، إذا أهملنا الشرط الأول.

19+28+31+7+6+5+4=100 فهذا يحقق الجزء الثاني، ولكن لا يحقق الجزء الأول لأن الرقم (1)استعمل مرتين،(والصفر) لم يستعمل أبداً

قد نجرب بضع مرات فنجد أننا نفشل في إيجاد مجموعة تفي بالشرطين معاً، لنعيد التفكير بالمسألة المطروحة من جديد، فنحن الآن نتخيل مجموعة أعداد حاصل جمعها (100)، فهذه يجب أن يكون كل عدد منها من رقم أورقمين، إذن فعندنا أرقام من منزلة الآحاد وأرقام من منزلة العشرات، ثم أن الأرقام كلها عشرة أرقام من (الصفر) إلى (التسعة)، وكل منها يأتي في مجموعتنا التي فرضناها مرة واحدة، ونحن نعرف أن مجموع هذه الأرقام هو0+1+2+3+4+5+6+7+8+9= 45،وبعضها في المجموعة المفروضة يرمز إلى آحاد وبعضها إلى عشرات،وهنا توحي لنا الفطنة أن مجموع أرقام العشرات ذوشأن في المسألة،فلنعتبر أن هذا المجموع هو(س) فينبغي أن يكون مجموع الأرقام الآحاد 45- س، فمجموع الأعداد إذن: 10س +(45- س)=100

وفي هذه المعادلة نجد قيمة س وهي

$$س = \frac{55}{9}$$

ولكن هنا شيء فيه خطأ بلا شك، فلقد نتج معنا أن (س) ليست عددا صحيحا، وهي يجب أن تكون عددا صحيحاً حسب المفروض في المسألة، إذن فعندما افترضنا أن جزأي الشرط يتحققان في مجموعة أعداد قادنا هذا الافتراض إلى نتيجة غير صحيحة، فكيف نفسر ذلك؟

نفسره أن افتراضنا الأصلي خاطئ فلا يمكن أن يتحقق جزءا الشرط في مجموعة واحدة، وإذن فلقد وصلنا إلى هدفنا وبرهنا على أن جزأي الشرط لا يتلاءمان (Polya,1975, p 150 -160)

كما حدد بروميس وآخرون (Broomes etc, 1995) اثني عشرة طريقة لحل المشكلات هي:

1- التمثيل في حل المشكلة

2- استخدام النماذج المحسوسة

3- استخدام الرسومات والأشكال في حل المشكلات

4- طريقة عمل قائمة منظمة

5- البحث عن نموذج

6- الربط بمشكلة مشابهة

7- التجريب

8- الجداول والرسوم البيانية

9- كتابة المعادلات من المشكلة الكلامية

10- إعادة عرض المشكلة مع أرقام مختلفة

11- من المطلوب إلى المعطي (العمل للخلف)

12- التخمين والاختيار والمحاولة...الخ.

هذا وقد تمت الاستفادة من هذه الطرق عند إعداد استراتيجية التمثيل المعرفي، وهنالك الكثير من الاستراتيجيات العامة في حل المشكلات ومنها:

1- إستراتيجية جون ديوي (John-Dewey, 1910)

2- إستراتيجية بوليا (polya,1975)

3- إستراتيجية فرانك ليستر (Frank Laster,1978)

4- إستراتيجية ميتس (Mettes,1980)

5- إستراتيجية لاركن (Larkin,1980)

6- إستراتيجية باربا (Barba,1990)

وسوف نعرض فيما يلي استراتيجية (جورج بوليا) وذلك لعدد من الأسباب من أبرزها:

(1) أن هذه الاستراتيجية تم تطبيقها في مجال الرياضيات، وثبت فعاليتها

(2) أن هذه الاستراتيجية خاصة أساساً بالرياضيات

(3) أن هذه الاستراتيجية لها مراحل بسيطة وسهلة، ويسهل تدريب المعلمين عليها، ويسهل تطبيقها

(4) أن هذه الاستراتيجية لها مراحل رئيسة محددة (الصادق،2001)

استراتيجية بوليا (Polya Strategy)

يعد جورج بوليا (george polya) من الرواد في مجال حل المشكلات الرياضية، وتعتبر مقترحاته في هذا المجال من أكثر ما كتب رواجاً ويقول بوليا " أثناء البحث عن حل، كثيراً ما نغير وجهة نظرنا والزاوية التي ننظر منها إلى المسألة، فننتقل من موقف إلى موقف، مرة بعد مرة، وفهمنا للمسألة قد يكون في البدء ناقصاً، وإذا تقدمنا في سبيل الحل تتغير وجهة نظرنا، وهي تتغير أيضاً عندما نشارف على اكتشاف الحل (polya,1975, p35-40)"

وقد حدد (بوليا) أربعة مراحل في استراتيجيته لحل المسألة، وهذه المراحل هي:

أولاًَ: فهم المسألة

ثانياً: وضع خطة حل

ثالثاً: تنفيذ خطة الحل

رابعاً: مراجعة الحل والتحقق من صحته

أولاً: فهم المسألة

على الطالب أن يفهم المسألة، وفوق ذلك عليه أيضاً أن يعقد العزم على حلها، وإذا ما اعترى فهمه أوعزمه نقص، فليس الذنب دائما ذنبه، لأن الواجب حسن اختيار المسائل، فلا تكون أصعب مما يحتمل الطالب، ولا أسهل مما يثير اهتمامه، ويجب أن تكون هذه المسائل ذات طبيعة شيقة، وقبل كل شئ ينبغي أن نعرض المسألة بلغة مفهومة، وباستطاعة المعلم أن يتأكد من ذلك إلى حد ما.

(1) فيسأل أحد الطلاب أن يعيد نص المسألة، وينبغي أن يكون بإمكانهم أن يعيدوه بطلاقة.

(2) كما ينبغي أن يعرفوا عناصر المسألة الرئيسية، المجهول، المعطيات، والشرط، ولذا يجد المعلم أن لابد من طرح الأسئلة:

* ما المجهول ؟ ما المعطيات ؟ ما الشرط؟
* هل هناك زيادة أو نقصان في المعطيات؟
* ارسم شكلاً استعمل رموزاً مناسبة؟
* هل يمكنك إيجاد علاقة بين المطلوب والمعطيات؟
* هل يمكنك إعادة صياغة المسألة؟

ثانياً: ابتكار خطة الحل

إن أول ما تتطلبه هذه الخطوة هو تنظيم المعلومات المعطاة بشكل يسهل على الطالب ملاحظة الترابط فيما بينها، وربما كان ما بين فهم المسألة وإدراك خطة الحل مسافة طويلة، ولا شك أن القسم الرئيسي في الحل هو الوصول إلى فكرة خطته.

ومما لا شك فيه أنه يتعذر الوصول إلى فكرة جيدة، إذا كانت معرفتنا للموضوع غير كافية، ويستحيل ذلك بدون معرفة، فالفكرة الجيدة تبنى على الخبرة السابقة والمعارف المكتسبة، والذاكرة وحدها لا تكفي لجلب هذه الفكرة، فلذلك على المعلم أن يوجه طلابه إلى عدد من الأمور من خلال طرح عدد من الأسئلة:

* هل تعرف مسألة ذات علاقة بهذه المسألة؟
* هل رأيت المسألة نفسها في صيغة مختلفة؟
* انظر إلى المجهول،وحاول أن تتذكر مسألة تعرفها فيها هذا المجهول أو مجهول يشبهه
* هل يمكن تبسيط المشكلة الحالية؟
* هل يمكن أن تفكر في مسألة مألوفة، ولها نفس الحل؟
*هل المسألة تحتاج إلى رسم توضيحي؟
* هل يمكنك ترتيب بيانات المشكلة بشكل أسهل؟
* هل يمكنك تذكر المسألة بعبارة من عندك؟
* هل استعملت كل المعطيات، هل استعملت الشرط كله؟

ثالثاً: تنفيذ خطة الحل

إن ابتكار الخطة أي إدراك فكرة الحل، ليس بالأمر السهل، ولكي يتم يجب على الطالب استدعاء العلاقات التي سبق أن اكتسابها، والتراكيب الذهنية المفيدة في موضوع حل المسألة، وأما تنفيذ الحل فيكون أسهل بكثير، إذ لا يتطلب إلا إجراء بعض الحسابات أو العمليات الحسابية.

فالخطة ترسم هيكلاً عاما، ويبقى علينا أن نرى أن التفاصيل لها مكانها في هذا الهيكل، لذا ينبغي فحصها واحداً واحداً بصبر وأناة، حتى يتضح كل شئ، ولا تبقى زاوية واحدة يكمن فيها الخطأ.

رابعاً: مراجعة الحل والتحقق من صحته

لمراجعة الحل والتحقق من صحته، يوجه المعلم الأسئلة التالية:
* هل تستطيع أن نتأكد من صحة الحل؟
* هل الحل يحقق كل الشروط في المسألة؟
*هل هناك حلول أخرى؟

* هل تستطيع استعمال النتيجة في مسائل أخرى؟
* هل توصلت إلى صيغة عامة يمكن تطبيقها في مواقف أكثر عمومية؟

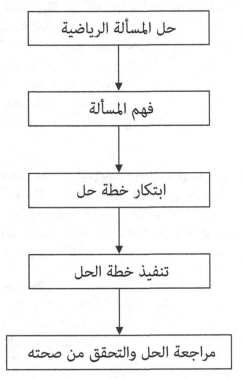

خطوات حل المسألة الرياضية

مثال: لتوضيح خطوات حل المسألة الرياضية لنأخذ المسألة التالية:
[أوجد قطر متوازي المستطيلات إذا عرفت طوله وعرضه وارتفاعه]

الخطوة الأولى: فهم المسألة الرياضية

كي تكون مناقشة هذه المسألة مجدية يلزم أن يكون الطلبة قد عرفوا نظرية فيثاغورس، ومفهوم متوازي المستطيلات، ويمكن أن يبدأ المعلم بطرح أسئلة على الطلبة ويتحاور معهم.
- من يقرأ المسألة لنا مرة أخرى ؟

- من يشرح لنا ماذا تريد المسألة ؟
- ما المعطيات ؟ ما طول متوازي المستطيلات وعرضه وارتفاعه؟
- ما المطلوب ؟ ما المجهول ؟
- إيجاد طول قطر متوازي المستطيلات
- لنضع الرموز المناسبة، ماذا نسمي المجهول ؟
- نسميه(ل)
- أي رموز نختار للطول والعرض والارتفاع؟
- س، ص، ع
- ما الشرط الذي يربط بين س، ص، ع، ل؟
- ل هو قطر متوازي المستطيلات الذي أبعاده س، ص، ع
- هل السؤال معقول؟ اعني هل الشرط يكفي لتعيين المجهول؟
نعم فإذا عرفنا س،ص، ع، نعرف متوازي المستطيلات وإذا عرفناه يتعين قطره.

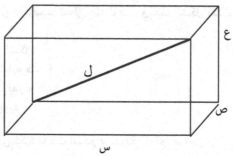

الخطوة الثانية: ابتكار خطة حل

وفي هذه الخطوة يدور نقاش ومحاورة بين المعلم والطلبة، تقود إلى خطة حل لهذه المسألة، ويمكن أن يكون النقاش على النحو التالي، مع العلم بأنه في هذه الرحلة يجب أن يكون المعلم على استعداد لأن يكرر الأسئلة التي يعجز عنها الطلبة بصورة معدلة ومبسطة، ويتوقع أن يجد الصمت جواباً في كثير من الأحيان

- هل تعرفون مسألة ذات صلة بمسألتنا؟

- ....

- حسناً، ما المجهول؟

- قطر متوازي المستطيلات

- هل تعرفون أي مسألة فيها هذا المجهول ؟

- كلا لم نحل مسائل تتعلق بقطر متوازي المستطيلات

- هل تعرفون مسألة فيها مجهول يشبه المجهول عندنا ؟

- ....

- انتبهوا إلي، أن القطر عبارة عن قطعة مستقيمة، ألم تحلوا مسائل المجهول فيها طول قطعة مستقيمة

- طبعاً، حللنا مسائل كهذه، مثل إيجاد ضلع المثلث القائم

- أحسنت، فهنا إذن مسألة ذات صلة بمسألتنا وقد حلت من قبل فهل يمكن أن نستعملها

- ....

- انظروا، أن المسألة التي تذكرتموها تتعلق بمثلث فهل في هذا الشكل مثلث؟

- ....

- كيف نصنع مثلث في الشكل؟

- .... نعم نستطيع ذلك ؟

- ما نوع المثلث الذي تريدونه ؟

- ما نريد مثلث قائم زاوية

فإذا ما توصل الطلاب إلى فكرة المثلث القائم بمساعدة المعلم، فينبغي أن لا يتركهم يباشرون حسابات الحل الفعلية قبل أن يقتنع المعلم بأنهم يدركون ما وراء هذه الخطوة.

- في رأي أنها فكرة صائبة أن ترسم هذا المثلث، وها قد حصلنا عليه، فهل حصلت على المجهول ؟

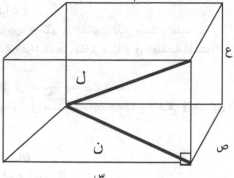

- المجهول وتر المثلث، ونستطيع أن نجده بواسطة نظرية فيثاغورس
- تستطيعون إذ كان ضلعنا المثلث معلومين فهل هما كذلك ؟
- أحدهما أعطي لنا وهو(ع) والثاني في ظني لا يصعب إيجاده، أنه وتر في مثلث قائم الزاوية.
- أحسنت، إذن فقط حصلت على خطة.

الخطوة الثالثة: تنفيذ الحل

حيث تبدت للطالب فكرة الحل، ورأى المثلث القائم الزاوية الذي وتره هو المجهول (ل): $ل^{2} = ع^{2} + ن^{2}$

$ن^{2} = س^{2} + ص^{2}$

وبحذف المجهول (ن) نحصل على ما يلي

$ل^{2} = \sqrt{س^{2} + ص^{2} + ع^{2}}$

الخطوة الرابعة: مراجعة الحل

- هل استعلمتم كل المعطيات ؟
- هل تظهر المعطيات س، ص، ع كلها في القانون الذي حصلتم عليه للقطر ؟
- مسألتنا مسألة في الهندسة الفراغية، هل تقابل مسألة في الهندسة المستوية في إيجاد قطر المستطيل الذي أبعاده أ، ب
- إذا تناقص الارتفاع (ع) إلى أن أصبح (ع = صفر)

فان متوازي المستطيلات يتحول إلى مستطيل، فإذا جعلنا ع = صفر في القانون السابق فهل ينتج القانون لقطر المستطيل ؟

مثال: نموذج درس باستخدام حل المسألة

الدرس الرابع: المنشور القائم ومساحته الجانبية

عدد الحصص: حصتان

الأهداف:

يتوقع من الطالب بعد الانتهاء من الدرس أن يكون قادراً على:

1. أن يتعرف على مفهوم المنشور القائم.
2. أن يجد المساحة الجانبية للمنشور القائم.
3. أن يجد المساحة الكلية للمنشور القائم.
4. أن يجد حلاً للمشكلة المطروحة.

المشكلة:

صنع سمير صندوقاً خشبياً، قاعدته مربعة الشكل طول ضلعها 10سم، وارتفاع الصندوق 20سم، فهل يمكن أن تساعد سمير في إيجاد المساحة الكلية للصندوق؟

فهم المشكلة: (10 دقائق)

- قراءة المشكلة وإعادة صياغتها بلغة الطالب.

- طرح أسئلة على المشكلة، للتأكد من فهم الطلاب لها، مثل:

1. ماذا صنع سمير؟
2. ما شكل قاعدة الصندوق؟
3. كم طول ضلعها؟
4. كم ارتفاع الصندوق؟
5. هل يمكن رسم الصندوق؟
6. هل يمكن تحديد الأبعاد على الصندوق؟

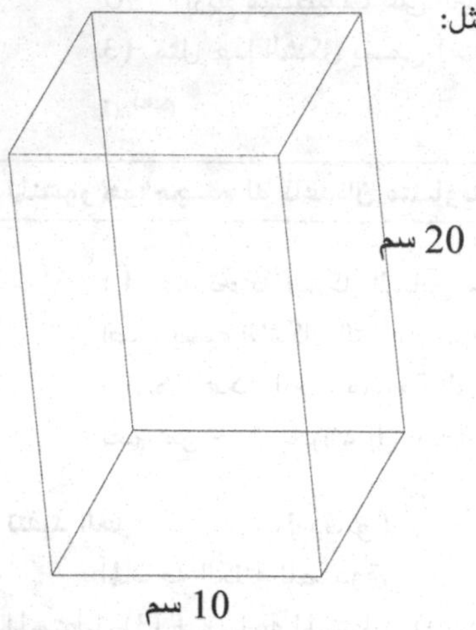

- المعطيات:

- صندوق خشبي
- قاعدته مربعة الشكل طول ضلعها 10 سم.
- ارتفاع الصندوق 20 سم.

- المطلوب: إيجاد المساحة الكلية للصندوق.

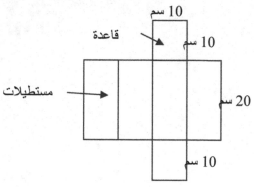

خطة الحل: (20 دقيقة)

- باستخدام استراتيجية عمل نموذج أو رسم شكل، واستراتيجيه البحث عن قانون، واستراتيجيه حل مشكلة أسهل.

1) هـل يمكـن عمـل مجسـم مـن الكرتون للصندوق؟

نعم، يقوم الطـلاب بعمـل مجسـم. أو يقوم المعلم بعرض مجسم جاهز مسبقاً.

2) عند تجزئة المجسم مم سوف يتكون؟
- قاعدتين متساويتين ومتطابقتين.
- أربع مستطيلات على الجوانب

3) مثل هذا الشكل يسمى (منشورا قائما)، هل يمكن إعطاء تعريف له؟
- نعم

المنشور هو: مجسم له قاعدتان متساويتان ومتطابقتان وأوجهه الجانبية مستطيلات.

4) عند تجزئة الشكل السابق ماذا أصبح يشبه؟
أصبح يشبه الأشكال التي تم مناقشة إيجاد مساحتها في درس المساحات (1) و (2).

5) هل يمكن إيجاد مساحة الشكل السابق؟
نعم، من خلال تجزئته إلى أربعة مستطيلات ومربعين وإيجاد مساحتها.

تنفيذ الحل: (10 دقائق)

المساحة الكلية للصندوق = مساحة المستطيل (1) + مساحة المستطيل (2) + مساحة المستطيل (3) + مساحة المستطيل (4) + مساحة القاعدتين

$= 10 \times 20 + 10 \times 20 + 10 \times 20 + 10 \times 20 + 2 \times (10)^2$

$= 200 + 200 + 200 + 200 + 200$

$= 1000$ سم^2

مراجعة الحل وتوسيع نطاقه: (50 دقيقة)

1. هل يمكن إيجاد المساحة الجانبية للصندوق فقط؟

نعم، المساحة الجانبية تساوي مساحة المستطيلات فقط دون القاعدتين.

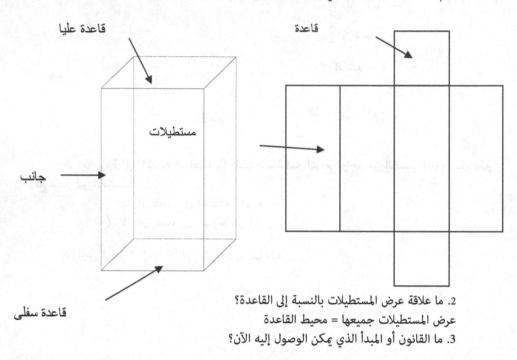

قاعدة عليا

قاعدة

مستطيلات

جانب

قاعدة سفلى

2. ما علاقة عرض المستطيلات بالنسبة إلى القاعدة؟

عرض المستطيلات جميعها = محيط القاعدة

3. ما القانون أو المبدأ الذي يمكن الوصول إليه الآن؟

المساحة الجانبية للمنشور = محيط القاعدة × الارتفاع

مساحة الكلية للمنشور = محيط القاعدة × الارتفاع + مساحة القاعدتين

= محيط القاعدة × الارتفاع + 2(مساحة القاعدة)

4. هل يمكن استخدام القانون السابق في إيجاد المساحة الجانبية لكل من المجسمات التالية؟

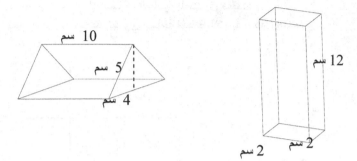

5. بالعودة إلى المشكلة السابقة، إذا كانت تكلفة المتر المربع الواحد من الخشب (8) دنانير، فكم دفع سمير ثمن الخشب؟

أ) إذا كان الصندوق مغلقا من الأعلى.

ب) إذا كان الصندوق مفتوحا من الأعلى.

6. أدرس الرسم التالي وأملأ الجدول وأجب عما يليه:

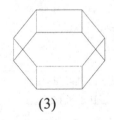

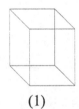

الشكل	شكل القاعدة	شكل الوجه	نوع المنشور
1	مضلع رباعي	مستطيل	منشور رباعي
2			
3			

- ما علاقة القاعدة بعدد المستطيلات؟
- ماذا تعني كلمة منشور، عد إلى مدرس اللغة العربية أو معجم اللغة العربية؟
- ما هي استخدامات المنشور القائم في مادة العلوم، عد إلى مدرس العلوم، أو قم بالبحث في الكتب والمجلات والانترنت؟
- بناء على الرسم ما الفرق بين الشكل الهندسي والمجسم؟

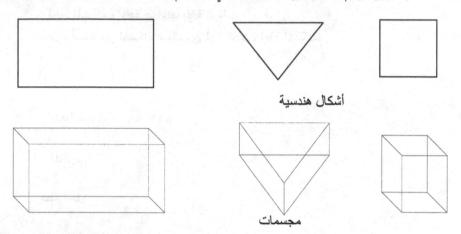

أشكال هندسية

مجسمات

- ما هي الحالات الخاصة من المنشور القائم التي تعلمتها سابقاً؟
(ارجع إلى كتاب الصف السادس)
- المكعب   - متوازي المستطيلات

تدريب:

فرن غاز طوله 80 سم، وعرضه 50 سم، وارتفاعه 70 سم، أرادت ربـة المنـزل تغطيـة الفـرن بـورق القصدير، فكم تحتاج من ورق القصدير لهذا الغرض؟

(ملاحظة: التغطية تتم على الجانبين والجزء العلوي فقط)

فهم المشكلة:

- قراءة المشكلة وإعادة صياغتها بلغة الطالب.

- طرح أسئلة على المشكلة للتأكد من فهم الطلاب لهذه المشكلة.

1.

2.

3.

- المعطيات:

- المطلوب:

خطة الحل:

تنفيذ الحل:

مراجعة الحل:

1. معقولية الحل.

2. هل يمكن حل هذه المشكلة بطريقة أخرى؟

3. هل يمكن تطوير هذه المشكلة لمشكلة أخرى؟

مثال:

تقطع سيارة المسافة بين مدينتين بزمن معين، ولو زادت سرعتها (15 ميل) في الساعة فإنها سوف تقطع المسافة بزمن أقل بنصف ساعة، فإذا علمت أن المسافة بين المدينتين (260 ميل)، فما سرعة السيارة ؟

الخطوة الأولى: فهم المسألة الرياضية

- يقرأ الطالب المسألة قراءة صامتة ومن ثم يدور حوار بين المعلم والطالب على هذه المسألة
- ما هي المعطيات في المسألة؟
- المسافة بين المدينة، مقدار الزيادة في السرعة
- ما هي المجاهيل؟
- سرعة السيارة
- من يستطيع تمثيل المسألة برسم تقريبي؟
- هل تعرفون أي مسألة فيها هذا المجهول؟

الخطوة الثانية: ابتكار خطة حل

- على ماذا يعتمد حل المسألة؟
- ما هي المجاهيل في حل المسألة؟
- ما هي العلاقة بين المسافة والسرعة والزمن؟
- ما هو الزمن الذي تستغرقه السيارة عندما تزيد سرعتها 15 ميل / ساعة؟
- ما هو الزمن الذي تستغرقه السيارة في قطع المسافة؟
- ما هي العلاقة بين الزمن الأول والزمن الثاني؟
- هل يمكن كتابة معادلة توضيح ذلك ؟

الخطوة الثالثة: تنفيذ الحل

- يحل الطلبة المعادلة ويتوصلون إلى الحل

الخطوة الرابعة: مراجعة الحل

- يتم التأكد من صحة الإجابة على المسألة بتعويض القيم الناتجة عن الحل

8:4:3 شروط تحسين أداء مهارة حل المسألة الرياضية

هنالك مجموعة من الشروط يمكن من خلالها تحسين ظروف حل المشكلة هـذه الظروف هـي كالآتي: (أبو حطب، 1994)

الشرط الأول: استدعاء جميع المفاهيم والمبادىء المتعلقة بالمسألة

الشرط الثاني: تزويد الطلبة ببعض التوجيهات والتعليمات اللفظية

الشرط الثالث: الاستعداد والتأهب لحل المشكلة

الشرط الرابع: أهمية الخبرات الاكتشافية والاستقصائية

الشرط الخامس: إدراك العلاقة بين المبادىء التي تربط مفاهيم المسألة وموقف حل المسألة

الشرط السادس: توافر البدائل المختلفة لحل المسألة

الشرط السابع: الأسلوب المعرفي (cognitive style) أو الاستراتيجية المعرفية المستخدمة

الشرط الأول: استدعاء جميع المفاهيم والمبادىء المتعلقة بالمسألة

ويتم الطلب في هذه الظروف من المتعلمين استدعاء كل ما لديهم من معرفة أو خبرة أو مبادىء كانوا قد مروا بها أو خزنوها في إيجاد العلاقة بين هذه الظروف للوصول إلى مبدأ أكبر يربط هذه الخبرات بصورة جديدة ، وتعد هذه الخبرات والمبادىء وأجزاء المعرفة، مكونا هاما من مكونات معالجة المشكلة وبذلك تسهم بالضرورة في المشكلة واستيعاب أبعادها.

الشرط الثاني: تزويد الطلبة ببعض التوجهات والتعليمات اللفظية

ويتوقع من المتعلمين القيام بعملية تنظيم أفكارهم وخبراتهم، وبذل الجهد الذهني لاستيعاب ظروف المشكلة وما يتعلق بها، وقد أوضح (Mayer،1981) في دراسة تجريبية لدراسة أثر التوجهات والتعليمات اللفظية أنه يمكن تحديد خمسة شروط لتزويد الفرد بالتعليمات لاختبار أكثر فاعلية ومساهمة في حل المسألة:

المجموعة الأولى: تم تقديم صياغة المسألة المقدمة لها

المجموعة الثانية: تم تزويدها بعرض توضيحي للمبادىء المتعلقة بحل المسألة

المجموعة الثالثة: عرض توضيحي للمبادىء + تعليمات لفظية عامة

المجموعة الرابعة: ما قدم للمجموعة الثالثة + تعليمات تتضمن بعض التلميحات المساعدة

المجموعة الخامسة: عرض توضيحي للمبادىء + تعليمات لفظية عامة + تلميحات مساعدة

أظهرت النتيجة أن أفضل أداء كان لصالح المجموعة الخامسة، إذ كانت أكثر كفاءة في معالجة المشكلة.

الشرط الثالث: الاستعداد والتأهب لحل المسألة

الاستعداد والتأهب يشكل نوعا من القابلية والميل،يتطور عادة في الاستعداد للحل، وحتى تتطور وتتشكل تلك العادة لا بد من توافر درجة من الممارسة وظهر في المجال التجريبي أن زيادة مقدار الممارسة وظهر في المجال التجريبي أن زيادة مقدار الممارسة يزيد من درجات التأهب والاستعداد، ويسهم كذلك التدريب المكثف على الأداء أكثر من التدريب الموزع.

الشرط الرابع: أهمية الخبرات الاكتشافية والاستقصائية

الاكتشاف يطور مهارة حل المسألة بالمقارنة بالأساليب الأخرى.

خامساً: إدراك العلاقة بين المبادىء التي تربط مفاهيم المسألة وموقف حل المسألة

حيث أنه لا يكفي حفظ المبادىء والعلاقة والتلفظ بها، وإنما يتم التركيز على فهم المبادىء وتطبيقها فان ذلك يسهم في زيادة كفاءة الحل.

سادساً: توافر البدائل المختلفة لحل المسألة

أن تزويد المتعلمين بمبدأ أن أي مسألة لها عدد كبير من البدائل التي تشكل حلا، يزيد لديه درجة المرونة واتساع الأفق، والمحاولات الهادفة ويلغي فكرة التمركز نحو الحل الواحد. وأن التدريب على اعتبار أكثر من بديل للحل يطور ناحية المرونة لدى المتعلمين.

سابعاً: الأسلوب المعرفي (الاستراتيجية المعرفية) المستخدمة

وهي بمثابة الطريقة المميزة للفرد عن توجهه نحو الحل.

9:4:3 نماذج تفكير حل المسألة

يفترض الباحثون أن الطلبة مختلفون في درجة سيطرتهم على عملياتهم الذهنية في مواجهة مشكلة أو موقف جديد، ومرد ذلك إلى عوامل مختلفة يتعلق بعضها بالفرد والبعض الآخر يتعلق بالمشكلة ولذلك ظهر عدد من النماذج (Models) التي تنظم خطوات حل المسائل.ومن ابرز هذه النماذج (محمد الخطيب، 2006)

1- نموذج روسمان
2- نموذج موريس شتاين
3- نموذج سيرت
4- نموذج جستين
5- استراتيجية (IDEAL) لحل المشكلات

1- **نموذج روسمان**

افترض روسمان أن هذه المهارة تضم ست عمليات وهي:

1- الإحساس بوجود مشكلة ما، أو الشعور بالصعوبة التي يواجهها الفرد
2- تحديد وبناء المشكلة
3- جمع المعلومات واختبارها والتفكير في كيفية إستخدامها
4- تحديد مجموعة الحلول والبدائل المتعلقة بالمشكلة
5- اختبار الحلول ونقدها وتقييمها
6- صياغة الفكرة الجديدة

2- **نموذج موريس شتاين**

أما موريس شتاين فقد افترض ثلاث مراحل لمواجهة المشكلة للوصول إلى حلول غير عادية، وهذه المراحل هي:

1- مرحلة بناء الفرضيات
2- مرحلة اختبار الفرضيات
3- مرحلة التواصل مع الآخرين وتنفيذ ما يتم الوصول اليه عن طريق الاختبار والتجريب العلمي

3- **نموذج سيرت**

يذكر سيرت بعض العمليات العامة لحل المشكلة، وهي بمثابة قوائم من الاستراتيجيات غير المنظمة كما يلي (Syert,1980):

(1) انظر إلى الصورة الكلية، لا تنظر إلى التفاصيل
(2) لا تتسرع بإصدار الأحكام، لا تلزم نفسك بالموقف مبكرا
(3) بسط المشكلة عن طريق إيجاد أنماط أو نماذج مختلفة لها باستخدام الكلمات والتمثلات الصورية والرموز والمعادلات
(4) حاول أن تحدث تغيرا في تمثلك للمشكلة

(5) اطرح أسئلة شفوية، ذات أشكال متنوعة

(6) كن مرنا، وتفحص مرونة فرضياتك

(7) ارجع للخلف، (من آخر المشكلة إلى أولها)

(8) تقدم بطريقة تتيح لك العودة لحلولك الجزئية

(9) إستخدام القياس والاستعارات

(10) تحدث عن المشكلة

4- نموذج جستين لحل المشكلة

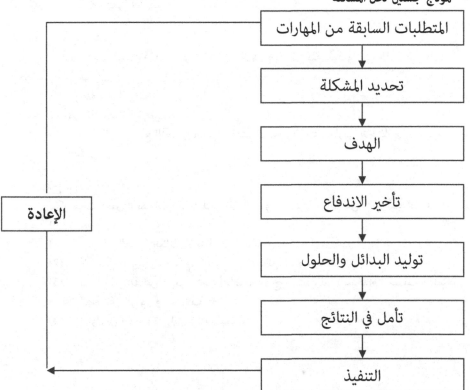

ويتضمن النموذج مجموعة خطوات مرتبة تسير على وفق تدفق ذهني متسلسل متتابع حتى يتم الوصول إلى حالة تنفيذ الحل.

5- استراتيجية (IDEAL) لحل المشكلات

ولقد قام كل من برانسفورد وشتاين (Bransford and stein, 1984) بتطوير هذه الاستراتيجية وتشير (IDEAL) إلى الحرف الأول من كل كلمة من الاستراتيجية.

- تحديد المشكلة I=Identifying the problem
- تعريف المشكلة ووصفها D = Defining the problem
- استكشاف الاستراتيجيات E=Exploring strategies
- تطبيق الأفكار A=Acting on ideas
- البحث عن النتائج L=Looking for the effects

حدد ← عرف ← اكتشف ← تصرف ← انظر ← تعلم

Identify ← Defin ← Explore ← Act ← look ← Learn

IDEAL) approach to problem solving

3:4:10 العوامل والصعوبات المؤثرة في حل المسألة الرياضية

تؤثر الطريقة التي تعرض بها المسألة على فهم المسألة، وبالتالي على أداء الطلبة لدى حلهم لهذه المسائل والمشكلات الرياضية، أن التعرف على اثر أسلوب الصياغة اللفظية للمسائل الرياضية على اداء الطلبة عند حلهم لهذه المسائل يعتبر من الدراسات التي ينبغي الاهتمام بها لأهميتها في مجال التعرف على خصائص الطلبة الجيدين في حل المسائل الرياضية (سيدي أحمد، 1986)، ولعل تحديد العوامل المؤثرة على درجة

صعوبة المسائل بحيث تجعلها سهلة أوصعبة أمام القائمين بحلها من الأمور التي تسعى الكثير من البحوث والدراسات إلى التعرف عليها، وتحديد اثر كل منها على درجة صعوبة أوسهولة المشكلة ويمكن أن نلخص نتائج الأبحاث في هذا: موضوع العوامل والصعوبات المؤثرة في حل المسألة الرياضية.

أولاً: عدم التمكن من مهارة (Skill) القراءة ووجود عادات سيئة في قراءة المسألة الرياضية بالإضافة إلى ضعف حصيلة المقررات اللغوية لدى الطالب

(Kagon and lang, 1978) (kouba, 1989)، كما أظهرت دراسة (cuningh and ballow, 1982) أن (29%) من طلبة الصفوف الابتدائية قد واجهوا صعوبة في حل المسائل نتيجة ضعف قدرتهم القرائية، وان (19%) قد واجهوا صعوبة نتيجة ضعف قدرتهم في التعبير.

ثانياً: الإخفاق في استيعاب المسألة، وعدم القدرة على تمييز الحقائق الكمية والعلاقات المتضمنة في المسألة وتفسيرها. أي ضعف القدرة في عملية تحليل المسألة إلى عناصرها (أبوزينة، 1994).

ثالثاً: عدم التمكن من المبادئ والقوانين والمفاهيم والعمليات ومعاني بعض المصطلحات الرياضية ومهارات العمليات الحسابية الأساسية (webb, 1979).

رابعاً: الصعوبة في اختيار الخطوات التي ستتبع في حل المسألة، وضعف خطة معالجة المسألة، وعدم تنظيمها.

خامساً: ضعف القدرة على اختيار الأساليب المناسبة، واستذكار المعلومات الأساسية، وضعف القدرة على التسلسل في خطوات العمل.

خلاصة الوحدة:

رأينا من خلال استعراضنا لهذه الوحدة أن المعرفة الرياضية (المحتوى الرياضي) تتكون من أربعة قضايا أساسية وهي:

- المفاهيم الرياضية
- التعميمات الرياضية
- المهارات الرياضية
- حل المسائل الرياضية

ولقد استعرضنا بشكل من التفصيل الأساليب والاستراتيجيات الحديثة في تدريس كل منها على انفراد، وبشكل منفصل حتى لا يلتبس الأمر على القارئ، وتختلف الأمور فيما بينها.

والملحق التالي يحتوي على المحتوى الرياضي للصفوف المختلفة من الصف الأول إلى الصف العاشر:

المحتوى الرياضي للصفوف المختلفة

الصف الأول

الوحدة الأولى: الأعداد
1- تمهيد لتقديم مفهوم العدد
2- الاعداد1،2، 3، 4 قراءة وكتابة
3- الأعداد 5، 6، 7، 8، 9 قراءة وكتابة
4- الصفر ورمزه

الوحدة الثانية: ترتيب الأعداد
1- ترتيب الأعداد 0،1، 2، 3، 4، 5، 6، 7، 8، 9
2- العدد الترتيبي (الأول، الثاني، الثالث،... التاسع)
3- مقارنة الأعداد حسب علاقة أصغر أو أكبر

الوحدة الثالثة: الجمع ضمن العدد 9:
1- مفهوم الجمع
2- أشارتا الجمع والتساوي
3- حقائق الجمع وإدراك خاصية التبديل

الوحدة الرابعة: الطرح ضمن العدد 9:
1- مفهوم الطرح
2- إشارة الطرح
3- حقائق الطرح
4- ربط عملية الجمع بعملية الطرح

الوحدة الخامسة: الأعداد حتى 99:

1- العدد عشرة وكتابه
2- العدد بالعشرات حتى 90
3- الأعداد من 11 إلى 99 قراءة وكتابة
4- القيمة المنزلية في الأعداد من 11 إلى 99
5- ترتيب الأعداد حتى 99

الوحدة السادسة: الجمع والطرح

1- حقائق الجمع والطرح ضمن العدد 18
2- جمع وطرح الأعداد ضمن 99 بدون حمل وبدون استلاف

الوحدة السابعة: القياس

1- الطول: قياس بعض الأطوال بوحدات قياس غير معيارية مثل: القدم، الشبر،...الخ
2- الزمن: اليوم كوحدة لقياس الزمن وأيام الأسبوع

الوحدة الثامنة: الكسور والأشكال الهندسية

1- التعرف على الكرة ومتوازي المستطيلات
2- التعرف على الدائرة والمستطيل
3- مفهوم النصف والربع بالأشكال دون كتابة أي منهما

الصف الثاني

الوحدة الأولى: الأعداد (0 – 999)

1- مراجعة الأعداد من (0) إلى (99) قراءتها وكتابتها وترتيبها
2- العدد الترتيبي (العاشر لغاية العشرين)
3- المائة قراءتها وكتابتها، الدينار

4- العدد بالمئات حتى 900

5- الأعداد المكونة من ثلاثة أرقام قراءتها وكتابتها

6- القيمة المنزلية في الأعداد حتى 999

تحليل الأعداد المكونة من ثلاثة أرقام إلى آحاد وعشرات ومئـات، وتركيـب هـذه الأعـداد وإيجـاد القيمة المنزلية لأي رقم فيها

7- ترتيب الأعداد ضمن 999 تصاعديا وتنازليا

8- الأعداد الفردية والزوجية ضمن (20)

الوحدة الثانية: الجمع ضمن 999

1- مراجعة الجمع بدون حمل ضمن 99

2- الجمع مع الحمل ضمن 99

3- الجمع ضمن 999

4- مسائل ذات خطوة واحدة على الجمع

الوحدة الثالثة: الطرح ضمن 999

1- مراجعة الطرح بدون استلاف ضمن 99

2- الطرح مع الاستلاف ضمن 99

3- الطرح ضمن 999

4- مسائل ذات خطوة واحدة على الطرح

الوحدة الرابعة: الضرب

1- العد (اثنينات حتى 10، ثلاثات حتى 15، أربعات حتى 20، خمسات حتى 25)

2- الضرب كجمع متكرر ورمزه

3- خاصية التبديل في الضرب من خلال الأمثلة العددية

4- الحقائق الأساسية في الضرب حتى 5×5

5- مسائل ذات خطوة واحده على حقائق الضرب

الوحدة الخامسة: القسمة

1- القسمة من خلال تجزئة مجموعة إلى مجموعات متكافئة ورمز القسمة
2- حقائق القسمة ضمن حقائق الضرب 5×5
3- علاقة القسمة بالضرب
4- مسائل ذات خطوة واحده على القسمة

الوحدة السادسة: القياس

1- التعرف على المتر والسنتمتر
2- النقد: الدينار، نصف الدينار، ربع الدينار
3- الشهر كوحدة لقياس الزمن وعلاقته بالسنة، الفصول الأربعة
4- الساعة كوحدة لقياس الزمن، قراءة الساعة بالأنصاف والأرباع

الوحدة السابعة: الكسور

1- الكسور 4/2،3/1،3/1،4/1،4/2،3/2، قراءتها وكتابتها

الوحدة الثامنة: الأشكال الهندسية

1- التعرف على الاسطوانة، المخروط، المكعب
2- التعرف على المثلث والمربع
3- تطابق الأشكال الهندسية المستوية عملياً

الصف الثالث

الوحدة الأولى: الأعداد ضمن 9999

1- مراجعة الأعداد ضمن العدد 999
2- الألف قراءة وكتابة

3- قراءة وكتابة الأعداد ضمن العدد 9999
4- الترتيب في الأعداد واستخدام الرمزين <،>

الوحدة الثانية: الجمع والطرح ضمن العدد 9999

1- جمع الأعداد ضمن العدد 9999
2- طرح الأعداد ضمن العدد 9999
3- مسائل تطبيقية على جمع الأعداد وطرحها

الوحدة الثالثة: الهندسة

1- النقطة والقطعة المستقيمة
2- رسم القطعة المستقيمة على ورق مربعات
3- رسم الأشكال الهندسية التالية بعد تحديد رؤوسها: المثلث والمربع والمستطيل

الوحدة الرابعة: القياس

1- الفلس وعلاقته بكل من الدينار والدرهم والقرش
2- الكيلومتر والديسمتر والمليمتر
3- علاقة الكيلومتر بالمتر والمتر بالديسيمتر والمتر بالمليمتر
4- الكيلوغرام وعلاقته بالغرام
5- قراءة الساعة
6- السعة باستخدام وحدات غير قياسية
7- مسائل تطبيقية

الوحدة الخامسة: حقائق الضرب والقسمة

1- العد أثنينات وثلاثات وأربعات وخمسات لغاية عشر مرات

2- جدول الضرب من 1×0 إلى 10×5
3- خاصية التبديل على ضرب الأعداد
4- حقائق الضرب حتى 10×10
5- القسمة وربطها بالضرب
6- حقائق القسمة
7- مسائل تطبيقية من خطوتين على الأكثر

الوحدة السادسة: الضرب
1- ضرب عدد مؤلف من رقم واحد في عدد مؤلف من رقمين
2- ضرب عدد مؤلف من رقم واحد في عدد مؤلف من ثلاثة أرقام
3- مسائل تطبيقية من خطوتين على الأكثر

الوحدة السابعة: الكسور العادية
1- مراجعة الكسور 2/1،3/3،3/1،4/1،4/2
2- كسور مقاماتها العدد6
3- كسور مقاماتها العدد8
4- كسور مقاماتها حتى العدد 10

الوحدة الثامنة: القسمة الطويلة
1- المقسوم والمقسوم عليه وخارج القسمة والباقي
2- قسمة عدد زوجي مؤلف من رقمين على العدد 2 ثم على العدد 3
3- قسمة عدد مؤلف من رقمين على عدد مؤلف من رقم واحد
4- قسمة عدد مؤلف من ثلاثة أرقام على عدد مؤلف من رقم واحد
5- مسائل تطبيقية من خطوتين على الأكثر

الصف الرابع

الوحدة الأولى: الأعداد

1- مراجعة للأعداد المكونة من أربعة منازل على الأكثر
2- الأعداد المكونة من سبع منازل على الأكثر
3- القيمة المنزلية لأي رقم في عدد يتكون من سبع منازل على الأكثر
4- جمل مفتوحة تتضمن المقارنة بين الأعداد

الوحدة الثانية: جمع الأعداد وطرحها

1- جمع الأعداد ضمن سبع منازل
2- طرح عددين ضمن سبع منازل
3- جمل مفتوحة تتضمن عمليتي الجمع والطرح
4- مسائل تطبيقية ذات خطوتين على الأكثر

الوحدة الثالثة: ضرب الأعداد

1- مراجعة ضرب الأعداد
2- الضرب في 10 وفي 100
3- ضرب عدد في عدد مكون من ثلاث منازل على الأكثر
4- جمل مفتوحة تتضمن عملية الضرب
5- مسائل تطبيقية ذات خطوتين على الأكثر

الوحدة الرابعة: القياس

1- مراجعة للمتر والديسمتر والسنتمتر
2- استخدام المليمتر في قياس أطوال القطع المستقيمة
3- قياس محيط كل من المثلث والمربع والمستطيل لأقرب مليمتر

4- المقارنة بين المساحات باستخدام وحدات غير قياسية

5- التحويل بين وحدات الطول المترية: كم، م، سم، مم

الوحدة الخامسة: قسمة الأعداد

1- مضاعفات العدد

2- قابلية القسمة ضمن (100) على كل من 2،3، 5

3- قواسم العدد

4- العدد الزوجي والعدد الفردي

5- القسمة الطويلة لعدد مكون من خمس منازل على الأكثر على عدد ممن منزلة أو منزلتين

6- جمل مفتوحة تتضمن عملية القسمة

7- السرعة وقياسها بوحدة كيلومتر / ساعة

الوحدة السادسة: الكسور العادية

1- الكسر العادي: بسطة ومقامه

2- العدد الكسري

3- الكسور المتكافئة ومقارنة كسرين

4- جمع وطرح الكسور ذات المقامات المتساوية بحيث لا يزيد المقام عن منزلتين

5- جمع وطرح الكسور التي مقام احدها مضاعف مشترك لمقامات الكسور الباقية بحيث لا يزيد المقام عن 24

6- مسائل تطبيقية ذات خطوتين على الأكثر

الوحدة السابعة: الكسور العشرية

1- الكسر العشري المكون من منزلتين عشريتين على الأكثر

2- مقارنة كسرين عشريين
3- جمع الكسور العشرية ضمن منزلتين عشريتين
4- طرح الكسور العشرية ضمن منزلتين عشريتين
5- مسائل تطبيقية ذات خطوتين على الأكثر

الوحدة الثامنة: الهندسة

1- الشعاع والزاوية
2- أنواع الزوايا: القائمة والحادة والمنفرجة، الزاوية القائمة كوحدة قياس
3- المثلث وأنواعه من حيث الزوايا والأضلاع
4- المجسمات: المكعب ومتوازي المستطيلات

الصف الخامس

الوحدة الأولى: الأعداد

1- مراجعة الأعداد المكونة من سبع منازل على الأكثر
2- الأعداد المكونة من تسع منازل على الأكثر
3- القيمة المنزلية لأي رقم في عدد يتكون من تسع منازل
4- ترتيب الأعداد

الوحدة الثانية: العمليات الأربع على الأعداد

1- جمع الأعداد وطرحها ضمن تسع منازل
2- الضرب في 10،100،1000
3- ضرب عددين على أن يكون الناتج ضمن تسع منازل على الأكثر
4- القسمة على 10،100،1000
5- القسمة على عدد من ثلاث منازل على الأكثر
6- تدوير الأعداد لأقرب 10 ولأقرب 100
7- مسائل تطبيقية

الوحدة الثالثة: المثلث

1- الزاوية: قياسها بالدرجات وأنواعها

2- مجموع قياسات زوايا المثلث ومجموع قياسات الزوايا حول نقطة

3- رسم المثلث إذا علم منه:

  * زاويتان

  * ضلعان والزاوية المحصورة بينهما

الوحدة الرابعة: نظرية الأعداد

1- قابلية القسمة على 2،3، 5، 10

2- المضاعف والقاسم

3- الأعداد الأولية وتحليل العدد إلى عوامله الأولية

4- المضاعف المشترك الأصغر لعددين أوثلاثة يتكون كل منهما من ثلاث منازل على الأكثر

5- القاسم المشترك الأكبر أوثلاثة يتكون كل منهما من ثلاث منازل على الأكثر

الوحدة الخامسة: الكسور، الجمع والطرح

1- مراجعة الكسور

2- الكسور المتكافئة

3- اختصار الكسور

4- مقارنة الكسور

5- جمع الكسور

6- طرح الكسور

7- مسائل تطبيقية

الوحدة السادسة: المستقيمات والدوائر

1- المستقيمات المتوازية والمتعامدة والمتقاطعة
2- رسم المستقيمات المتوازية والمتعامدة
3- الزوايا المتجاورة والزوايا المتقابلة بالرأس
4- الزوايا المتبادلة والمتناظرة والمتحالفة والعلاقة بين قياساتها في حالة التوازي
5- رسم المربع والمستطيل
6- المضلعات المنتظمة وغير المنتظمة حتى السداسي
7- الدائرة: المركز والقطر ونصف القطر والوتر والقوس

الوحدة السابعة: الكسور: الضرب والقسمة

1- ضرب عدد صحيح في كسر
2- ضرب كسر في كسر
3- مقلوب الكسر
4- قسمة كسر على عدد صحيح قسمة عدد صحيح على كسر
5- قسمة كسر على كسر
6- جمل مفتوحة تتضمن العمليات الأربع على الكسور
7- مسائل تطبيقية

الوحدة الثامنة: الكسور العشرية: الجمع والطرح

1- الكسر العشري لأربع منازل عشرية
2- المقارنة بين الكسور العشرية
3- جمع الكسور العشرية
4- طرح الكسور العشرية
5- مسائل تطبيقية

الوحدة التاسعة: الكسور العشرية: الضرب والقسمة

1- ضرب الكسر العشري في 10، 100، 1000
2- ضرب الكسور العشرية
3- قسمة الكسر العشري على 10، 100، 1000
4- قسمة الكسور العشرية بحيث لا يزيد المقسوم عليه عن منزلتين عشريتين وأن يكون الناتج منتهيا
5- تحويل الكسر العشري إلى كسر عادي
6- مسائل تطبيقية

الوحدة العاشرة: القياس

1- محيط كل من المستطيل والمضلعات المنتظمة حتى السداسي
2- العلاقة بين المتر والمربع والسنتمتر المربع والديسمتر المربع
3- مساحة المربع والمستطيل
4- السرعة: متر /دقيقة، متر /ثانية
5- مسائل تطبيقية

الصف السادس

الوحدة الأولى: الأعداد والعمليات عليها

1- الأعداد المكونة من عشر منازل على الأكثر
2- الجمع والطرح
3- الضرب والقسمة
4- تدوير الأعداد
5- مربع العدد ومكعبه
6- الجذر التربيعي لمربع كامل

7- الجذر التكعيبي لمكعب كامل
8- مسائل تطبيقية

الوحدة الثانية: الكسور العادية
1- جمع الكسور العادية وطرحها
2- ضرب الكسور العادية وقسمتها
3- مسائل تطبيقية

الوحدة الثالثة: الأشكال الهندسية
1- الشكل الرباعي ومجموع قياسات زواياه
2- خواص الأشكال الرباعية من حيث الأضلاع والزوايا والأقطار
3- رسم المثلث إذا علم من ثلاثة أضلاع
4- رسم متوازي الأضلاع إذا علم منه:
* ضلعان متجاوران والزاوية المحصورة بينهما
* ضلعان متجاوران واحد قطرية
5- الدائرة ومحيطها
6- رسم المضلعات التالية داخل الدائرة:
مثلث متساوي الأضلاع، مربع، سداسي منتظم

الوحدة الرابعة: القياس
1- مراجعة الوحدات المترية للطول
2- الوحدات المترية للمساحة والدونم
3- الوحدات المترية للحجم
4- اللتر والملليمتر لقياس السعة
5- قياس الكتلة ووحدة الطن

6- الدرجة المئوية لقياس الحرارة

7- جمع القياسات وطرحها (بما في ذلك الزمن)

8- مسائل تطبيقية

الوحدة الخامسة: المساحة

1- مساحة كل من: المثلث، متوازي الأضلاع، المعين، شبه المنحرف، الدائرة

2- المساحة الكلية لكل من المكعب ومتوازي المستطيلات

3- مسائل تطبيقية

الوحدة السادسة: الكسور العشرية

1- جمع الكسور العشرية وطرحها

2- ضرب الكسور العشرية وقسمتها

3- تحويل الكسور العادية إلى عشرية

4- تدوير الكسر العشري لأقرب عدد صحيح ولأقرب منزلة أو منزلتين عشريتين

5- مسائل تطبيقية

الوحدة السابعة: الإحصاء

1- البيانات النوعية تمثيلها بالصور والأعمدة والخطوط

2- تمثيل البيانات النوعية بالجداول التكرارية

3- الوسط والوسيط والمدى لمجموعة من الأعداد

4- مسائل تطبيقية

الوحدة الثامنة: التعبير بالرمز

1- الرمز واستخدامه

2- المقادير البسيطة والتعويض

3- حل معادلة في متغير واحد تتضمن إحدى العمليات الأربع

4- مسائل تطبيقية

الوحدة التاسعة: النسبة والتناسب والنسبة المئوية

1- النسبة

2- النسبة المئوية

3- التناسب وقاعدة الضرب التبادلي

4- المكسب والخسارة، الربح البسيط

5- الضريبة والزكاة

الوحدة العاشرة: المجسمات والحجوم

1- الهرم القائم والمنشور القائم

2- حجم المكعب والمنشور القائم

3- مسائل تطبيقية

الصف السابع

أولاً: الأعداد الصحيحة:

أ - الأعداد الصحيحة (الموجبة والسالبة)

ب- سالب العدد وقيمته المطلقة

جـ- مقارنة الأعداد الصحيحة

د- جمع الأعداد الصحيحة

هـ- طرح عددين صحيحين

و- ضرب الأعداد الصحيحة

ز- قسمة عددين صحيحين

ح- الأسس

ط- تحليل العدد إلى عوامله الأولية

ي- المضاعف المشترك الأصغر والقاسم المشترك الأكبر

ك- الجذر التربيعي

ثانياً: الأعداد النسبية:

أ‌- العدد النسبي (ومقلوبة)

ب- مقارنة الأعداد النسبية

جـ- جمع الأعداد النسبية

د- طرح عددين نسبيين

هـ- ضرب الأعداد النسبية

و- قسمة عددين نسبيين

ز- الجذر التربيعي

ثالثاً: المقادير الجبرية والتحليل إلى العوامل:

أ‌- الحدود والمقادير الجبرية

ب- إيجاد قيمة المقدار الجبري بالتعويض

جـ- جمع المقادير الجبرية وطرحها

د- ضرب المقادير الجبرية البسيطة

هـ- التحليل باستخدام العامل المشترك

رابعاً: التناسب

أ- مفهوم التناسب والتناسب الطردي والتناسب العكسي
ب- قوانين التناسب
ج- تطبيقات التناسب (التقسيم التناسبي ومقياس الرسم)

خامساً: الهندسة:

أ- المستقيمات المتوازية والمتقاطعة والعلاقة بين قياسات الزوايا الناتجة
ب- مجموع قياسات زوايا المضلع المغلق
ج- حالات تطابق المثلثات
د- حالات تشابه المثلثات

سادساً: لمجموعات:

أ- المجموعة وعناصرها
ب- المجموعة الجزئية والمجموعات المتساوية
ج- إتحاد وتقاطع وطرح المجموعات
د- المجموعة الكلية والمتممة
هـ- خصائص العمليات على المجموعات
و- قانونا دي مورغان

سابعاً: إنشاءات هندسية:

أ- نقل زاوية معلومة
ب- تنصيف زاوية معلومة
ج- إقامة عمود على مستقيم من نقطة مفروضة عليه
د- إنزال عمود على مستقيم من نقطة خارجة
هـ- تنصيف قطعة مستقيمة

ثامناً: المعادلات الخطية:

أ- الجملة المفتوحة ومجموعة التعويض مجموعة الحل

ب- المعادلة الخطية في متغير واحد وحلها

ج- مسائل تطبيقية وتشمل درجة الحرارة

تاسعاً: المساحات والحجوم

أ- مساحة المناطق غير المنتظمة

ب- مساحة القطاع الدائري

ج- المنشور القائم حجمه ومساحته الجانبية

د- الهرم القائم حجمه ومساحته الجانبية

هـ- حجوم المجسمات غير المنتظمة بالإزاحة

عاشراً: الإحصاء والاحتمالات:

أ- تمثيل البيانات الإحصائية (قطاعات دائرية وجداول تكرارية)

ت- الوسط الحسابي لبيانات مجمعة في جدول تكراري

ج-التجارب العشوائية (الفضاء العيني)

الصف الثامن

أولاً: الأعداد الحقيقية:

1- العدد: النسبي وغير النسبي والحقيقي

2- حسابات الجذر التربيعي للعدد بالطريقة العامة

3- العمليات الأربع على الأعداد الحقيقية

4- خواص عمليتي الجمع والضرب على الأعداد الحقيقية

5- الأسس والجذور وقوانينها

ثانيا: حساب المعاملات:

1- التأمين
2- الميراث
3- حسم الكمبيالات
4- الخصم في البيع والشراء
5- الأسهم والسندات
6- الربح البسيط والربح المركب

ثالثا: المثلث:

1- خواص المثلث المتساوي الساقين
2- خواص المثلث القائم الزاوية ونظرية فيثاغورس
3- متباينات أضلاع المثلث وزواياه
4- الزاوية الخارجية في المثلث
5- القطعة المستقيمة الواصلة بين رأس المثلث القائم الزاوية ومنتصف الوتر

رابعا: التحليل إلى العوامل:

1- ضرب مقدارين جبريين
2- تحليل الفرق بين مربعين
3- تحليل عبارة تربيعية
4- مسائل تطبيقية

خامسا: المجسمات

1- المخروط: حجمه ومساحته الجانبية
2- الاسطوانة: حجمها ومساحتها الجانبية
3- الكرة: حجمها ومساحة سطحها

سادسا: التكافؤ والأشكال الرباعية:
1- خواص الأشكال الرباعية: متوازي الأضلاع، المعين، المستطيل
2- تكافؤ المثلثات
3- تكافؤ متوازيات الأضلاع

سابعا: العلاقات والاقترانات:
1- الضرب الديكارتي لمجموعات منتهية
2- المستوى الديكارتي
3- علاقات ذات مجال منته وتمثيلها
4- الاقتران وتمثيله
5- الاقتران الخطي وتمثيله بيانيا

ثامنا: أنظمة المعادلات الخطية:
1- المعادلة الخطية ذات المتغيرين وتمثيلها بيانيا
2- حل معادلتين في متغيرين بالحذف أو التعويض أو بيانيا
3- مسائل تطبيقية

تاسعا: النسب المثلثية للزوايا الحادة:
1- النسب المثلثية الأساسية: الجيب، جيب، التمام، الظل
2- استخدام الجداول في إيجاد النسب المثلثية
3- إيجاد الزاوية إذا علم نسبة مثلثية لها
4- حل المثلث القائم الزاوية وتطبيقات

عاشرا: الاحتمالات:
1- ظاهرة ثبات التكرار النسبي
2- الفضاء العيني

3- الحوادث وتصنيفها

4- مبدأ العد واستخدامه

5- الاحتمال وخواصه

الصف التاسع

1- الهندسة التحليلية:

أ- الإحداثيات المتعامدة في المستوى

ب- المسافة بين نقطتين

ج- إحداثيات نقطة تقسيم قطعة مستقيمة

د- الخط المستقيم (ميله، معادلته، وشرط التوازي)

هـ- تحويلات هندسية (الانسحاب والانعكاس والتماثل والتمدد)

2- التحليل إلى العوامل:

أ- مراجعة التحليل للعوامل (العبارة التربيعية والفرق بين مربعين)

ب- إكمال المربع

ج- مجموع المكعبين والفرق بين مكعبين

د- تبسيط الكسور الجبرية

هـ- المضاعف المشترك الأصغر والعامل المشترك للمقادير الجبرية

و- العمليات الأربع على المقادير الجبرية

3- الدائرة:

أ- الزوايا المركزية والزوايا المحيطة ونظرياتها

ب- أوتار الدائرة ونظرياتها

ج- الدوائر المتقاطعة

4- المتباينات:

أ- المتباينات الخطية في متغير واحد

ب- المتباينات الخطية في متغيرين وتمثيلها بيانيا

ج- حل نظام من المتباينات الخطية في متغيرين بيانيا

د- تطبيقات على المتباينات الخطية في متغيرين: البرمجة الخطية

5- المعادلات:

أ- الاقترانات الخطية والتربيعية

ب- حل المعادلات التربيعية (التحليل إلى العوامل،القانون العام، الرسم البياني)

ج- حل معادلات كسرية

د- مسائل تطبيقية

6- الأشكال الدائرية:

أ- مماسات الدائرة ونظرياتها

ب- الأشكال الرباعية الدائرية وخواصها

ج- رسم دائرة تمس أضلاع مثلث

د- رسم دائرة تمر برؤوس مثلث

7- المثلثات:

أ- النسب المثلثية

ب- العلاقات بين النسب المثلثية الأساسية

ج- النسب المثلثية للزوايا التي قياساتها 30°، 45 °،60 °

د- حساب بقية النسب المثلثية لزاوية حادة إذا علمت إحداها

هـ- استخدام جداول النسب المثلثية

و-معادلات مثلثية بسيطة

ز- حل المثلث القائم الزاوية

8- الإحصاء

أ-   الأسس وتطبيقاتها على الأعداد الصغيرة والكبيرة

ب-   تمثيل البيانات الإحصائية (الجدول التكراري، والمدرج التكراري، والمضلع التكراري)

ج- مقاييس النزعة المركزية (الوسط والوسيط والمنوال)

د- شكل التوزيع التكراري

الصف العاشر

1- الاقترانات الدائرية:

أ- قياس الزاوية (السيني والدائري)

ب- الاقترانات الدائرية

ج- التمثيل البياني لاقتراني الجيب وجيب التمام (الدورة والسعة)

د- طول القوس الدائري

2- الهندسة التحليلية:

أ- الصيغ المختلفة لمعادلة الخط المستقيم

ب- المستقيمات المتعامدة

ج- بعد نقطة عن مستقيم

د- معادلة الدائرة

هـ- المحل الهندسي

3- كثيرات الحدود

أ-   تعريف كثيرة الحدود

ب- قسمة كثيرة حدود على أخرى

ج- القسمة التركيبية

د- نظرية الباقي وأصفار كثيرات الحدود

4- العلاقات والاقترانات:

أ- الضرب الديكارتي

ب- العلاقات وأنواعها

ج- الاقترانات وأنواعها

د- العمليات على الاقترانات: الجمع والطرح والضرب والقسمة والتركيب

5- المثلثات:

أ- النسب المثلثية للزوايا المركبة

ب- النسب المثلثية لمضاعفات وأنصاف الزوايا

ج- مساحة كل من المثلث والقطعة الدائرية

د- معادلات مثلثية

هـ- متطابقات

6- الهندسة الفضائية:

أ- المستقيمات والمستويات

ب- توازي وتعامد المستقيمات

ج- الزاوية الزوجية، وتوازي وتعامد المستويات

د- الإسقاط العمودي

هـ- المستقيمات المتخالفة

7- أنظمة المعادلات:

أ- حل معادلات في متغير واحد

ب-   حل نظام من ثلاث معادلات خطية

ج- حل نظام من معادلتين احداهما خطية والأخرى تربيعية

د- حل نظام من معادلات تربيعية تؤول في حلها إلى نظام من معادلات خطية

8- الإحصاء:

أ- التشتت من خلال منحنيات التوزيع التكراري

ب- مقاييس التشتت (المدى والانحراف المعياري)

جـ- العلاقة المعيارية وتطبيقاتها

المصطلحات
تم ترتيب المصلحات بناءً على ورودها في المتن

المصطلح	الترجمة العربية
Development	تطور
Concepts	مفاهيم
Denotative concept	المفاهيم الدلالية
Attributive concept	المفاهيم الوصفية
Concrete concept	مفاهيم حسية
Abstract concept	مفاهيم مجردة
Singular concept	مفاهيم مفردة
General concept	مفاهيم عامة
Simples concept	مفاهيم بسيطة
Complex concept	مفاهيم مركبة
Groups	مجموعات
Procedures	إجراءات
Compare	مقارنة
Connection	ربط
Framework	هيكل، إطار
Connotative use	استخدام اصطلاحي
Implication use	تضميني
Identification move	تحرك التحديد
Classification move	تحرك التصنيف
One property move	تحرك الخاصية الواحدة

Necessary condition move	تحرك الشرط الضروري
Compare move	تحرك المقارنة
Example move	تحرك المثال
Non-example move	تحرك اللامثال
Example move with justification	تحرك المثال مع التبرير
Meta language move	تحرك التعريف
Mastery learning model	نموذج اتقان التعلم
Cause and effect principle	مبدأ السبب والنتيجة
Correlatational principle	مبدأ الارتباطية
Probability principle	مبدأ الاحتمالية
Axiomatic principle	مبدأ البديهية
Rules	قواعد
Laws	قوانين
Algorithm	خوارزمية
Scheduling train	التدريب المجدول
Variety training	التنويع في التدريب
Perceptual discrimination	التمييز الادراكي
Innovation	تجديد
Preparation	الإعداد
Judgment	حكم
Evaluation	تقييم

مراجع الوحدة الثالثة

أولاً: المراجع العربية

(1) أبو الفتوح، حمدي وعبد المجيد، عيادة (1997)، تطور المفاهيم العلمية والرياضية لدى الأطفال، الكويت، دار الفلاح.

(2) أبو زينة، فريد (1994)، مناهج الرياضيات المدرسية وتدريسها، الكويت، مكتبة الفلاح للنشر والتوزيع.

(3) أبو زينة، فريد وعبابنة، عبد الله (1997)، تدريس الرياضيات للمبتدئين، الكويت مكتبة الفلاح للنشر والتوزيع.

(4) أبو زينة، فريد(1985)، المهارات الرياضية الأساسية في المرحلة الابتدائية واقعها وتنميتها، مجلة دراسات (21):2، ص 97-112

(5) أبوحطب، فؤاد (1986)، القدرات العقلية. القاهرة، الانجلو المصرية.

(6) بلقيس، احمد (1989)، تحليل العمل والمهام والمهارات المتضمنة في موضوع التدريب، عمان، اليونسكو.

(7) حسان. محمود سعد (2000)، التربية العملية بين النظرية والتطبيق عمان، دار الفكر.

(8) الحيلة، محمد محمود(2002)، تكنولوجيا التعليم من اجل تنمية التفكير. عمان، دار المسيرة للنشر والتوزيع.

(9) الحيلة، محمود ومرعي، توفيق (1999)، اثر التعليم بالخطوات في تحصيل الطلبة مقارنة بالطريقة التقليدية، المجلة الأردنية للعلوم التطبيقية 2(2). ص53-73.

(10) الخطيب، احمد (1984)، تطور مستوى المفاهيم الاجتماعية عند طلبة المرحلتين الابتدائية والإعدادية في الأردن، رسالة ماجستير غير منشوره الجامعة الأردنية، الأردن.

(11) الخطيب، محمد (2000)، العملية التربوية في ظل العولمة وعصرالانفجار المعلوماتي، دار فضاءات للنشر. عمان الأردن.

(12) الخطيب، محمد (2000)، مقارنة بين الاستراتيجية الاستقرائية والإستنتاجية في تدريس المفاهيم والتعميمات الهندسية لطلبة الصف السابع.، بحث غير منشور 2000

(13) الخطيب، محمد (2008)، التعلم المستند إلى مشكلة وتدريس الرياضيات، دار فضاءات للنشر. عمان الأردن.

(14) الخطيب، محمد (2006)، أثر استخدام استراتيجية تدريسية قائمة على حل المشكلات في تنمية التفكير الرياضي والاتجاهات نحو الرياضيات لدى طلاب الصف السابع الأساسي في الأردن، رسالة دكتوراة غير منشورة، الجامعة الاردنية، عمان الأردن.

(15) الصادق، إسماعيل محمد (2001)، طرق تدريس الرياضيات نظريات وتطبيقات، القاهرة، دار الفكر.

(16) فرحات، اسحق ومرعي، توفيق وبلقيس، احمد (1994)، تنفيذ المنهاج التربوي، أنماط تعليمية معاصرة. عمان دار الفرقان.

(17) فريدريك بل (1986)، طرق تدريس الرياضيات، ترجمة: وليم عبيد وآخرون. الدار العربية للنشر والتوزيع.

(18) قطامي، يوسف (1998)، سيكولوجية التعلم والتعلم الصيفي، عمان، دار الشروق.

(19) قطامي، يوسف وقطامي نايفة، وأبو جابر، ماجد (2000)، تصميم التدريس، عمان، دار الفكر لطباعة والنشر والتوزيع.

(20) مرعي، توفيق وآخرون (1993)، طرائق التدريس والتدريب العامة، منشورات جامعة القدس المفتوحة. عمان.

(21) مرعي، توفيق والحيلة، محمد (2002)، طرائق التدريس العامة. عمان دار المسيرة.

(22) المغيرة، عبد الله بن عثمان (1989)، طرق تدريس الرياضيات، الرياض عمادة شؤون المكتبات، جامعة الملك سعود.

(23) منهاج الرياضيات وخطوطه العريضة في مرحلة التعليم الأساسي، إعداد الفريق الوطني لمبحث الرياضيات عمان 1991م

ثانياً: المراجع الأجنبية

1- Alan, H. (1994). Mathematical Thinking And Problem Solving, Lawrence Evibaum Associates , Publishers Hillsdule , New Seasey Hove. uk

2- Bolton, N.(1977), Concept formation, Pergaman. Press.

3- Bransford .J , and Stein. B,(1984), The Ideal, Problem Solver, N.Y, W.H. Freeman and co.

4- Carpenters , Thomas.(1993), Model Of Problem Solving: A study of Kinder Garden Children's problem Solving Process. journal for search in mathematics education vol 24,no 5, 428-441.

5- Clark, C.(1971) Teaching Concepts in The Classroom. Journal of Educational Psychology Monograph vol 62. p (253-278).

6- Davis , E. (1978), Model For Understanding in Mathematics Teacher, pp(13-20).

7- Denmark , T. and keppner , H. (1980), Basic Skills in Mathematics , Journal For Research in Mathematics Education , vol 11 pp(104-124).

FOR SCHOOL MATHEMATIC

8- Frank ,Megan. and Corey , Deboran.(1996) Young Children's Perception Of Mathematics in Problem-Solving Enviroment, Journal For Reseach in Mathematics Eduction rol 27-no8,p8.

9- Gange , R.(1977). The Conditions Of Learning. New York Holt , Rinehart , and Winston , 1977

10- Henderson K. (1970), Concept in Teaching of Secondary School Mathematics , 33rd year book of NCTM, 1970 , chapter 7.

11- Miller. P.(1976), Task Analysis: an Information Processing Approach , NSPI, 15,7-11.

12- National Council Of Teacher Of Mathematic NCTM.(1989), Curriculum and Evaluation Standards For school Mathematics. NCTM.

13- NCTM , Assessment Standards For School Mathematics. NCTM. 1995

14- NCTM, (2000), PRINCIPLES AND STANDARDS

15- Polya , G. (1957), How to Solving it , Princeton University Press.

16- Posamentier, Alfreds and Schulz Wolfgong (1996), The Art Of Problem Solving A resource for the Mathematics Teacher, Crowing press , inc Astage Publications Company , Thousand asks , Califoronia.oenfeld.

17- Romissowski , A.(1984), Producing Instructional System, N. Y. kager page.

18- Salibury, D.(1996), Five Technologies For Educational Changes. renewed cliffs. NJ, educational technology pob.

19- Umstot, D.(1984), Understanding Organizational Behavior, N.Y .West Publish in co, p 300-310

Printed in the United States
By Bookmasters

T0222827

Printed in the United States
By Bookmasters